AF318695

PRÉCIS ÉLÉMENTAIRE

DES

SCIENCES PHYSIQUES

ET NATURELLES

A L'USAGE

DES ÉCOLES NORMALES PRIMAIRES, DES ÉCOLES PRIMAIRES SUPÉRIEURES ET DES CANDIDATS AU BREVET ÉLÉMENTAIRE

OUVRAGE

ORNÉ DE 229 GRAVURES INSÉRÉES DANS LE TEXTE

RÉDIGÉ

Conformément aux derniers programmes officiels

PAR

M. E. GRIPON

PROFESSEUR A LA FACULTÉ DES SCIENCES DE RENNES

———

CINQUIÈME ÉDITION

PARIS

LIBRAIRIE CLASSIQUE EUGÈNE BELIN

BELIN FRÈRES

RUE DE VAUGIRARD, 52

———

1890

SAINT-CLOUD. — IMPRIMERIE BELIN FRÈRES.

PRÉFACE

Ce livre n'est que le développement du programme de
l'enseignement des sciences physiques et naturelles
dans les écoles normales primaires, pendant la première
année.

« Tout ce que renferme ce programme est utile ; mais
le professeur ne doit pas aller au delà. » Cette phrase, que
je trouve dans une instruction ministérielle, m'a fourni
le cadre que j'avais à remplir. Je me suis attaché à traiter,
de la façon la plus élémentaire, chacune des questions
indiquées dans le programme, sans en ajouter d'autres.
J'ai cherché à ne pas sacrifier l'une des sciences à l'autre,
et j'ai donné autant de développement à l'étude des
sciences physiques qu'à celle des sciences naturelles. Il
fallait faire un choix délicat dans leurs vastes domaines,
pour appeler l'attention des élèves sur quelques-uns des
faits les plus importants que nous offre l'infinie variété
des choses créées, sans surcharger outre mesure leur
mémoire. Ce n'est pourtant pas à la mémoire que je
m'adresse exclusivement; il faut lire ce livre et non l'ap-
prendre par cœur. J'aurai atteint le but que je me suis
proposé, si ces pages développent dans mes jeunes lec-
teurs l'esprit d'observation; si elles les invitent à réfléchir

sur tant de phénomènes qu'ils voient tous les jours, sans y prêter aucune attention.

Ces notions élémentaires ne s'adressent pas seulement aux élèves des écoles normales ; elles peuvent servir utilement à la préparation au brevet élémentaire de capacité, et elles trouveront leur place dans l'enseignement des écoles primaires.

PRÉCIS ÉLÉMENTAIRE

DE

SCIENCES PHYSIQUES

ET NATURELLES

PREMIÈRES NOTIONS DE PHYSIQUE

I. — PESANTEUR

1. Propriétés générales.

1. Corps matériels. — Les corps matériels sont ceux qui nous entourent, que nous pouvons voir ou mieux encore toucher. Dans ce dernier cas, on sent qu'ils arrêtent la main dans son mouvement; nous ne les déplaçons pas sans effort, et c'est ainsi que nous reconnaissons leur existence. Tous les corps terrestres, animés ou non, les astres sont des corps matériels.

2. États de la matière. — Un rocher, une masse d'eau, l'air produisent sur nous des impressions différentes. La dureté de la pierre, son immobilité contrastent avec la mobilité de l'eau et de l'air. On dit que ces trois corps représentent trois états différents de la matière.

L'état *solide*, celui de la pierre, est caractérisé par la difficulté que l'on éprouve à tailler, à briser le corps. Toutes les parties d'un bloc de granit, d'une barre de fer tiennent très fortement les unes aux autres. Ce bloc a une forme qu'il peut conserver pendant des siècles. Les statues grecques sont parvenues jusqu'à nous avec toute la beauté qu'elles devaient au ciseau du sculpteur.

Un corps est *liquide*, si ses parties sont très mobiles, par cela même insaisissables ; elles glissent entre les doigts, et, pour transporter un liquide, il faut le renfermer dans un vase solide. Un liquide n'a pas de forme qui lui appartienne, il prend toujours celle du vase qui le contient ; mais il a un volume déterminé qui varie très peu si on le comprime fortement.

Un *gaz* a une mobilité plus grande que celle d'un liquide et, par suite, il prend encore la forme du vase qu'il remplit. Il a pour volume la capacité entière de ce vase, et c'est par là qu'il diffère d'un liquide. Mettez un litre d'eau dans un tonneau de 500 litres, l'eau conserve son volume. Mettez un litre d'air dans le même tonneau supposé *vide*, le gaz se gonfle, se dilate et a un volume de 500 litres. S'il était possible de diminuer progressivement la capacité du tonneau et de la ramener à 10 litres, l'air se contracterait et se logerait dans ce dernier volume. Le gaz est très compressible et on ne connaît pas de limites à sa dilatation.

3. — Le même corps peut prendre successivement les trois *états*. L'eau perd sa mobilité dans les hivers froids ; elle se congèle. La glace est un corps solide tout aussi bien que le verre ; elle supporte de grands poids sans se rompre et rien n'empêcherait de tailler dans un bloc de glace une statue qui se conserverait pendant toute la durée de la gelée.

L'eau que l'on chauffe dans un vase, sur un fourneau, et que l'on fait bouillir, prend alors la forme gazeuse. Sa vapeur est invisible comme l'air, mobile, dilatable comme lui.

Ce que nous disons de l'eau pourrait se répéter pour beau-

QUESTIONNAIRE

Nommez des corps matériels. — Dites à quoi on les reconnaît (1).
Sous quels états les corps matériels se présentent-ils à nous (2) ?
Donnez les caractères d'un corps solide ; — d'un liquide ; — d'un gaz.
Un amas de farine n'a pas de forme particulière et sa mobilité est très grande ; quel est son état ?
Par quoi un liquide diffère-t-il d'un gaz ?
Montrez qu'un corps peut prendre successivement les trois états (3).

coup d'autres corps : le soufre, le mercure, le zinc, par exemple.

4. Poids des corps. — Un boulet de fonte reposant sur un sol sans pente reste immobile et nous le retrouverons toujours à la même place ; s'il se mettait à rouler sans recevoir un choc ou une poussée extérieure, nous attribuerions ce mouvement à un tremblement de terre plutôt que de supposer à la boule la puissance de se mouvoir d'elle-même.

Nous soulevons ce boulet : il faut pour cela que nous fassions un effort, plus grand que celui qui eût été nécessaire pour le faire rouler sur terre. Lorsque le corps est à un mètre du sol, nous ouvrons les mains. Il ne reste pas immobile à la place où on l'a amené ; il tombe et ne s'arrête que lorsqu'il touche de nouveau la terre.

C'est une cause extérieure qui le fait tomber ; on la nomme *pesanteur*.

L'effort qu'il faut faire pour retenir un corps pesant et empêcher sa chute est le *poids* du corps.

Tous les corps connus sont *pesants;* chacun d'eux a un poids déterminé.

5. Verticale. — Un corps qui part du repos et qui tombe sous la seule action de la pesanteur suit une ligne droite dont la direction est toujours la même, dans le même lieu. On lui a donné le nom de *verticale.* Elle est représentée par la direction d'un *fil à plomb* (*fig.* 1), composé d'un fil flexible à l'aide duquel on soutient un morceau de plomb.

Deux verticales voisines sont des lignes parallèles.

Fig. 1.
Fil à plomb.

Plan vertical. — On définit le *plan* une surface sur laquelle on peut tracer des lignes droites dans toutes les directions possibles.

Si l'une de ces lignes droites est verticale, le plan est dit *vertical*.

6. Horizontale. Plan horizontal. — Une ligne droite est *horizontale* si elle est tracée perpendiculairement à une verticale.

L'un des côtés de l'angle droit d'une équerre est-il vertical, le second côté de l'angle droit est horizontal.

Si on fait tourner l'équerre autour du côté vertical, le second ne cesse pas d'être horizontal, dans toutes les positions qu'il peut prendre.

Le plan qu'il décrit alors est *horizontal*.

Toutes les horizontales qui se coupent en un même point de la verticale sont tracées sur un tel plan.

QUESTIONNAIRE

Qu'est-ce que la pesanteur? — Qu'est-ce qu'un corps pesant (4)? Comment apprécie-t-on le poids d'un corps?

Qu'appelle-t-on verticale (5)? — Qu'est-ce qu'un fil à plomb? — Qu'est-ce qu'un plan vertical? — Une horizontale? — Un plan horizontal (6)?

Deux lignes horizontales peuvent-elles être parallèles? — Le sont-elles toujours?

RÉSUMÉ

Un corps *matériel* se reconnaît à l'effort qu'il faut faire pour le déplacer.

Il y a trois états de la matière : l'*état solide*, dans lequel les parties du corps tiennent assez fortement les unes aux autres pour qu'il ait une forme, et qu'on ne puisse le briser sans effort.

Un *liquide* est très mobile. Il n'a pas de forme propre, mais il a un volume déterminé.

Un *gaz* est aussi très mobile. Il n'a pas de forme ni de volume déterminés. Il remplit toute la capacité du vase qui le renferme.

Le même corps peut être successivement solide, liquide, gazeux.

La pesanteur fait tomber à terre les corps qui ne sont pas soutenus. L'effort qu'il faut faire pour empêcher la chute d'un corps mesure son poids.

Le corps suit en tombant la direction de la *verticale*. Deux verticales voisines sont parallèles.

Tout plan mené par une verticale est *vertical* lui-même.

Une ligne *horizontale* est perpendiculaire à une verticale.

Toutes les lignes horizontales qui se coupent en un même point d'une verticale sont tracées sur un plan horizontal.

2. Balances.

7. Levier. — Une règle AB (*fig.* 2) est divisée en un nombre pair de parties d'égale longueur. Elle est traversée en chacun des points de division par une tige de fer qui présente des deux côtés une partie saillante. La tige du milieu est soutenue par une lame métallique recourbée, percée à sa base de deux trous qui se correspondent et dans lesquels s'engagent les deux bouts de la pointe O.

On accroche à un support la lame recourbée, qui porte le nom de *chape*.

La règle peut alors se balancer autour de la tige qui lui sert d'appui ; à l'état de repos, elle se met horizontale.

Tout cet ensemble forme un *levier*.

Accrochons deux poids de 100 grammes, l'un à droite, l'autre à gauche, à deux tiges placées à égale distance du milieu : le levier reste horizontal ; on dit que les deux poids se font *équilibre*.

Enlevons l'un des poids et remplaçons-le par un autre qui pèse 300 grammes ; le levier penche aussitôt du côté de ce dernier ; l'équilibre est rompu.

Mais plaçons le poids de 300 grammes au

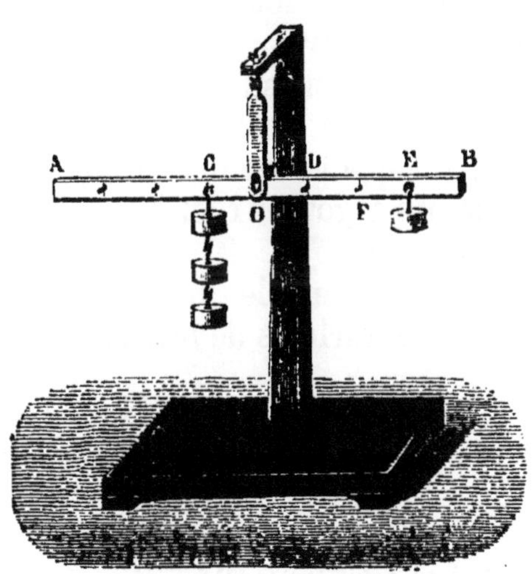

Fig. 2. — Levier à poids.

point C, c'est-à-dire à la première des tiges, en partant du milieu, et accrochons le poids de 100 grammes à la troisième tige E prise du côté opposé ; de nouveau le levier redevient horizontal ; les deux poids inégaux se font équilibre.

Remarquez que la distance OE est triple de la distance OC.

En variant ces expériences, vous pourrez vérifier qu'un poids de 200 grammes, placé à 3 décimètres du milieu, fait équilibre à un poids de 300 grammes placé à 2 décimètres, de l'autre côté ; de telle sorte, qu'en multipliant chaque poids exprimé en grammes par sa distance au milieu exprimée en décimètres, on retrouve, de part et d'autre, le même produit : 600 dans l'exemple précédent.

C'est la loi d'équilibre du levier.

Pour expliquer la balance, nous en retiendrons ce qui suit :

Si un levier mobile autour de son milieu est horizontal dans l'état de repos, et si on le charge de deux poids placés à égale distance du milieu, le levier ne redevient horizontal que si les deux poids sont égaux.

Nous n'avons pas à parler ici des applications industrielles du levier. Il est cependant bon de savoir qu'il sert au maçon pour soulever de lourdes pierres, au charpentier pour remuer de grosses poutres.

C'est alors une simple barre de fer ou de bois, très résistante ; l'ouvrier engage l'extrémité de son levier sous le fardeau, il l'appuie sur une pierre placée près de celui-ci, et il exerce un vigoureux effort sur l'autre extrémité, qui est placée au loin.

Les brouettes, le hache-paille, les ciseaux, etc., sont encore des variétés de levier.

8. Balance. — La balance sert à mesurer le poids des corps. On sait que l'unité de poids adoptée en France est le *gramme*, poids d'un centimètre cube d'eau distillée, pesée dans des circonstances que nous expliquerons plus tard.

La pièce principale d'une balance, le *fléau*, est un levier. C'est une barre métallique AB (*fig.* 3) qui va en s'amincissant du milieu à ses extrémités. Elle est traversée en son milieu par une tige d'acier C qui a la forme du coin d'un casseur de bois, on lui donne le nom caractéristique de *couteau*. Son tranchant est tourné vers le bas et repose sur une *chape*. La chape est accrochée à un support fixe. Une tige effilée est enfoncée dans le fléau au-dessus du couteau.

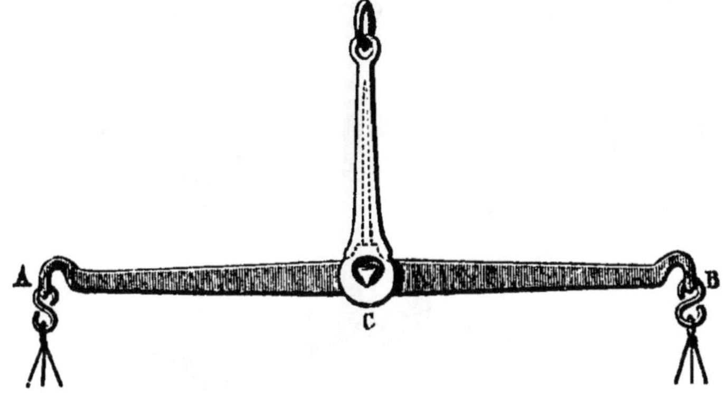

Fig. 3. — Fléau de balance : A, B, crochets qui supportent les plateaux ; C, le couteau et la chape. — L'aiguille, cachée par la chape, est tracée en lignes ponctuées.

Les deux bras du fléau AC, CB doivent être rigoureusement égaux ; c'est une condition essentielle pour que la balance pèse *juste*. Les plateaux dans lesquels on place le corps d'un côté, les grammes de l'autre, sont suspendus par des crochets aux extrémités A, B du fléau. Lorsque les plateaux sont vides, le fléau doit être horizontal et l'aiguille verticale doit être cachée par la chape.

Il en est de même, si les plateaux reçoivent deux poids égaux. Dans tout autre cas, le fléau penche du côté du plus grand poids et c'est de ce côté que l'extrémité de l'aiguille se montre en dehors de la chape.

Nous donnons (*fig.* 4) la figure d'une balance faite avec soin.

Le fléau *ab* supporte encore les deux plateaux A, B, et leurs distances au couteau *ac*, *cb* sont égales. Celui-ci repose sur deux plaques d'acier placées à la partie supérieure d'une colonne de cuivre. En manœuvrant convenablement les trois vis que l'on voit en bas, on rend la colonne verticale.

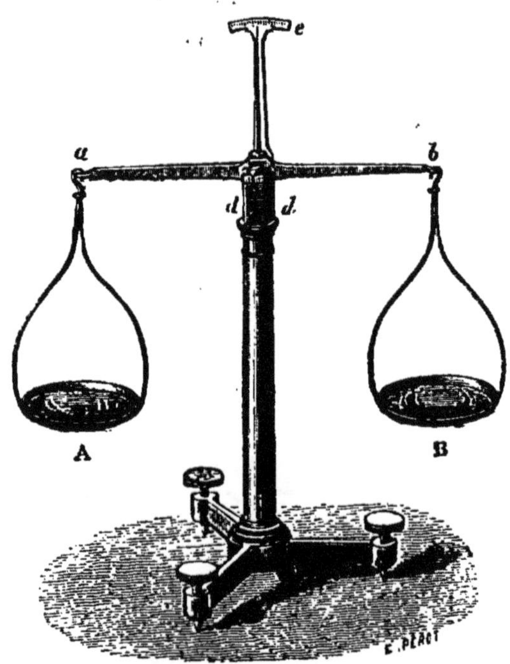

Fig. 4. — Balance à un seul fléau. — Les plateaux A, B sont au-dessous du fléau. L'aiguille placée au milieu du fléau se balance devant un arc divisé *e*.

Elle porte, en outre, un arc métallique *e* sur lequel on a gravé des traits équidistants, en égal nombre, de part et d'autre du milieu marqué zéro.

Décrire une balance ordinaire (8). — Qu'est-ce que le fléau? — le couteau? — la chape? — A quoi reconnaît-on que le fléau est en équilibre: 1º quand il est au repos; 2º quand il se balance? — Qu'appelle-t-on les *bras* du fléau? — A quelles conditions une balance pèse-t-elle juste? — Comment reconnaît-on la justesse d'une balance? — Expliquer cette expression. — Comment peut-on trouver le poids exact d'un corps à l'aide d'une balance fausse (9)?

L'aiguille s'arrête vis-à-vis du zéro lorsque le fléau est horizontal.

La forme du couteau permet au fléau de s'incliner facilement à droite et à gauche ; l'aiguille parcourt l'arc divisé et, si les plateaux sont vides ou s'ils reçoivent des charges égales, les *balancements* ou *oscillations* de l'aiguille sont d'égale grandeur de part et d'autre du zéro, ce que l'on reconnaît facilement à l'aide des traits gravés sur l'arc. Nécessairement, si les oscillations sont inégales, les poids placés dans les plateaux sont inégaux et le plus fort se trouve du côté du plus grand écart de l'aiguille. On doit trouver le même poids en plaçant indifféremment le corps à peser dans l'un des plateaux A ou B.

S'il n'en était pas ainsi, les bras du fléau seraient inégaux ; la balance n'aurait pas de *justesse*.

9. Double pesée. — Il serait possible cependant de peser exactement un corps avec une balance fausse. On place le corps dans le plateau A et on lui fait équilibre en plaçant dans le plateau B ou du sable ou de la grenaille de plomb. C'est ce qui s'appelle faire la *tare*.

On enlève alors le corps, et on le remplace par des grammes, ils donnent le poids exact du corps. Cela doit être puisque dans les deux opérations la tare qui ne change pas de place est équilibrée par le même poids, que le corps, ou les grammes soient suspendus au même point a du levier.

10. Balance du commerce. — Les balances du commerce ont leurs plateaux placés au-dessus du fléau. Cette disposition ne saurait convenir à celles que nous venons de décrire, car alors le fléau basculerait.

Dans ces nouvelles balances, on trouve deux fléaux parallèles traversés en leur milieu par deux couteaux (*fig.* 5) Le fléau supérieur porte une aiguille mobile devant un arc divisé. Deux tiges verticales m, n relient les extrémités des deux fléaux ; ces tiges peuvent tourner autour de leurs points d'attache ; à l'état de repos, elles forment avec les fléaux un rectangle, qui se change en parallélogramme, si les fléaux s'inclinent. Les tiges m, n sont toujours verticales ; comme elles portent les plateaux, ceux-ci restent horizontaux.

Fig. 5. — Balance du commerce à deux fléaux parallèles. — Les plateaux sont au-dessus des fléaux ; *c* est l'aiguille qui se balance devant un arc divisé.

11. Poids spécifique. — Je suppose que l'on façonne en cubes tous les corps solides, que l'on donne à l'arête des cubes une longueur d'un décimètre et qu'on les pèse ; on trouvera pour chacun d'eux un poids particulier, qui changera d'un corps à l'autre. Il en sera de même pour les liquides et les gaz, si on prend soin de les enfermer dans des vases ayant la contenance d'un décimètre cube.

Un décimètre cube d'eau pèse un kilogramme. Un corps est dit plus ou moins *dense* que l'eau, si, à volume égal, il pèse plus ou moins qu'elle.

Nous donnons une liste des corps usuels en y joignant leur poids rapporté au volume d'un *décimètre cube*.

CORPS PLUS DENSES QUE L'EAU

Un décimètre cube de platine pèse . . .	21^{Kgr},46
— or	19^{Kgr},26
— plomb	11^{Kgr},40

Un décimètre cube d'argent pèse	$10^{Kgr},50$
—	cuivre.	$8^{Kgr},90$
—	fer	$7^{Kgr},80$
—	étain	$7^{Kgr},80$
—	zinc.	$7^{Kgr},20$
—	granit.	$2^{Kgr},70$
—	houille	$1^{Kgr},30$
—
—	mercure.	$13^{Kgr},600$
—	eau de mer	$1^{Kgr},026$
—	lait	$1^{Kgr},030$

CORPS MOINS DENSES QUE L'EAU

Un décimètre cube de glace pèse.	$0^{Kgr},93$
—	bois.	$0^{Kgr},6$ à $0^{Kgr},9$
—	liège	$0^{Kgr},24$
—	vin	$0^{Kgr},99$
—	huile	$0^{Kgr},91$
—	alcool	$0^{Kgr},79$
—	éther	$0^{Kgr},70$
—	air	$0^{Kgr},0013$

Ces poids ont reçu le nom de *poids spécifiques*, c'est-à-dire poids appartenant à une espèce de corps particulière. Si vous avez deux blocs d'un décimètre cube, composés l'un et l'autre d'un métal blanc, et, si vous trouvez que l'un d'eux pèse $10^{Kgr},5$ et l'autre $7^{Kgr},8$, vous reconnaîtrez par là même que le métal n'est pas le même ; l'un est de l'argent, l'autre pourrait être de l'étain.

Le *poids spécifique* est donc le poids de l'*unité de volume* d'un corps.

Cette unité peut être choisie arbitrairement. On peut prendre le centimètre cube, ou le décimètre cube, ou le mètre cube ; dès lors le poids spécifique s'exprimera différemment suivant les cas. Ainsi, le poids spécifique de l'argent serait $10^{gr},5$ ou $10^{Kgr},5$ ou $10,5$ tonneaux métriques.

Il n'y a que l'unité de poids qui change, le nombre $10,5$ reste le même. C'est qu'il indique que l'argent pèse dix fois et demie plus que l'eau, à volume égal.

On peut dès lors définir le poids spécifique d'un corps : le quotient que l'on obtient en divisant le poids de ce corps par le poids d'un égal volume d'eau.

Ainsi, pour mesurer le poids spécifique d'un corps, il faut peser ce corps et peser un volume d'eau égal au sien.

12. Méthode du flacon. —Proposons-nous de déterminer le poids spécifique du plomb. Nous prenons un petit flacon de verre A (*fig.* 6), une aiguille est fixée au goulot à l'aide d'un peu de cire. On y verse de l'eau pure, et, à l'aide d'un tube de verre effilé B, on l'ajoute goutte à goutte, ou on l'enlève, de telle sorte que la pointe de l'aiguille touche le niveau de l'eau.

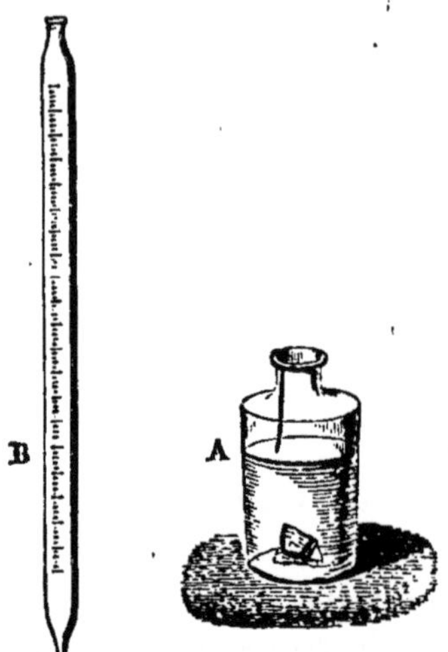

Fig. 6. — Flacon à aiguille.

Le flacon est alors déposé dans le plateau d'une balance, un morceau de plomb est placé à côté du flacon; on fait la tare, en ajoutant de la grenaille de plomb dans le second plateau.

L'équilibre établi, on enlève le corps, on le remplace par des grammes ou des subdivisions du gramme, que l'on met avec méthode, en partant du plus gros poids pour arriver aux plus faibles, jusqu'à ce que le fléau redevienne horizontal. Ces poids représentent exactement le poids du corps, soit 46^{gr},74.

Nous enlevons les poids, le flacon, et nous faisons descendre le morceau de plomb dans l'eau, à l'aide d'un fil.

Qu'appelle-t-on poids spécifique d'un corps? — Quelle différence établissez-vous entre le poids d'un morceau de fer et son poids spécifique (11)?

Qu'est-ce qu'un corps plus ou moins dense qu'un autre?

N'y a-t-il pas deux définitions du poids spécifique? — Montrez qu'elles rentrent l'une dans l'autre.

Indiquez comment on détermine le poids spécifique d'un corps solide (12); — d'un corps liquide.

L'immersion du métal fait monter le niveau du liquide au-dessus de la pointe d'aiguille. Servons-nous du tube effilé pour aspirer l'eau du flacon, et laissons-la tomber par gouttes ; nous ramènerons le niveau au contact de la pointe. Il faut alors reporter le flacon dans la balance et ajouter le nombre de grammes nécessaire pour que le fléau soit horizontal, soit 4^{gr}, 10.

Comme on n'a pas touché à la tare, ce poids surajouté est celui de l'eau que l'on a enlevée du flacon. Cette eau a exactement le volume du corps immergé.

Nous trouverons le poids spécifique du plomb, en divisant 46,74 par 4,10. Le quotient est 11,4.

Le plomb pèse environ onze fois plus que l'eau, à volume égal.

Liquides. — Le même flacon peut servir à déterminer le poids spécifique d'un liquide. Prenons l'essence de térébenthine.

Nous remplissons d'eau le flacon : le niveau touche la pointe de l'aiguille. Nous faisons la tare du flacon, puis nous le vidons et, après l'avoir desséché avec soin, nous le remettons dans le plateau de la balance. Il ne fait plus équilibre à la tare, et les poidsqu'il faut mettre dans le plateau pour ramener cet équilibre donnent le poids de l'eau : soit 40 grammes.

Refaisons la même opération avec l'essence de térébenthine, nous obtiendrons le poids de ce liquide contenu dans le flacon et ayant bien exactement le volume de l'eau, car, dans les deux cas, les surfaces des deux liquides s'arrêtent à la pointe de l'aiguille : soit 35^{gr}, 84 le dernier poids.

Le quotient de 35,84, poids de l'essence, par 40, poids de l'eau, le nombre 0,896, est le poids spécifique de l'essence de térébenthine.

13. Utilité des poids spécifiques. — Les poids spécifiques servent fréquemment à calculer le poids d'un corps dont on connaît le volume, ou le volume d'un corps dont le poids est donné.

Partons de la définition du poids spécifique.

C'est le quotient du poids du corps par le poids d'un même volume d'eau. Remarquons que, dans notre système métrique, le volume d'eau exprimé en centimètres cubes, le poids de cette eau exprimé en grammes, sont donnés par le même nombre : 15 grammes d'eau ont pour volume 15 centimètres cubes; 20 kilogrammes d'eau ont un volume de 20 décimètres cubes; 30 tonnes (30000 kilogrammes), voilà le poids de 30 mètres cubes d'eau. C'est pourquoi on peut dire que le poids spécifique s'obtient *en divisant le poids du corps par son volume;* mais à une condition, c'est que les unités de poids et de volume se correspondront comme il suit : l'unité de volume étant le *centimètre cube*, l'unité de poids est nécessairement le *gramme*. Si le poids est exprimé en *kilogrammes*, le volume doit être donné en *décimètres cubes*. Enfin, l'unité de poids correspondant au *mètre cube* est le *tonneau métrique* de 1 000 kilogrammes.

Au lieu de dire que *le poids spécifique est le quotient du poids du corps par son volume*, on pourrait dire :

1° *Le poids d'un corps s'obtient en multipliant son volume par son poids spécifique;*

2° *On calcule le volume d'un corps en divisant son poids par le poids spécifique.*

Ce sont deux conséquences arithmétiques de la première définition. Dans les calculs, il faut toujours se rappeler la concordance des unités.

PREMIER EXEMPLE. *Un bloc de granit a un volume de* $2^{mc},7$; *son poids spécifique est 2, 9. Quel est son poids ?*

Multiplions le volume 2, 7 par le poids spécifique 2, 9; le produit 7,83 est le poids cherché.

Il représente des tonnes, puisque l'unité de volume adoptée est le mètre cube. Le poids est donc en kilogrammes 7830^{kgr}.

DEUXIÈME EXEMPLE. *Quel est le volume de* 1200^{kgr} *d'huile d'olive, dont le poids spécifique est 0,91 ?*

Divisons 1 200 par 0,91, le quotient 1 318 est la valeur du volume. Ce sont des *litres*, puisque le poids est donné en *kilogrammes*.

Les énoncés que nous avons donnés peuvent prendre une autre forme.

Pour deux corps du même poids, le produit de chaque volume par le poids spécifique correspondant est le même ; c'est-à-dire, *le rapport des volumes est inverse de celui des poids spécifiques*.

Pour deux corps du même volume, le quotient du poids par le poids spécifique est le même de part et d'autre, ou *les poids sont proportionnels à leurs poids spécifiques*.

Dans le langage usuel, on remplace à tort le nom de poids spécifique par celui de *densité*. Dans un cours de mécanique, les expressions ne sont pas synonymes.

QUESTIONNAIRE

Comment calcule-t-on le poids d'un corps quand on connaît son volume et son poids spécifique (13)?

Quelle est la règle des unités correspondantes?

Comment calcule-t-on le volume d'un corps, si on donne son poids et son poids spécifique ?

Dans quel rapport sont les volumes de deux corps qui ont même poids?

Dans quel rapport sont les poids de deux corps de même volume?

RÉSUMÉ

Un *levier* est composé d'une barre assez résistante pour ne pas fléchir ou se briser. Elle peut tourner autour d'un point d'appui fixe et elle est actionnée en deux autres points par deux poids ou deux forces, qui tendent à la faire tourner dans deux sens opposés.

Si le levier est immobile, les deux forces se font *équilibre*.

Un levier qui peut tourner autour de son milieu et qui est horizontal quand il ne supporte aucune charge conserve cette position : 1° si on le charge de poids égaux, placés à égale distance du point d'appui; 2° si les poids sont inégaux et leurs distances au point d'appui telles que le produit de chaque poids par la distance est le même de part et d'autre.

Le *fléau* d'une balance est un levier mobile autour de l'arêt tranchante du *couteau* placé en son milieu.

Il supporte à chacune de ses extrémités un plateau où l'on dépose d'un côté le poids, de l'autre le corps que l'on veut peser.

La pesée est juste, si le fléau est ramené à l'horizontalité; pourvu que la distance du couteau aux points d'attache des plateaux soit la même de part et d'autre.

Le poids spécifique d'un corps est le poids de l'unité de volume de ce corps. On le calcule en divisant le poids d'un certain volume de ce corps par celui d'un égal volume d'eau; ou encore : le poids du corps exprimé en grammes par son volume exprimé en centimètres cubes.

Le poids d'un corps se calcule en multipliant son volume par le poids spécifique.

Le volume d'un corps s'obtient en divisant son poids, qui doit être donné, par le poids spécifique.

Deux corps de même poids ont des volumes inversement proportionnels à leurs poids spécifiques.

Deux corps de même volume ont des poids directement proportionnels à leurs poids spécifiques.

---

3. Propriétés des liquides.

14. — L'eau, si abondante à la surface du globe, est pour nous le type des liquides. L'agitation continuelle des mers, les rides qu'un vent léger forme à la surface d'un lac nous démontrent l'extrême *mobilité* de l'eau.

Un kilogramme de ce liquide conserve un volume à peu près invariable, lorsqu'on le soumet à une très haute pression. Nous dirons que l'eau est très peu *compressible*.

L'eau est *pesante*; elle tombe, si elle n'est soutenue par un corps solide fortement appuyé sur le sol.

Telles sont les propriétés essentielles que nous retrouverons plus ou moins modifiées dans les autres liquides, et tout ce que nous allons dire convient à chacun d'eux.

15. Un liquide en repos a sa surface plane et horizontale. — L'expérience de tous les jours nous apprend que l'eau coule sur un sol en pente : voyez les ruisseaux. Il faut qu'une table soit bien horizontale pour qu'une petite quantité d'eau qu'on y verse y reste immobile.

On conçoit, d'après cela, que la surface libre d'un liquide, j'entends celle qui est en contact avec l'air, doit être horizontale, lorsque le liquide est au repos. Si elle était inclinée, l'eau coulerait de la portion la plus haute vers les parties les plus basses. C'est ce qui arrive naturellement dans les cours d'eau, le niveau de l'eau à la source étant plus élevé que le niveau du fleuve à son embouchure.

L'eau d'un lac est immobile, parce qu'en voguant à sa surface un bateau ne s'élève ni ne s'abaisse, il glisse horizontalement sur l'eau. La surface du lac est en tout point perpendiculaire au fil à plomb ou à la verticale. Il n'en peut être autrement, dès lors que l'eau est pesante, et, comme nous le supposons, soumise à la seule force de la pesanteur.

16. L'eau presse les vases qui la contiennent.— Cette pression s'exerce de haut en bas, sur le fond du vase.

Nous prenons un verre de lampe a, cylindrique, dont les bords, usés avec soin, sont bien plans (*fig.* 7). On donne le nom de *manchon* à ce petit vase. Fermez-le avec un disque de verre dépoli b, légèrement graissé pour le faire adhérer au manchon. Soutenez celui-ci avec la main et versez-y de l'eau. A un certain moment, le disque b s'en détache et tombe, s'il n'est soutenu par un fil.

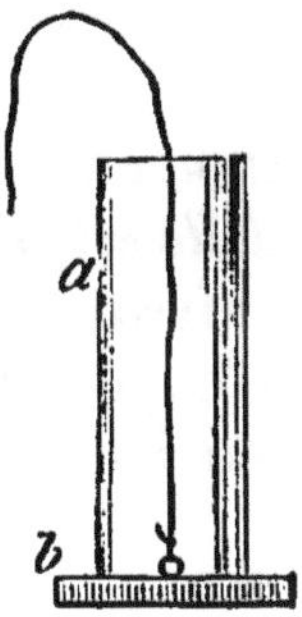

Tout le monde comprend que le poids de l'eau qui charge le disque b l'a séparé du vase a.

Fig. 7.

Supposons qu'on ait attaché au plateau d'une balance le fil qui est fixé au disque, et qu'on ait mis un poids de 100 grammes dans le plateau opposé, le disque ne se détachera que si on met 100 grammes d'eau dans le manchon. Le cylindre d'eau qu'il renferme pèse de tout son poids sur le fond mobile du vase. Cette pression qui s'ajoute au poids du disque suffit pour éloigner celui-ci du manchon.

Nous admettrons donc comme démontré que, dans un vase cylindrique dont les parois sont verticales, le fond est pressé de haut en bas par le poids du liquide qui est au-dessus. Si on veut évaluer en grammes cette pression, on exprimera en centimètres carrés la surface du fond ; on mesurera en centimètres la distance du fond au niveau libre du liquide. Le produit de ces deux nombres est le volume de l'eau en centimètres cubes ; c'est aussi son poids en grammes.

Si le manchon était plein d'un autre liquide, de l'huile d'olive, par exemple, il faudrait, après avoir calculé le volume, le multiplier par le poids spécifique de l'huile, ce qui donnerait en grammes le poids et la pression.

Exemple. *Quelle est la pression exercée par le mercure sur le fond d'un vase cylindrique? La surface du fond est 12 centimètres, la distance du fond au niveau est 5 centimètres.*

D'après la règle, le volume du mercure est 12×5 ou 60 centimètres cubes, dont le poids est en grammes $60 \times 13,6$, c'est-à-dire 816 grammes.

En dehors de tout calcul, on voit que *la pression est proportionnelle à la grandeur de la surface pressée pour une distance invariable du niveau au fond.*

Elle est, pour le même fond, proportionnelle à la distance au niveau.

L'expérience montre qu'elle ne change pas, si on se borne à modifier la forme du vase.

QUESTIONNAIRE

Quelles sont les qualités essentielles d'un liquide (14)? — Pourquoi dit-on qu'un liquide est mobile et incompressible?

Quelle est la forme de la surface d'un liquide en repos (15) ?

Pourquoi la surface d'un étang est-elle horizontale ?

Comment vous représentez-vous la surface d'un fleuve ?

Montrez que l'eau exerce une pression sur le fond d'un vase (16). — Quel peut être l'effet de cette pression ?

Comment peut-on la calculer, si le vase est un cylindre droit ?

Que devient cette pression : 1° si on fait varier seulement la surface du fond, en la rendant deux ou trois fois plus grande; 2° si on fait varier de même la seule hauteur de l'eau au-dessus du fond; 3° si la surface du fond et la hauteur de l'eau changent en même temps?

17. — Du reste, il en est ainsi dans tous les cas ; les pressions exercées par des liquides pesants sont indépendantes de la forme de la masse liquide ; elles ne dépendent que de l'étendue de la surface pressée et de la distance verticale qui la sépare du niveau libre.

Il en résulte que, si on conçoit une cuve pleine d'eau coupée par un plan horizontal situé à un mètre au-dessous de la surface libre, toute surface d'un décimètre carré découpée sur ce plan éprouvera de haut en bas une pression de 10 kilogrammes, quelle que soit sa place. La pression sur un centimètre carré sera cent fois moindre ou de 100 grammes ; sur un millimètre carré, on n'aurait plus qu'un gramme de pression.

C'est ce qu'on exprime ainsi :

Un liquide en repos exerce la même pression sur chaque point d'un plan horizontal tracé dans son intérieur.

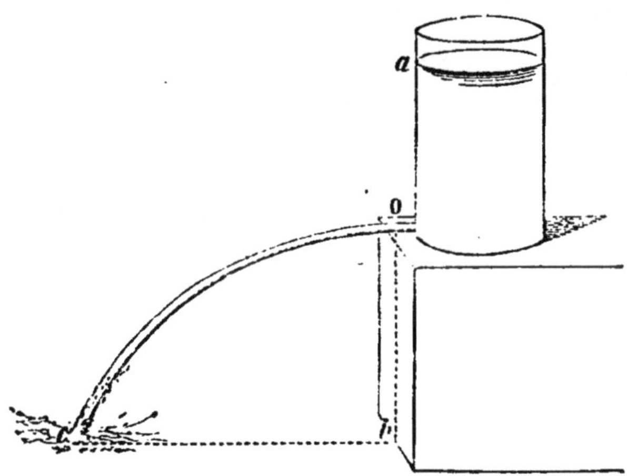

Fig. 8. — Pression latérale.

18. L'eau presse dans le sens horizontal les parois verticales d'un vase. — Un flacon *a* (*fig.* 8) est percé à sa base d'un trou latéral. On le ferme avec un bouton de bois collé contre le verre à l'aide d'un peu de cire. Versons de l'eau dans le vase : le niveau s'élève au-dessus du trou, l'eau exerce sur le bouton une pression qui va en croissant, à mesure que le niveau s'éloigne. Bientôt le bouton se détache ; le jet de liquide qui sort du flacon est d'abord horizontal ; c'est dans ce sens que s'exerce la pression qui le pousse au dehors ; puis, il se courbe de plus en plus sous l'action de la pesanteur, et il atteint le sol en un point *e*.

Le niveau *a* du liquide s'abaisse par suite de l'écoulement de l'eau, la pression à l'orifice *o* diminue ; on en est averti, en voyant le point *e* se rapprocher progressivement du point *b*.

19. La pression exercée sur un liquide s'y transmet dans tous les sens.

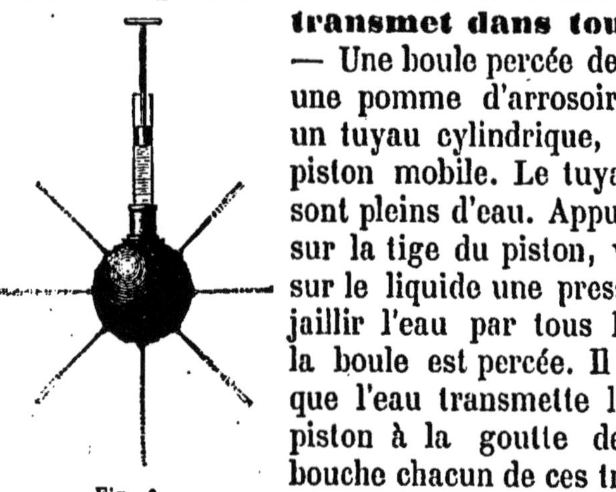

Fig. 9

— Une boule percée de trous (*fig.* 9), une pomme d'arrosoir est ajustée à un tuyau cylindrique, fermé par un piston mobile. Le tuyau et la boule sont pleins d'eau. Appuyez fortement sur la tige du piston, vous exercerez sur le liquide une pression. Elle fait jaillir l'eau par tous les trous dont la boule est percée. Il faut pour cela que l'eau transmette la pression du piston à la goutte de liquide qui bouche chacun de ces trous.

Une bouteille pleine d'eau est fermée par un bouchon qui repose sur la surface du liquide. On enfonce le bouchon d'un coup de maillet, la bouteille se brise infailliblement. L'eau transmet le coup de maillet

La forme du vase influe-t-elle sur la valeur de la pression (17)?
Quel est le sens de la pression ? — De quoi dépend-elle ?
Montrer que l'eau presse les parois verticales d'un vase (18).
Montrez qu'un liquide transmet dans tous les sens une pression qu'il reçoit (19).
Pourquoi brise-t-on une bouteille, si on ne laisse pas un espace vide entre l'eau et le bouchon qu'on enfonce?

en chaque point intérieur du verre, et celui-ci n'y résiste pas.

20. Un corps plongé dans l'eau est pressé de bas en haut par le liquide qui l'environne. — Reprenons le manchon de verre fermé en bas par un disque de verre dépoli que l'on peut soutenir à l'aide d'un fil (*fig.* 10). Plongeons le manchon dans un vase plein d'eau. On peut lâcher le fil, le disque ne touche plus, comme il le ferait infailliblement, s'il était dans l'air.

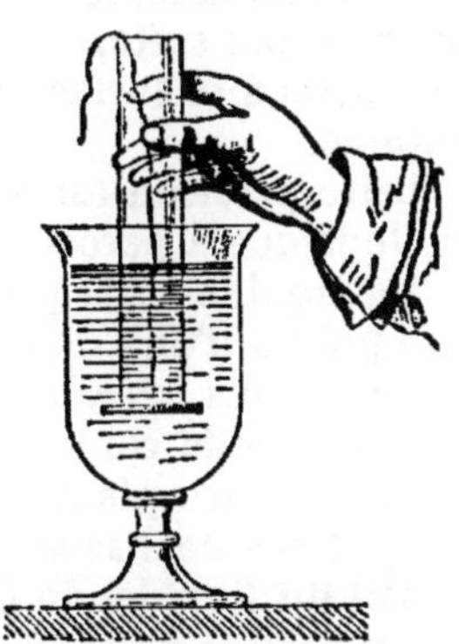

Fig. 10.

C'est l'eau qui le soutient, dira-t-on. Mais, soutenir un corps, c'est faire un effort pour contre-balancer l'action de la pesanteur qui le ferait tomber. L'eau exerce donc cet effort de *bas en haut*, et c'est une véritable pression sur le disque. Que vaut cette pression ? est-elle simplement égale au poids du verre ? non, elle est beaucoup plus grande. Versons, en effet, de l'eau dans le manchon ; colorons-la pour mieux la voir ; le niveau s'élèvera au-dessus du disque sans que celui-ci se détache. Il tombera pourtant, si le niveau intérieur de l'eau atteint le niveau extérieur. Ainsi, la pression que l'eau extérieure exerce sur le fond du manchon est égale à celle qu'il subit, lorsque le manchon est plein d'eau ; les deux niveaux, extérieur dans un cas, intérieur dans l'autre, se trouvant à la même distance du fond.

QUESTIONNAIRE

Montrez que l'eau presse de bas en haut un corps immergé (20). — Quelle est la grandeur de cette pression ?

RÉSUMÉ

Les caractères essentiels des liquides sont d'être *mobiles* dans toutes leurs parties, d'être *incompressibles* et enfin d'être *pesants*,

En vertu de son poids, un liquide ne reste immobile que sur un plan horizontal, et sa surface est elle-même horizontale. En outre il presse sur les corps qui le soutiennent.

Une de ces pressions, dirigée de haut en bas, tend à détacher le fond du vase.

Elle est, comme toutes les autres, indépendante de la forme du vase et, par suite, du poids réel du liquide; mais elle est proportionnelle à la surface du fond et à sa distance au niveau libre du liquide.

Cette pression est égale au poids réel du liquide, dans un vase cylindrique à parois verticales.

Un liquide en équilibre exerce des pressions égales sur chacun des points d'une de ses tranches horizontales.

Les parois latérales des vases sont pressées, de dehors en dedans, par le liquide contenu dans ces vases.

Une surface plane horizontale, prise dans l'intérieur du liquide, est pressée de bas en haut; cette pression est égale à celle qu'elle reçoit du liquide, de haut en bas.

Un liquide pressé à sa surface transmet dans tous les sens et en tous les points de sa masse la pression qu'il subit.

----

4. Propriétés des liquides (*Suite*).

APPLICATIONS

21. Vases communiquants. — *L'eau se met de niveau dans tous les vases communiquant ensemble par des tuyaux s'ouvrant près du fond.*

Deux entonnoirs de verre, *a, b* (*fig.* 11), sont réunis par un tube de caoutchouc *c*, maintenu fermé par la pression des doigts. Le vase *b* est rempli d'eau, on cesse de presser le caoutchouc; l'eau s'écoule du vase *b* dans le vase *a*. L'écoulement s'arrête lorsque leurs niveaux respectifs se trouvent sur le même plan horizontal représenté par la ligne *mn*.

Soulevons l'un des entonnoirs, le liquide s'écoule dans l'autre, et les deux niveaux se remettent à la même hauteur. C'est une conséquence du principe de transmission de pression (19). Supposez qu'il y ait au point *c*, le plus bas du tube de caoutchouc, un piston vertical, très mince, pouvant se mouvoir librement dans le tube. Il est pressé à droite par l'eau du vase *b*, et cette pression le pousse vers la gauche, mais l'eau du vase *a* le pousse à son tour vers la droite ; les pressions sont inégales, si le niveau *m* du liquide en *a* est plus rapproché du piston que le niveau *n ;* alors le piston se déplace et marche vers *b*. C'est une conséquence forcée de la mobilité du piston que nous supposons égale à celle de l'eau. L'égalité du niveau est-elle établie ? les deux surfaces *m, n* sont à égale distance du piston *c*, celui-ci est autant pressé à droite qu'à gauche ; il reste immobile, ainsi que le liquide qui se trouve alors en équilibre.

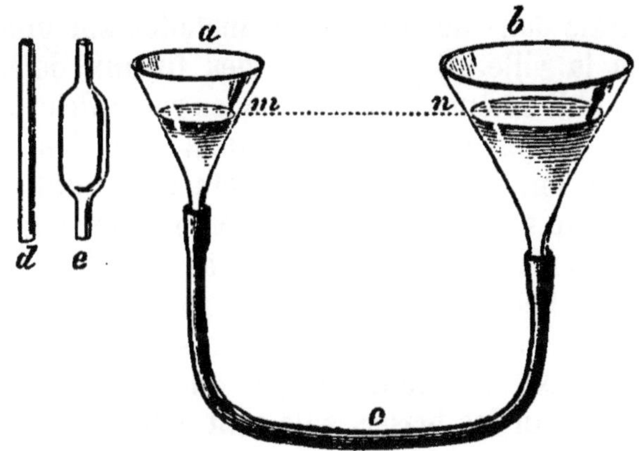

Fig. 11. — Vases communiquant ensemble par un tube de caoutchouc. L'eau s'y met de niveau sur l'horizontale *mn*.

Ce petit appareil va nous démontrer que les pressions exercées par un liquide ne dépendent pas de la forme des vases. Remplaçons successivement l'entonnoir *a* par chacun des tubes *d, e* qui en diffèrent par leur forme, leur volume, et recommençons l'expérience avec chacun des vases *a, d, e*. Nous conservons toujours l'entonnoir *b* à la même place, nous marquons le niveau *n*, en collant sur le verre une petite bande de papier ; et, dans les trois expériences successives, nous versons l'eau dans le vase *b* jusqu'à ce que son niveau soit en *n ;* dans les trois cas, la surface liquide vient se placer dans l'autre vase en un point m situé sur le plan horizontal mn. Rien n'est changé dans l'expérience, et le raisonnement que nous avons fait montre que la pression exercée à gauche sur le piston placé en c est toujours la même, quelle que soit la forme du vase qui se trouve de ce côté. Le poids réel d'eau qui se trouve à gauche change d'une expérience à l'autre ; il est évidemment plus petit que celui qui est à droite, mais il n'a aucune influence sur la pression. Celle-ci ne dépend que de la position des niveaux.

On peut donc exercer une grande pression avec une faible quantité d'eau.

22. — L'eau que l'on distribue dans une ville est amenée à grands frais dans des réservoirs installés sur une colline qui domine la ville. Il part de là des tuyaux de conduite souterrains qui amènent l'eau dans les rues ; des tuyaux de plomb s'en détachent et la distribuent dans les maisons. Ceux-ci sont fermés par des robinets qu'il suffit d'ouvrir pour que l'eau s'écoule, pourvu que le robinet soit placé au-dessous du niveau général du liquide dans les réservoirs. Si ce niveau est élevé de 20 à 30 mètres au-dessus des tuyaux de conduite, la pression sur leurs parois intérieures sera de 20 000 à 30 000 kilogrammes par mètre carré, pression assez grande pour les briser, s'ils sont défectueux.

23. Jet d'eau. — Supposons qu'un des tuyaux de conduite se relève verticalement et s'ouvre au-dessous de ce niveau, la pression intérieure pousse l'eau au dehors. On a un jet d'eau vertical.

QUESTIONNAIRE

Qu'appelle-t-on vases communiquants (21) ? — Quelle est la condition d'équilibre d'un liquide placé dans de tels vases ? — Donner l'explication de cette condition.

La forme des vases a-t-elle quelque influence ?

Comment distribue-t-on l'eau dans une ville ?

Pourquoi les tuyaux de conduite crèvent-ils parfois ?

Comment établit-on un jet d'eau (23) ? — Quelle est la plus grande hauteur possible du jet ?

On peut le montrer à l'aide d'un entonnoir *a* (*fig.* 12), auquel on a adapté un tube de caoutchouc *b* qui se recourbe en *e* et se termine par un tube effilé. Le jet d'eau devrait s'élever jusqu'au niveau *d* du liquide; dans la réalité, sa hauteur est un peu plus faible, par suite des frottements que l'eau en mouvement subit dans le tube.

24. Presse hydraulique. — Les pressions exercées ou transmises par l'eau sont, toutes choses

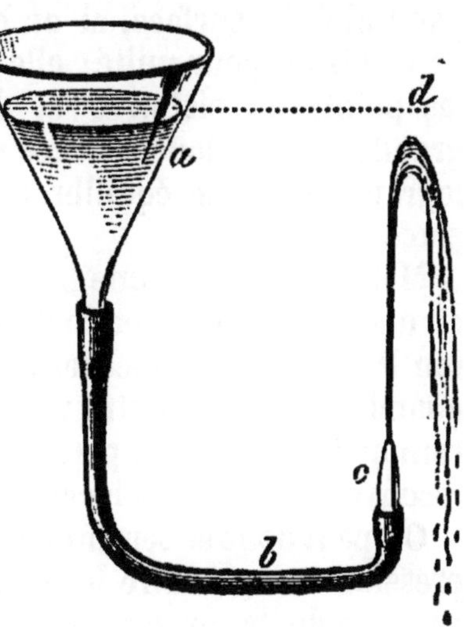

Fig. 12. — Jet d'eau.

égales d'ailleurs, proportionnelles aux surfaces pressées. Si on veut les calculer en kilogrammes, on les rapporte à l'*unité de surface*. On dira que telle pression de l'eau sur les tuyaux de conduite est de 5 à 10 kilogrammes par centimètre carré. Il est bien clair que la même pression évaluée sur un mètre carré serait dix mille fois plus grande. C'est ce qu'exprime notre énoncé.

Concevez deux vases cylindriques A, B (*fig.* 13), communiquant ensemble, pleins d'eau, fermés par deux pistons P, Q qui reposent sur le liquide. Celui-ci est en équilibre et de niveau dans les deux vases. La surface du grand cylindre P est, pour fixer les idées, cent fois plus grande que celle du piston Q.

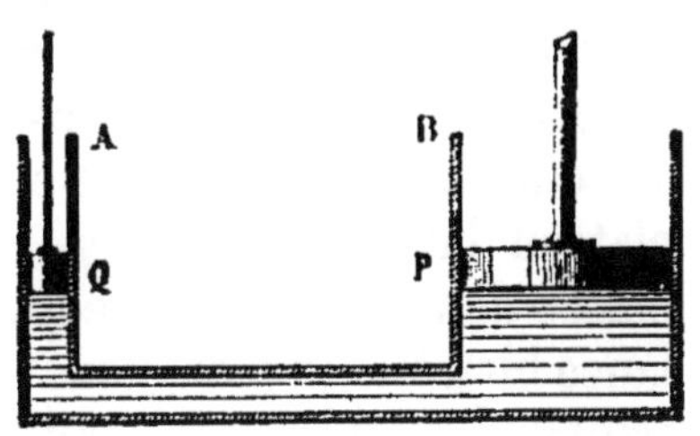

Fig. 13.

Nous chargeons ce dernier d'un poids de 10 kilogrammes qui le fait descendre et refoule l'eau de A en B. Si l'on veut maintenir en B l'eau à son niveau primitif, il faut charger le piston P d'un certain poids qui l'empêche de se soulever. La pression exercée par Q est de 10 kilogrammes par unité de surface, si on convient de prendre la surface de ce piston pour unité; elle est transmise par l'eau en tous les points du piston P et devient dès lors *cent fois* plus grande. Il faut donc charger ce piston d'un poids de 1 000 kilogrammes pour équilibrer le poids de 10 kilogrammes placé en Q.

Mettez un corps, une botte de foin, entre un obstacle fixe et une plateforme horizontale soutenue par la tige du piston P. Ce foin n'empêchera pas d'abord le piston de monter quand on charge l'autre piston, mais il sera refoulé, pressé, comme il le serait si, placé sur un plancher résistant, il était recouvert d'une planche chargée de 1 000 kilogrammes.

On peut donc se servir de l'eau, pour transformer une petite pression en une autre beaucoup plus considérable. Tel est le principe de la *presse hydraulique*, imaginée par Pascal, et qui est un des engins industriels les plus puissants.

On l'emploie à presser les graines oléagineuses, la pulpe de betterave, pour en extraire le suc. Elle sert à essayer les câbles et les chaînes, à soulever de lourds fardeaux, etc

*** 25. Principe d'Archimède.** — *Un corps plongé dans un liquide est poussé par lui de bas en haut. La poussée est égale au poids du liquide dont il tient la place.*

Prenons un corps solide de forme cubique *a* (*fig.* 14), son arête a 3 centimètres, son volume est de 27 centimètres cubes. C'est, par exemple, de l'étain dont le poids spécifique est 7,2. Le poids du cube est donc $27 \times 7{,}2$ ou 194^{gr}, 4.

Pour s'en assurer, attachons le cube par un fil fin au plateau d'une balance (*fig.* 14), et pesons-le à l'aide de poids placés dans l'autre plateau. Cela fait et l'équilibre de la balance bien établi, plongeons le cube *a* dans un vase *b* que nous remplissons d'eau, de manière à recouvrir complètement le corps.

Nous verrons le plateau *c* se relever comme si ce côté de la balance était devenu moins pesant; et, pour rétablir l'horizontalité du fléau, il faut ajouter 27 grammes dans le plateau *c*.

Vingt-sept grammes, c'est le poids de 27 centimètres cubes d'eau, ou le poids d'un volume d'eau égal à celui du corps, en un mot, du volume d'eau que celui-ci a déplacé en pénétrant dans l'eau.

Cette expérience fait connaître immédiatement le volume du corps.

26. Conséquences.

— Le principe découvert par Archimède, sur lequel je n'insiste pas dans ces leçons, explique pourquoi un bloc de plomb, déposé à la surface de l'eau, tombe au fond, tandis qu'un morceau de liège mis

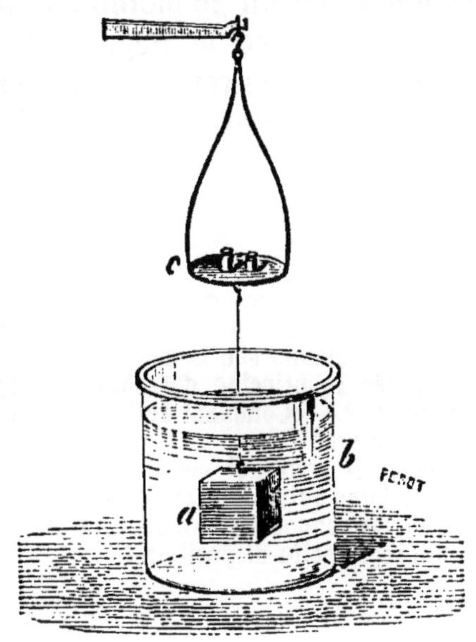

Fig. 14. — Bloc de pierre plongé dans l'eau.

au fond monte à la surface. Le plomb pèse plus que l'eau à volume égal. Quand il est complètement immergé, son poids dépasse la poussée du liquide qui le soulève ; il tombe.

Le liège pèse moins que l'eau, à égal volume : un décimètre cube de cette substance pèse 200 grammes. Mettez-le au fond de l'eau, ce poids ne peut l'y maintenir, la poussée du liquide est de 1 000 grammes, elle l'emporte : le liège remonte à la surface.

Il sort en partie de l'eau, et, lorsqu'il y demeure immobile, on peut être assuré que le volume d'eau qu'il déplace pèse 200 grammes comme lui.

Un brochet, immobile au milieu de l'eau, éprouve une poussée qui est égale à son poids.

27. Liquides superposés. — Le principe d'Archi-

mède va nous indiquer l'ordre dans lequel se superposent des liquides différents qui ne peuvent se mélanger. Versons, en même temps, dans un vase plein d'eau, du mercure et de l'huile. Le mercure est plus dense que l'eau, il va au fond, comme le faisait le plomb ; l'huile est moins dense, elle est poussée, comme le liège, à la surface. Les trois liquides forment dans le verre trois couches séparées par des surfaces horizontales, et dont la densité croît à mesure qu'on descend.

QUESTIONNAIRE

Comment énonce-t-on la grandeur d'une pression (24) ?

Montrer que la grandeur des pressions transmises par l'eau dépendent de l'aire de la surface pressée. — Expliquer le principe de la presse hydraulique. — Nommer son inventeur. — Indiquer quelques-uns de ses usages.

Enoncer le principe d'Archimède (25). — Comment le vérifie-t-on par expérience ? — Comment cette expérience fait-elle connaître le volume du corps immergé ?

Expliquer pourquoi certains corps tombent au fond de l'eau ; — pourquoi certains autres flottent à la surface ?

Indiquer comment plusieurs liquides se disposent dans le même vase, et ce qui règle cette disposition ?

RÉSUMÉ

Un liquide qui remplit des vases communiquant entre eux se dispose de telle sorte que toutes les surfaces libres soient sur le même plan horizontal.

Cette condition remplie, une petite surface prise dans le tube de communication est également pressée dans tous les sens par le liquide. Ces pressions sont indépendantes de la forme des vases.

Le principe des vases communiquants explique la distribution de l'eau dans une ville, l'établissement des jets d'eau, des puits, etc.

La presse hydraulique est un appareil qui sert dans l'industrie à exercer de très fortes pressions. Elle est fondée sur ce que la pression exercée sur une portion d'un liquide, transmise par lui dans toute sa masse est proportionnelle à la grandeur de la surface pressée.

Un corps plongé dans un liquide est poussé par lui, de bas en haut, avec une force égale au poids du liquide déplacé.

La différence des poids obtenus en pesant un corps, d'abord dans l'air, puis dans l'eau, fait connaître le volume du corps ; autant de grammes, autant de centimètres cubes.

Le principe d'Archimède nous explique pourquoi l'eau soutient à sa surface les corps moins denses qu'elle, et laisse tomber les corps plus denses.

Il nous explique l'ordre dans lequel se superposent des liquides différents, placés dans un même vase et qui ne peuvent se mélanger. Les plus denses soutiennent ceux qui le sont moins, et leurs surfaces de séparation sont horizontales.

---

5. Propriétés des gaz.

28. — Nous prenons, pour type des gaz, l'air qui forme autour de la terre une enveloppe dont l'épaisseur n'est pas moindre de vingt lieues. Cette enveloppe porte le nom d'*atmosphère*.

Nous allons chercher à prouver que les gaz sont des corps très *mobiles*, *pesants*, *très compressibles* et *très dilatables*.

Personne ne doute de leur mobilité. Elle est démontrée par le vent qui n'est qu'un courant d'air : tantôt léger comme un zéphir, tantôt violent et redoutable dans les tempêtes.

29. Poids de l'air. — On montre, comme il suit, que l'air est pesant.

Un ballon de verre de 6 litres est fermé par une garniture de cuivre à robinet R (*fig.* 15). Il est suspendu à l'aide d'un crochet au-dessous du plateau d'une balance, et équilibré par une tare. Cela fait, on en retire la plus grande partie du gaz qu'il contient, à l'aide d'une pompe à air. Après avoir fermé le robinet R, on le reporte au-dessous du plateau de la balance. Le fléau penche du côté de la tare ; on en conclut que l'air, enlevé par la pompe, possède un certain poids.

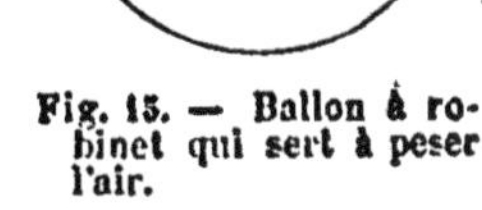

Fig. 15. — Ballon à robinet qui sert à peser l'air.

Pour mieux le démontrer, ouvrons le robinet R ; l'air extérieur rentre dans le ballon, en produisant un sifflement; le fléau se relève progressivement, l'équilibre se rétablit, lorsque tout sifflement a cessé et que le ballon est de nouveau plein d'air.

On aurait pu, d'une part, mesurer la capacité du ballon, de l'autre, ajouter, pour rétablir l'équilibre, des poids sur le plateau qui soutient le ballon; on aurait eu le poids de l'air enlevé par la pompe, ce qui permet de calculer le poids d'un litre de ce gaz. Une telle expérience, faite avec toute la précision qu'elle comporte, nous apprend qu'un litre d'air pèse 1^{gr},298, environ 1^{gr},3.

30. L'air est très compressible. — Nous nous servirons, pour le démontrer, du *briquet à air*.

Fig. 16. — Briquet à air.

C'est un tube de verre *ab* (*fig.* 16), bouché à son extrémité *b* et fermé par un piston de cuir *c* qui frotte sur les parois du verre. Si nous appuyons sur la poignée de la tige du piston, nous enfonçons celui-ci dans le tube et le volume de l'air intérieur est réduit à la moitié, au tiers, au cinquième de ce qu'il était primitivement. C'est cette réduction de volume qui démontre la *compressibilité* de l'air.

Cet appareil est nommé *briquet à air* parce que, si on comprime l'air en abaissant vivement le piston, ce gaz s'échauffe assez pour enflammer un morceau d'amadou placé dans une cavité pratiquée à la base du piston.

Le piston se relève lorsqu'on cesse de le presser, et l'air

reprend son volume primitif; nouvelle propriété que nous désignerons par le mot d'*élasticité*.

L'air est un corps *élastique*, à la façon d'une lame de fleuret qui redevient rectiligne lorsqu'on l'abandonne à elle-même après l'avoir courbée.

31. Dilatabilité de l'air. — Le volume d'un poids déterminé d'air dépend de la pression qu'il subit. Nous venons de voir qu'une forte pression le réduit à un petit volume. Sous une faible pression, il prend un volume plus grand; c'est ce qu'on exprime en disant qu'il est *dilatable*.

Une vessie à demi gonflée, fermée à l'aide d'une ficelle, est placée sous une cloche pleine d'air. La cloche repose sur une plaque de verre au centre de laquelle s'ouvre un tuyau qui communique avec une pompe à air (*fig.* 17). Cette plaque de verre s'appelle la *platine* de la pompe.

Fig. 17.

Le jeu de la pompe enlève de la cloche des quantités d'air de plus en plus grandes. Nous montrerons bientôt que cet air presse sur la vessie, sur l'air qu'elle contient et l'empêche de se dilater. Mais, une fois que le gaz qui remplit la cloche est enlevé, l'air intérieur ne trouve plus d'obstacle, il se gonfle, et on voit la vessie grossir de plus en plus. La rentrée de l'air rétablit la pression primitive, et l'air de la vessie reprend le volume qu'il avait tout d'abord.

32. — Ces deux expériences montrent bien la différence qui existe entre un liquide et un gaz.

Le volume d'eau liquide est à peu près invariable. Qu'il soit pressé ou non, le volume d'un kilogramme d'eau est toujours, à peu près, un décimètre cube.

Un liquide est peu compressible et partant peu dilatable quand on ne fait intervenir que la pression.

Tel n'est pas un gaz. Il n'a un volume constant que si la pression qu'il subit reste la même; il se comprime fortement, si la pression devient beaucoup plus forte; il se dilate indéfiniment, si la pression décroît sans cesse.

33. Pression atmosphérique. — Nous venons de dire que l'air dans lequel nous vivons, qui nous enveloppe, presse une vessie renfermant le même gaz. Nous allons le démontrer par d'autres expériences, en nous servant de la pompe à air que nous décrivons plus loin et qui fut inventée, vers 1646, par Otto de Guéricke, bourgmestre de Magdebourg.

Crève-vessie. — Un manchon de verre (*fig.* 18) repose sur la platine d'une pompe à air. Il est fermé par une peau de vessie que l'on a ficelée sur le col du manchon, lorsqu'elle était humide. Elle se tend en se desséchant, et sa surface est plane. On enlève l'air qui est dans le manchon à l'aide de la pompe; la membrane se creuse aussitôt. On la choque légèrement avec une baguette; elle se brise, et l'air rentre avec explosion dans le manchon.

Fig. 18.
Crève-vessie.

La vessie était d'abord plane, parce qu'elle était en contact sur ses deux faces avec l'air atmosphérique. L'air extérieur la pressait de haut en bas pour entrer dans le manchon; l'air intérieur la pressait également de bas en haut pour sortir. Les pressions étaient égales, et leurs effets se détruisaient mutuellement.

QUESTIONNAIRE

Montrer que l'air est dilatable (31). — Définir ce qu'on entend par dilatabilité de l'air.

Indiquer les propriétés communes aux liquides et aux gaz et celles qui caractérisent ces deux états de la matière (32).

Décrire l'expérience du crève-vessie (33).

Indiquer pourquoi la membrane de la vessie est d'abord plane, puis concave; — pourquoi elle se brise?

Nous enlevons l'air intérieur avec la pompe; la pression extérieure n'est plus contre-balancée, elle a pour effet de donner à la membrane une forme concave, et même elle peut la briser.

34. Expérience de Torricelli. — Une expérience faite en 1643 par Torricelli, disciple de Galilée, va nous donner la mesure de cette pression.

Choisissons un tube de verre, long de 80 centimètres, large de 4 à 5 millimètres, fermé à l'une de ses extrémités. Remplissons-le complètement de mercure; puis, nous le boucherons avec le doigt, nous plongerons dans une cuvette pleine de mercure (*fig.* 19) l'orifice ainsi bouché, et nous enlèverons le doigt, en maintenant le tube vertical.

Fig. 19.
Expérience de Torricelli.

Le mercure descend alors dans le tube; il s'arrête en un point H qui se trouve à une distance de $0^m,76$ du niveau du liquide dans la cuvette. Le tube est vide d'air au-dessus de H, et la surface du mercure n'y supporte aucune pression.

Le tube et la cuvette forment des vases communiquants : comment se fait-il que les niveaux du mercure dans les deux vases ne soient pas sur le même plan horizontal? Cette condition suppose que les surfaces du liquide dans les deux vases sont également pressées. Ici, il n'en est rien; en H le mercure ne supporte pas de pression; en A, dans la cuvette, il est pressé par le poids d'une colonne d'air de 20 lieues de long.

Il ne peut y avoir équilibre que si les parties du mercure pris à l'intérieur du tube, au niveau de la cuvette, sont autant pressées par le mercure, que les parties extérieures, prises au même niveau, sont pressées par l'air.

La conséquence de cette belle expérience est que la *pression de l'air atmosphérique est mesurée par le poids d'une colonne de mercure de 0^m,76 de hauteur*. Nous sous-entendons toujours que la pression, comme le poids, se rapporte à l'unité de surface.

35. Valeur de la pression atmosphérique en kilogrammes. — Nous en savons assez pour calculer en kilogrammes la pression de l'atmosphère. Prenons pour unité de surface le *centimètre carré*. Une colonne de mercure dont la base est un centimètre carré et la hauteur 76 centimètres a un volume de 76 centimètres cubes. Son poids évalué en grammes est $76 \times 13,6$. Ce dernier nombre est le poids spécifique du mercure. On trouve ainsi 1033 grammes, ou environ 1 kilogramme.

Pascal refit, en 1648, l'expérience de Torricelli en prenant l'eau au lieu de mercure. Le liquide remplissait un tuyau de fer-blanc long de 11 mètres environ et bouché à une de ses extrémités à l'aide d'un tube de verre mastiqué dans le tuyau métallique. On ferma celui-ci à l'aide d'un bouchon et on le retourna de façon à le plonger dans un baquet plein d'eau, le tube était maintenu vertical; on enleva alors le bouchon. L'eau quitta l'extrémité supérieure du tube et s'arrêta à une hauteur de 10^m,33. Ce résultat était prévu.

La pression atmosphérique est équilibrée, dans l'expérience de Torricelli, par le poids d'une colonne de mercure qui pèse 1033 grammes quand sa base a une surface d'un centimètre carré. La colonne d'eau qui a même base doit,

QUESTIONNAIRE

Décrire l'expérience de Torricelli (34). — A quelle hauteur le mercure s'arrête-t-il dans le tube? — Pourquoi ne descend-il pas jusqu'au niveau de la cuvette? — Quelle est la mesure de la pression atmosphérique? — Décrire l'expérience de Pascal.

Comment calcule-t-on en grammes la valeur de la pression atmosphérique sur un centimètre carré (35)?

Qu'appelle-t-on une pression d'une atmosphère?

pour faire équilibre à la même pression, peser également 1 033 grammes. Sa hauteur doit donc être de 1 033 centimètres.

Le rapport des hauteurs des deux colonnes d'eau et de mercure ou le quotient de 1 033 par 76 est 13,6, poids spécifique du mercure.

Il est inverse du rapport des poids spécifiques des deux liquides.

La pression atmosphérique est souvent prise pour unité quand on mesure les pressions des gaz ou des vapeurs; on la désigne par le mot *atmosphère*. C'est, comme on le voit, une pression *d'un kilogramme par centimètre carré.*

La vapeur d'eau à 10 atmosphères exerce sur un centimètre carré une pression de 10 kilogrammes en nombre rond.

36. Baromètre. — La pression atmosphérique change sans cesse. On la mesure à l'aide d'un tube de Torricelli, construit avec des soins particuliers et qu'on appelle un *baromètre.*

Le tube plein de mercure et la cuvette c (*fig.* 20) dans laquelle il plonge sont fixés sur une planchette AB verticale. Elle porte en haut une petite plaque h, sur laquelle sont tracés des traits formant une règle graduée en centimètres et millimètres. Le zéro de cette règle correspond au niveau du mercure dans la cuvette.

Dire que la pression atmosphérique est $0^m,728$, c'est dire qu'elle équivaut au poids d'une colonne de mercure de cette longueur, ayant pour base un centimètre carré.

La pression atmosphérique, dans un port de notre pays, se trouve comprise entre $0^m,720$ et $0^m,790$. Elle est, en moyenne, $0^m,760$. Il n'en serait plus de même dans les régions montagneuses. Plus on

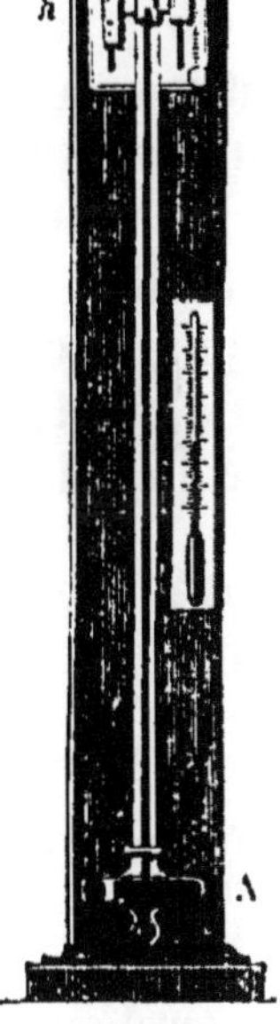

Fig. 20.
Baromètre
à cuvette.

s'élève, et plus on laisse au-dessous de soi de l'air qui cesse de presser sur le mercure de la cuvette. La hauteur barométrique diminue donc à mesure qu'on atteint de plus grandes *altitudes*. Elle est de 0^m,728 à Clermont-Ferrand, à une altitude de 400 mètres ; elle n'est plus que de 0^m,424 au sommet du mont Blanc, situé à une hauteur de 4 816 mètres au-dessus du niveau de la mer.

Les voyageurs se servent du baromètre pour déterminer la hauteur des montagnes. Les marins y ont recours pour prévoir les coups de vent et les tempêtes. Nous nous en servons pour prévoir la pluie ou le beau temps.

Dans nos contrées, le baromètre monte souvent quand le vent souffle de l'est, il baisse par les vents d'ouest et de sud-ouest. Ceux-ci amènent sur nos côtes occidentales des nuages et de la pluie ; les vents d'est sont secs en été, froids en hiver ; avec eux, on peut avoir de la neige, mais non de longues pluies.

On a inscrit sur les baromètres du commerce les indications suivantes : *tempête*, *pluie*, de 0^m,730 à 0^m,750 ; *variable*, vis-à-vis, 0^m,760 ; *beau*, *très sec*, 0^m,770 ; 0^m,780.

Il ne faut pas trop se fier à ces indications. Il vaut mieux surveiller de jour en jour la marche du baromètre. Une baisse rapide et continue marque l'approche d'une forte bourrasque ou d'une tempête. Le cultivateur avisé se hâte de rentrer ses récoltes, le marin ne sort pas du port.

37. Loi de Mariotte. — Le volume d'un gaz est déterminé par la pression qu'il supporte. Le physicien français

QUESTIONNAIRE

Que vaut en kilogrammes une pression de 7 atmosphères sur un mètre carré ?

Décrire le baromètre à cuvette (36).

Quelle est la hauteur moyenne du baromètre au niveau de la mer ? — Pourquoi est-elle plus faible au sommet du mont Blanc ?

Quels sont les usages du baromètre ?

Quels sont les vents qui le font baisser ; ceux qui le font monter ? — Quels sont ceux qui nous amènent la pluie ; — la neige ; — un temps sec ?

Comment reconnaît-on, à l'aide d'un baromètre, l'approche d'une tempête ?

Mariotte a trouvé la loi qui relie le volume d'un poids déterminé de gaz à la pression.

Si un kilogramme d'air est successivement soumis à des pressions d'*une, deux,... dix atmosphères,* ses volumes successifs sont *un, un demi, un dixième.*

Pour que le volume devienne *double, triple..., décuple* de ce qu'il est sous la pression atmosphérique, il faut le soumettre à des pressions égales à la *moitié,* au *tiers,* au *dixième* d'une atmosphère.

En un mot, *ces volumes sont inversement proportionnels aux pressions correspondantes.*

Pour vérifier cette loi, on se sert d'un long tube recourbé en U, à branches inégales (*fig.* 21). La petite branche AC est fermée et divisée en deux parties AD, DC d'égal volume; la grande EB est ouverte et divisée en centimètres. Versons un peu de mercure dans le tube, et faisons en sorte que les deux niveaux A, B soient sur la même ligne horizontale. Nous séparons ainsi de l'air extérieur une masse d'air dont le volume est AC. Il supporte la pression d'une atmosphère. Il résiste à cette pression et presse lui-même avec une égale force la surface A du mercure. Cette contre-pression s'appelle sa *force élastique* ou sa *tension.* Versons dans la branche EB une nouvelle quantité de mercure; le niveau A pénètre lentement dans la branche fermée; le niveau extérieur s'élève plus rapidement dans la branche ouverte. L'air intérieur est comprimé de plus en plus, et il arrive un moment où son volume CD est la *moitié* du volume primitif AC.

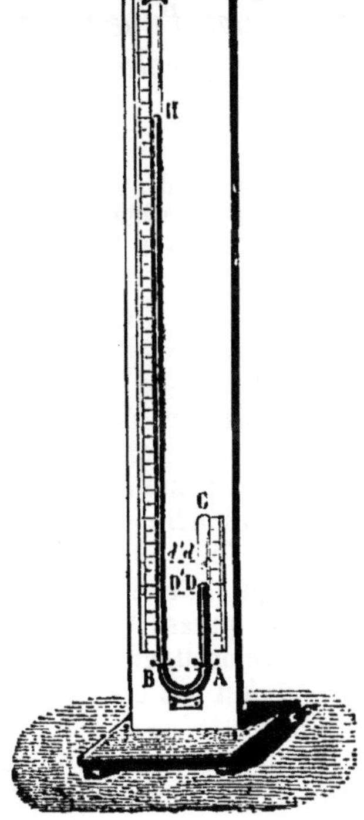

Fig. 21. — Loi de Mariotte.

Mesurons la distance verticale des deux niveaux H et D. Nous la trouverons égale à la hauteur d'un baromètre voisin, à 0^m,760 par exemple.

Cette colonne de mercure de 0^m,760 qui comprime l'air intérieur exerce une pression d'une atmosphère en vertu de son poids. Elle transmet, en outre, la pression de l'air extérieur qu'elle reçoit à sa surface libre et qui est aussi d'une atmosphère. L'air intérieur subit donc une pression de *deux* atmosphères; son volume est réduit de *moitié*. La loi de Mariotte est vérifiée. Remarquez qu'à la fin de l'expérience, lorsque le mercure est immobile, la force élastique de l'air fait équilibre à la pression de deux atmosphères et lui est égale.

On pourrait énoncer la loi de Mariotte en disant : *les forces élastiques d'une masse gazeuse sont inversement proportionnelles aux volumes qu'elle occupe.*

QUESTIONNAIRE

Enoncer de deux manières la loi de Mariotte (37). — Décrire l'expérience qui sert à la vérifier.
Qu'appelle-t-on force élastique de l'air?

RÉSUMÉ

Les gaz sont doués d'une grande mobilité; ils sont pesants, très compressibles et très dilatables. Leur volume varie beaucoup avec la pression qu'ils subissent; ce qui les différencie des liquides.

L'*atmosphère* est la couche d'air qui entoure la terre.

Puisqu'elle est formée d'un corps pesant, elle doit presser tous les corps qu'elle touche. Une masse d'air, renfermée dans un vase clos, en presse les parois en vertu de sa force élastique qui tend à lui faire occuper un plus grand volume.

Dans un gaz en équilibre, la *tension* du gaz égale la pression qu'il supporte.

La pression atmosphérique soutient dans un tube vide d'air une colonne de mercure de 0^m,760, ou une colonne d'eau de 10^m,33.

Les poids de ces deux colonnes sont égaux si on leur donne une même base, un centimètre carré; ils représentent la pression atmosphérique sur la même surface; évaluée en grammes, elle est de 1033 grammes ou un kilogramme en nombre rond. On dit qu'elle est d'une *atmosphère*.

Le baromètre sert à mesurer la pression atmosphérique. C'est un tube de verre bouché par le haut et dont l'ouverture inférieure plonge dans une cuvette pleine de mercure. Il renferme une colonne de mercure au-dessus de laquelle se trouve un espace vide d'air.

La hauteur de cette colonne, évaluée en millimètres, donne une mesure de la pression atmosphérique.

Elle diminue, lorsqu'on transporte le baromètre en des lieux de plus en plus élevés au-dessus du niveau des mers.

Le baromètre est consulté pour la prévision du temps ; il baisse à l'approche d'une tempête. On s'attend à la pluie quand il est bas ; au beau temps, quand il monte ; mais ces indications ne se réalisent pas toujours.

Le volume d'un gaz dépend de sa force élastique ou de la pression qu'il subit.

Si l'une ou l'autre varie, les volumes successifs que prend la masse gazeuse sont inversement proportionnels aux pressions ou aux forces élastiques qui leur correspondent. Telle est la loi de Mariotte.

---

6. Propriétés des gaz (*Suite*).

APPLICATIONS

38. Pompe à air. — Les pompes à air servent à retirer l'air d'un vase clos, ou à l'y refouler. Les unes aspirent le gaz, les autres le compriment. Nous nous occuperons surtout des premières. Nos soufflets sont les plus simples des pompes foulantes. Lorsqu'on retire l'air d'un vase fermé, sans lui permettre d'y rentrer, on dit qu'on *raréfie* le gaz ; on dit aussi que l'on fait le *vide* dans le vase.

Pompe à main. — Une pompe se compose d'un cylindre creux, en métal, appelé le *corps de pompe*, dans lequel se meut un *piston*. Il est formé de disques de cuir empilés, constituant un petit cylindre qui frotte constamment contre les parois du corps de pompe. On le fait mouvoir à l'aide d'une tige métallique terminée à sa partie supérieure par une poignée.

Dans le modèle que nous représentons (*fig.* 22), le fond du corps de pompe est percé de deux canaux parallèles qui

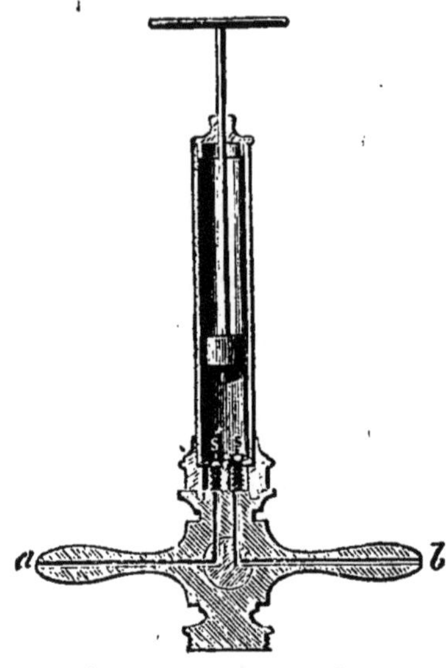

'Fig. 22. — Pompe à main.

s'ouvrent au dehors, l'un à droite, l'autre à gauche, en *b* et en *a*. Ces canaux sont fermés par deux petites pièces mobiles, appelées *soupapes*. L'une d'elles S ne peut se mouvoir que de bas en haut; l'autre S' de haut en bas. Elles sont représentées à part (*fig.* 23). Ce sont des cônes de cuir qui ferment les extrémités coniques des deux canaux *a*, *b*; elles sont guidées dans leur mouvement par deux petites tiges de cuivre. Deux fils de maiton roulés en spirale entourent ces tiges; ce sont deux petits ressorts qui appuient sur la partie plane des soupapes et les maintiennent fermées.

Supposons le piston abaissé jusqu'au fond du corps de pompe; les soupapes sont fermées. Soulevons le piston; il s'élève, en laissant au-dessous de lui un espace vide. Les deux soupapes ne supportent aucune pression dirigée de haut en bas, attribuable à l'air; l'air extérieur les presse de bas en haut. Cette pression s'ajoute à celle du ressort pour maintenir fermée la soupape S'; elle soulève la soupape S malgré l'action du ressort qui la presse. Le gaz entre par là dans le corps de pompe, et il le remplit. A ce moment, le ressort abaisse la soupape S, et l'air qui a pénétré dans la pompe ne peut plus en sortir.

QUESTIONNAIRE

Décrire la pompe à main (38). — Qu'est-ce que le corps de pompe; — le piston; — les soupapes? — Quel est le rôle des soupapes?
Que se passe-t-il lorsque le piston se relève et lorsqu'il s'abaisse?

Abaissons le piston, il réduit le volume de l'air intérieur et augmente par là même sa force élastique. Le gaz ne peut évidemment sortir du côté de la soupape S qui reste fermée. Mais il presse sur la soupape S′, et, lorsque la force élastique qui croît toujours par la compression est assez grande, il ouvre la soupape S′ et sort par le tube *b* (*fig.* 23).

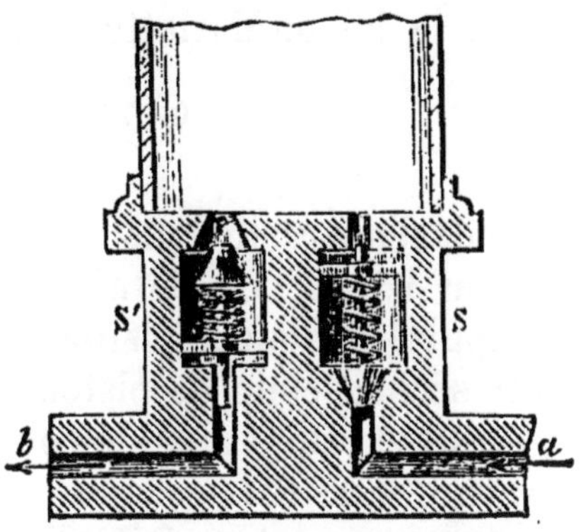

Fig. 23. — Soupapes de la pompe.

Si l'air atmosphérique entre librement par le tube *a*, et si le tuyau *b* communique par un tube de caoutchouc épais avec un vase fermé et résistant, chaque coup de piston refoulera un certain volume d'air dans ce vase. La pompe agit comme une pompe de *compression*.

Si le tuyau *b* s'ouvre librement dans l'atmosphère, et si le tube de caoutchouc placé du côté *a* aboutit à un vase clos, plein d'air, le jeu de la pompe retire à chaque coup de piston une partie de l'air de ce vase. On fait progressivement le vide dans ce vase, la pompe est *aspirante*.

Dans ce dernier cas, la pompe n'enlève pas le même poids d'air du récipient à chaque coup de piston, et il est facile de faire voir que la tension de l'air diminue progressivement avec le poids de gaz qui reste. Supposons au récipient une contenance de 4 litres, il renferme $5^{gr},6$ d'air, et donnons au corps de pompe un volume intérieur de 1 litre. Lorsque le piston se trouve, pour la première fois, au plus haut de sa course et que la soupape d'admission est ouverte, l'air du

3.

récipient se partage entre celui-ci et le corps de pompe et il les remplit tous les deux. Son volume n'est plus 4 mais 5 litres ; sa force élastique n'est plus $0^m,760$, mais, d'après la loi de Mariotte,

$$0^m,760 \times \frac{4}{5} = 0^m,608.$$

Le poids d'air resté dans le récipient est les 4/5 du poids primitif ou $4^{gr},48$. Le dernier cinquième remplit la pompe et est expulsé lorsque le piston descend.

Un second coup de piston enlève de même le cinquième de $4^{gr},48$ et réduit ainsi le poids de l'air du récipient à $3^{gr},58$ et ainsi des autres.

Si la pompe est parfaite, l'épuisement est indéfini ; la tension peut être amenée à n'être plus que de quelques millimètres, le poids d'air resté dans le récipient est insignifiant. On a fait le vide à peu près complet.

Il s'en faut que l'on arrive à un aussi beau résultat. L'imperfection du piston, des soupapes limite l'épuisement, et la pompe laisse toujours dans le récipient de l'air dont la tension est de 4 à 5 centimètres.

*** 39. Machine pneumatique.** — La machine pneumatique est un appareil assez complexe, qui permet de raréfier l'air dans un vase plus complètement qu'on ne peut le faire avec la pompe à main. Il n'entre pas dans notre programme de l'expliquer dans tous ses détails. Je me bornerai à en donner la figure (*fig.* 24) et à indiquer l'usage de ses diverses parties.

La machine se compose de deux corps de pompe en verre A, B. Les pistons ont des tiges dentées, dites *à crémaillère* C, qui engrènent avec une roue dentée cachée dans le bâtis de la machine. L'opérateur fait mouvoir la roue à l'aide d'une manivelle D, à laquelle on donne un mouvement alternatif de droite à gauche et de gauche à droite. Les pistons reçoivent par là même un mouvement alternatif de haut en bas et de bas en haut. L'épuisement de l'air se fait d'une manière continue. Les pompes communiquent, par des canaux intérieurs, avec un tuyau qui s'ouvre au centre de la platine P. C'est une plaque horizontale de verre dépoli, sur laquelle on met les cloches dont on veut raréfier l'air. Les soupapes d'admission ferment les canaux qui abou-

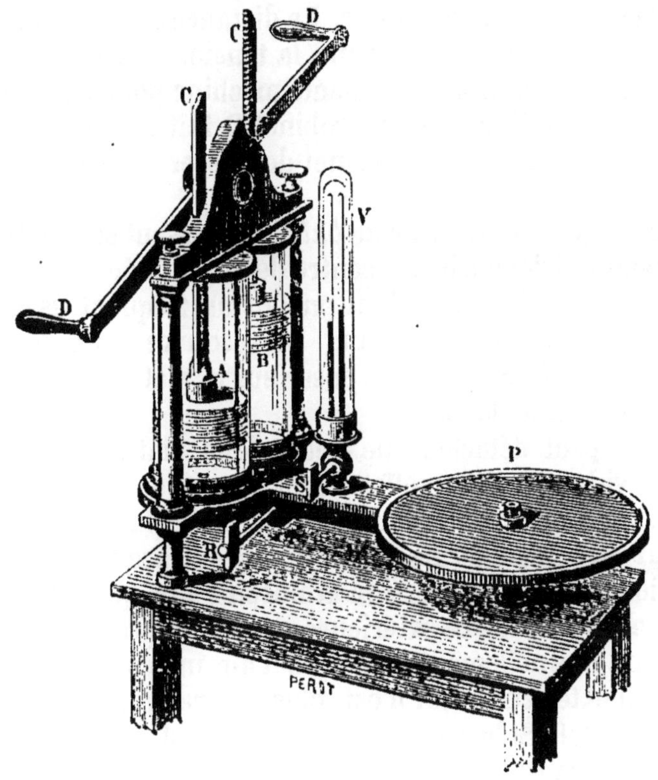

Fig. 24. — Machine pneumatique.

tissent au fond des corps de pompe. Elles sont portées par de petites tiges verticales de laiton qui traversent à frottement les pistons, en sorte que ceux-ci ouvrent les soupapes lorsqu'ils s'élèvent et les ferment quand ils s'abaissent : ce qui permet de pousser très loin la raréfaction de l'air du récipient ; il ne trouve plus d'obstacles qui l'empêchent d'entrer dans les corps de pompe.

Les soupapes de sortie sont dans l'intérieur du piston. Elles ferment de petits canaux par lesquels l'air s'échappe, quand le piston s'abaisse.

Un tube recourbé en U est renfermé dans la cloche V. L'une de ses branches, fermée par le haut, est remplie de mercure; l'autre est ouverte. La colonne de mercure descend de la première dans la seconde, lorsque l'air est trop raréfié pour la soutenir en son entier. La distance des deux niveaux, évaluée en millimètres, mesure la tension de l'air resté dans le récipient. Il faut une excellente machine pour amener cette tension à 2 millimètres. Le robinet R fait communiquer les pompes et la platine. Il permet de laisser rentrer l'air dans la machine.

Les récipients, en forme de *ballon*, se vissent sur l'extrémité du tuyau qui débouche au centre de la platine.

Les cloches de verre, dont on fait un fréquent usage, ont leurs bords rodés, bien plans. On recouvre ces bords d'une couche de suif, avant de les poser sur la platine. Le suif empêche la rentrée de l'air.

On ne peut détacher une cloche de la platine, quand on a fait le vide. C'est un effet de la pression atmosphérique. Posez sur la platine une cloche pleine d'air; la force élastique du gaz qu'elle renferme exerce sur la surface intérieure une pression égale à la pression atmosphérique qui agit en sens inverse sur sa surface extérieure; ces deux pressions se neutralisent mutuellement. Enlevez l'air intérieur. Il reste la pression extérieure, qui n'est plus contre-balancée et qui a tout son effet. Si le diamètre de la cloche est de 2 décimètres, la section transversale a pour aire 314 centimètres carrés. Le poids qui maintient la cloche appliquée sur la platine est au moins de 314 kilogrammes.

Décrivez la machine pneumatique (39). — La disposition des pistons. — Le mécanisme qui les met en mouvement. — La disposition des soupapes. Qu'est-ce que la platine de la machine? — Comment reconnaît-on que l'air du récipient est raréfié? — Pourquoi une cloche dans laquelle on a fait le vide adhère-t-elle si fortement à la platine?

40. — Parmi toutes les expériences que l'on peut faire avec la machine pneumatique ou la pompe à air, je choisirai celle qui confirme le mieux l'explication que j'ai donnée du baromètre.

Un tube de Torricelli est recourbé à sa base et soudé à un tube plus large qui lui sert de cuvette (*fig.* 25). Celle-ci s'ouvre dans une cloche de verre qui est complètement close, lorsqu'on applique ses bords sur la platine de la machine pneumatique.

La hauteur de la colonne de mercure est de 0^m,76. On fait jouer les pompes; le niveau supérieur s'abaisse aussitôt, ce qui démontre bien que la tension intérieure diminue dès les premiers coups de piston et que c'est elle qui soutient le mercure. L'abaissement continue et, vers la fin de l'opération, les deux niveaux du mercure ne sont plus qu'à quelques millimètres l'un de l'autre.

Si on laisse rentrer l'air, l'effet inverse se produit : le mercure monte dans la branche fermée et reprend peu à peu son niveau primitif.

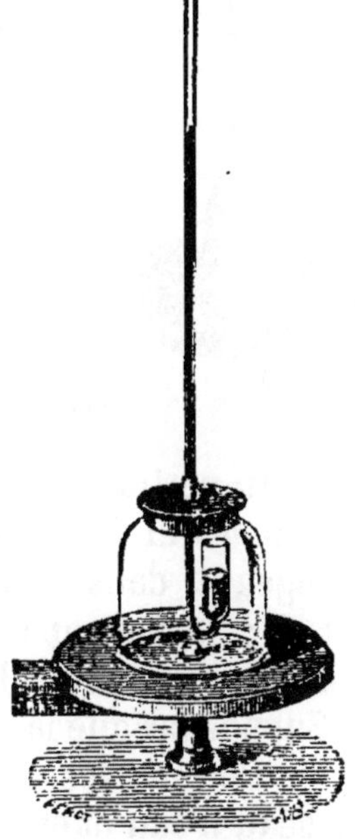

Fig. 25.
Tube de Torricelli
dans le vide.

41. Pompe à eau. — Les pompes qui servent dans nos maisons à tirer l'eau d'un puits ressemblent, par leurs organes essentiels, à la pompe à air que nous venons de décrire.

On y trouve un *corps de pompe* cylindrique dans lequel se meut à frottement un *piston* et, en outre, deux *soupapes*.

Le piston est un cylindre de bois recouvert de cuir ou d'une tresse de chanvre. Il est souvent percé d'un canal central fermé par une soupape *s* (*fig.* 26) qui s'ouvre de bas en haut : c'est une sorte de porte composée d'une planchette attachée au piston par une charnière de cuir.

La soupape d'admission est au fond de la pompe, elle

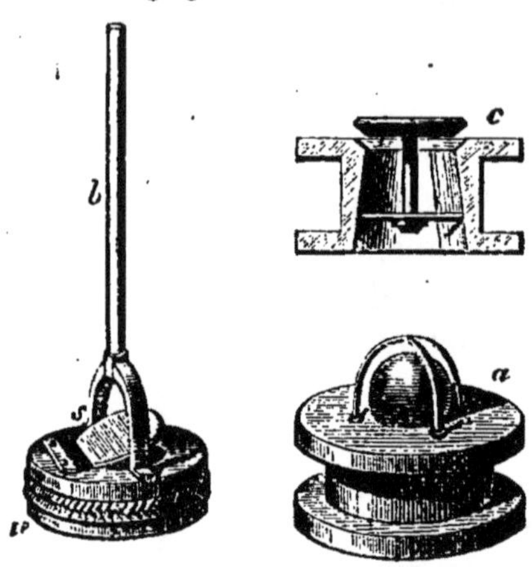

Fig. 26.

ferme un long tuyau qui descend dans le puits et s'ouvre dans l'eau. On voit en *c* l'une de ces soupapes. C'est un tronc de cône en cuivre qui ferme une ouverture de même forme ; elle est guidée dans son mouvement par une petite tige verticale. On a représenté en *a* une soupape à boulet.

Nous donnons (*fig.* 27) la coupe d'une pompe par un plan vertical. On y voit, en haut, le corps de pompe et le piston *o* qui le ferme ; plus bas, le tuyau d'aspiration S*a* plongeant dans l'eau du puits. La soupape d'admission est S ; la soupape de sortie est S' : l'eau s'écoule de la pompe par le tuyau latéral E.

Supposons que la pompe vienne d'être établie et soit pleine d'air. Comme les soupapes ne sont pas parfaites, on a jeté un seau d'eau dans la pompe, elle reste au-dessus du piston et rend de ce côté la fermeture parfaite. On soulève le piston : le vide se fait au-dessous de lui, l'air qui remplit le tuyau d'aspiration obéit à son élasticité et se précipite en partie dans la pompe. Ainsi dilaté, il a perdu en grande partie sa tension et il presse avec moins de force sur l'eau du puits.

La pression atmosphérique ne cesse pas de peser sur le

niveau extérieur du liquide ; les portions de ce niveau enfermées dans le tuyau d'aspiration sont beaucoup moins pressées par l'air qui les recouvre. L'équilibre du liquide est détruit, puisqu'il exige que tous les points de la surface liquide soient également pressés. L'eau monte dans le tuyau d'aspiration : elle s'arrête lorsque la pression de l'eau soulevée, ajoutée à la tension de l'air de la pompe, fait une somme égale à la pression atmosphérique. Le mouvement descendant du piston chasse au dehors l'air de la pompe. Un second, un troisième coup de piston font monter l'eau, et enfin, au bout d'un certain temps, elle remplit le corps de pompe, le tuyau d'aspiration : la pompe est amorcée.

Si alors le piston se soulève, il entraîne avec lui l'eau qui le recouvre, et elle s'écoule par le tuyau de déversement E.

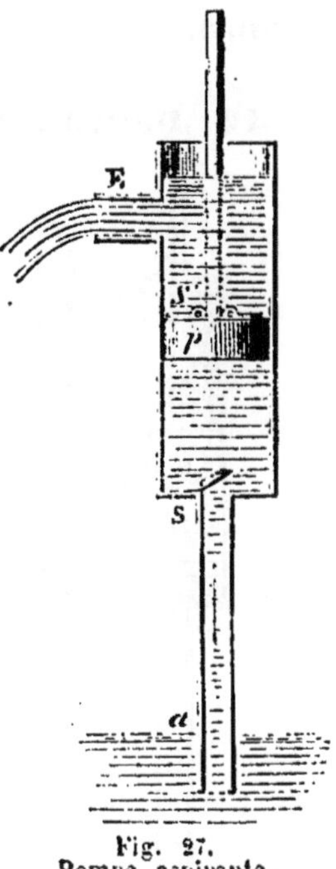

Fig. 27.
Pompe aspirante.

Ce mouvement ascendant tend à créer dans la pompe un espace vide. La pression atmosphérique y met bon ordre : L'eau poussée continuellement par elle soulève la soupape d'admission, entre dans la pompe et semble *aspirée* par le piston. Celui-ci est un organe passif, il ne sert qu'à agrandir momentanément le volume de la pompe. Le seul agent qui détermine le mouvement de l'eau, c'est l'air atmosphérique avec sa pression.

Nous savons que celle-ci ne peut pas soulever l'eau dans un tube vide à une hauteur supérieure à 10^m,33. Il faut donc se garder d'établir une pompe aspirante dans des conditions telles, que la distance de son piston au niveau libre de l'eau soit plus grande que 10 mètres. Il ne faut pas même dépasser 8 mètres, car les pompes industrielles ne sont pas construites avec assez de précision pour faire le vide parfait.

Lorsqu'on veut porter l'eau d'un réservoir à plus de 10 mètres, il faut modifier la construction de la pompe.

42. Pompe aspirante et foulante. — Cette nouvelle pompe a un piston plein p (*fig.* 28). La soupape d'admission S conserve sa place ; celle de sortie S' est transportée à l'entrée d'un tuyau vertical E ; l'une et l'autre s'ouvrent de bas en haut.

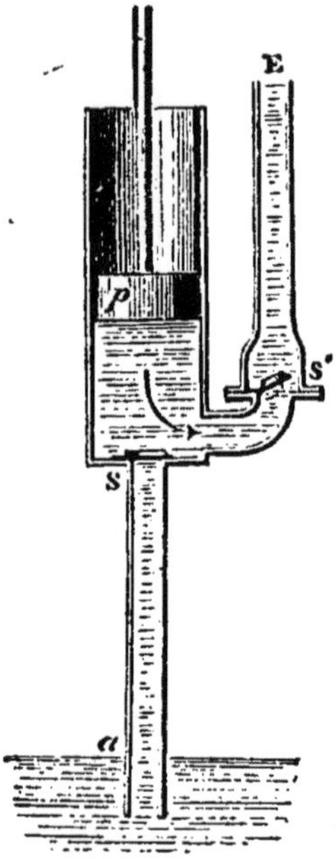

Tout se passe, comme nous l'avons dit, quand le piston monte : la pression extérieure pousse l'eau dans la pompe.

Si le piston s'abaisse, il presse l'eau, et, comme elle n'est pas compressible, elle presse à son tour sur la soupape S', la soulève, malgré la charge souvent considérable de l'eau qui la recouvre, et pénètre dans le tuyau E. Elle y reste, car la soupape S' se ferme de suite.

Ces pompes peuvent porter l'eau à 10, 20, 30 mètres et plus de hauteur, mais au prix de très grands efforts, et en remplaçant la force de l'homme par celle d'une puissante machine.

Fig. 28.—Pompe aspirante et foulante.

Ce sont des pompes de ce genre qui servent aux pompiers pour éteindre les incendies : leur forme est seulement un peu modifiée par la suppression du tuyau d'aspiration.

43. Tàte-vin. Pipette. — Pour puiser le vin dans un tonneau, on introduit par la bonde un tuyau de fer-blanc, percé à sa base d'une ouverture étroite. C'est le *tàte-vin* (*fig.* 29).

Le vin pénètre librement dans le tuyau ouvert et s'y met de niveau avec le reste du liquide. Fermons l'ouverture supérieure avec le pouce et retirons-le du tonneau. Il reste plein de vin qui ne tombe que si on soulève le pouce. La

goutte qui ferme l'orifice inférieur ne peut être divisée par
l'air ; elle supporte, sans se rompre, la pression atmosphérique qui soutient la colonne liquide
contenue dans le tâte-vin.

Les pipettes des laboratoires sont des
instruments en tout analogues.

On fait la même expérience, d'une façon plus piquante, en remplissant un verre
d'eau. On le ferme avec un morceau de
papier posé sur l'eau, ou un morceau de
tulle que l'on assujettit autour du verre à
l'aide d'une ficelle. On retourne le verre,
en le bouchant momentanément avec la
paume de la main. Celle-ci en levée, le
verre reste plein d'eau sans qu'il en tombe
une goutte.

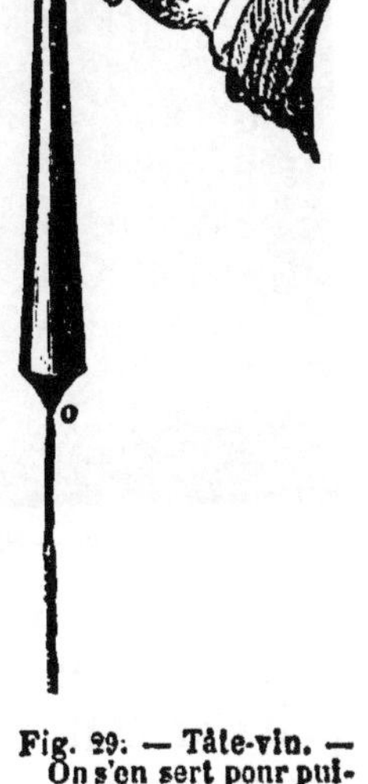

Fig. 29. — Tâte-vin. —
On s'en sert pour pui-
ser le vin dans un
tonneau.

44. Siphon. — Le siphon est un petit
appareil connu depuis des siècles, et qui
sert à transvaser les liquides.

C'est un tuyau de fer-blanc, un tube de
verre ou de caoutchouc, courbé en U. On l'*amorce*, c'est-à-
dire qu'on le remplit de liquide, d'eau, je suppose ; puis,
après l'avoir retourné, on l'installe, comme le montre la
figure, dans deux vases *m*, *n*, pleins du même liquide, placés à deux hauteurs différentes (*fig.* 30). L'eau s'écoule du
niveau le plus élevé *a* vers le plus bas *b*; l'écoulement s'arrête, lorsque le vase *n* est vide, ou lorsque les deux vases
sont tellement disposés que le liquide s'y mette de niveau.

Remarquez que les surfaces liquides *a*, *b* supportent la pression atmosphérique. Cette pression, transmise par le liquide

Décrire la pompe aspirante et foulante (42). — Expliquer le jeu de cette
pompe. — Quel avantage présente-t-elle sur la pompe aspirante?
Décrire le tâte-vin (43).
Décrire le siphon (44). — Indiquer ses usages. — Expliquer le jeu de
cet appareil. — Dans quels cas ne peut-on s'en servir?

dans toute sa masse, arrive au point culminant C du siphon.

Supposons, pour fixer les idées, que la hauteur verticale du

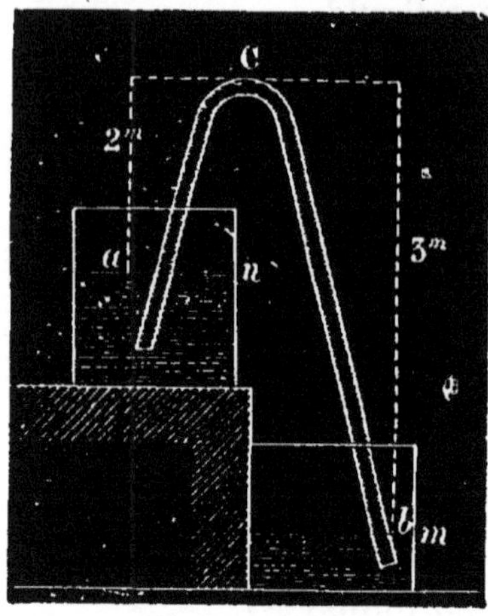

Fig. 30. — Siphon.

point c au-dessus du niveau a soit de 2 mètres, et au-dessus de b de 3 mètres. La pression, qui en a est équivalente au poids d'une colonne d'eau de 10^m,33, ne vaut plus que 8^m,33, parvenue en C. La pression de l'air au point b arrive en C diminuée de 3 mètres; elle est égale à 7^m,33 et inférieure à la première. Il y a une pression d'un mètre d'eau qui pousse le liquide de C vers b. A mesure qu'il s'écoule, la pression atmosphérique fait monter dans la branche aC l'eau du vase n, ce qui entretient le mouvement du liquide. Pour qu'il s'arrêtât, il faudrait que le point C fût à égale distance des niveaux a, b, ce qui les suppose sur un même plan horizontal.

Un siphon cesse de fonctionner dans le vide, et aussi dans l'air, si la distance du point C au niveau le plus bas est plus grande que 10^m,33.

*** 45. Application du principe d'Archimède. —** Le principe d'Archimède est applicable aux gaz. *Un corps placé dans l'atmosphère est poussé de bas en haut, par une force égale au poids d'un volume d'air égal au sien.*

Son poids apparent est plus faible que son poids réel. Celui-ci est diminué du poids de l'air déplacé par le corps.

C'est pourquoi dans la définition du gramme on ne prend pas pour unité de poids le poids *apparent* d'un centimètre cube d'eau pure pesée dans l'air, mais le poids réel de ce volume d'eau pesée dans le vide.

Il est une autre conséquence du principe d'Archimède, et des plus importantes. Un corps entouré d'air ne peut s'y soutenir que si son poids est justement égal au poids de l'air qu'il déplace. S'il est plus grand, il tombe à terre ; s'il est plus faible, il monte vers les nuages.

46. Aérostat. — Ce principe bien connu ne reçut son application qu'en 1783. Les deux frères Joseph et Etienne Montgolfier eurent l'idée d'enfermer de l'air chaud dans une enveloppe légère de toile recouverte de papier.

Un ballon de 12 mètres de diamètre fut gonflé avec de l'air échauffé par la combustion d'un amas de paille que l'on brûlait au-dessous d'une ouverture pratiquée à la partie inférieure du ballon. Celui-ci s'éleva, le 4 juin 1783, en présence de l'assemblée des Etats du Vivarais réunie à Annonay. Il monta à une hauteur d'environ 2000 mètres, et ne tarda pas à retomber, lorsque le gaz intérieur se fut refroidi.

L'homme pouvait donc s'élever dans les airs emporté par une *montgolfière ;* c'est le nom que reçut ce nouvel appareil.

Pilâtre des Roziers et le marquis d'Arlandes osèrent les premiers se confier à la frêle machine. Leur ascension se fit le 19 septembre 1783. Ils traversèrent Paris à une hauteur de 1000 mètres et retombèrent sains et saufs à deux lieues de leur point de départ.

Un mois plus tard, le 1er décembre, Charles et Robert gonflèrent un ballon avec de l'hydrogène. Ils partirent des Tuileries et descendirent à neuf lieues de Paris. Tels sont les débuts de ce que l'on peut appeler la navigation aérienne.

QUESTIONNAIRE

Enoncer le principe d'Archimède dans le cas des gaz (45).

Qu'est-ce que le poids réel ; — le poids apparent des corps? — Quelle est leur différence? — Justifier la définition du gramme.

Pourquoi une montgolfière s'élève-t-elle dans l'air (46)? — D'où lui vient ce nom? — Quelle est la date de son invention?

RÉSUMÉ

Une pompe, qu'elle serve à aspirer de l'air ou un liquide, se compose d'un *corps de pompe* cylindrique, dans lequel se meut un *piston* qui le maintient fermé malgré son mouvement de va-et-vient.

On y trouve deux soupapes : l'une qui s'ouvre de dehors en dedans, soupape d'*aspiration*, laisse entrer le fluide aspiré; l'autre, la soupape de *refoulement*, laisse sortir le même fluide de la pompe.

Dans la pompe à air, l'élasticité du gaz le fait entrer dans le corps de pompe quand on soulève le piston. La même élasticité, accrue par la compression, l'en fait sortir quand le piston redescend.

Une pompe qui refoule l'air dans un vase clos est une pompe de compression; c'est une pompe aspirante si elle puise l'air dans un récipient fermé pour le rejeter dans l'atmosphère.

Dans ce cas, la tension et le poids de l'air resté dans le récipient diminuent sans cesse à mesure que le nombre des coups de piston se multiplie.

La raréfaction est nécessairement limitée.

Dans les pompes à eau, le jeu du piston ne sert qu'à raréfier l'air dans la pompe et le tuyau d'aspiration; la pression atmosphérique agit alors pour faire monter l'eau dans ce dernier et pour en remplir le corps de pompe.

La pompe ne fonctionne plus si le tuyau d'aspiration a une longueur plus grande que 8 mètres. Si on veut élever l'eau à une plus grande hauteur, on construit la pompe de telle sorte que le piston refoule l'eau qui en sort dans un tube latéral.

Le siphon sert à transvaser les liquides. C'est un tube recourbé plein de liquide, dont les deux branches plongent dans des vases séparés, renfermant le même liquide. L'écoulement se fait au travers du siphon, en allant du niveau le plus élevé au niveau le plus bas. C'est encore la pression atmosphérique qui le détermine.

Un corps placé dans l'atmosphère subit une poussée de bas en haut, égale au poids du volume d'air déplacé.

Le poids *apparent*, celui que l'on obtient en pesant un corps dans l'air, est plus petit que le poids *réel* du corps pesé dans le vide.

La différence est le poids d'un volume d'air égal au volume du corps.

Le principe précédent explique l'ascension des ballons ou aérostats.

Leurs enveloppes, gonflées avec un gaz moins dense que l'air, sont soulevées par une poussée supérieure à leur propre poids.

DEVOIRS

Décrire une balance. — Donner la condition qu'elle doit remplir pour peser juste. — Comment peut-on déterminer le poids exact d'un corps à l'aide d'une balance fausse?

Montrer que l'eau exerce des pressions sur les parois des vases qui la contiennent. — Quelles sont les circonstances qui font varier cette pression? — Est-elle toujours mesurée par le poids réel de l'eau qui est dans le vase?

Qu'appelle-t-on poids spécifique d'un corps solide et comment le détermine-t-on?

Démontrer, par expérience, que l'air presse sur tous les corps qui sont à la surface de la terre. — A quoi faut-il attribuer cette pression?

Décrire le baromètre et indiquer ses usages. — Evaluer, en kilogrammes, la pression de l'atmosphère sur un plancher qui a 7 mètres de long et 5 mètres de large.

Décrire la pompe aspirante à air et en expliquer le jeu. .

Un vase a une capacité de 12 litres; il est plein d'air; la tension du gaz est 0m,760. Une pompe, dont la capacité est de 750 centimètres cubes, aspire l'air de ce vase. Quel est le poids du gaz qui restera dans le vase après trois coups de piston.

Enoncer la loi de Mariotte. — Indiquer comment on la vérifie.

II. — CHALEUR

1. Propriétés générales.

47. Dilatation des corps. — Les corps, en s'échauffant, augmentent de volume : ils *se dilatent ;* un refroidissement occasionne une contraction ou une diminution de volume.

Nous allons le prouver par les expériences les plus simples.

Corps solides. — Un petit boulet de fer A (*fig.* 31) passe librement dans un anneau métallique B, quand il est froid. On le chauffe à l'aide d'une flamme, puis on le dépose sur le même anneau, il est devenu trop gros pour le traverser; la chaleur l'a dilaté. Laissons-le refroidir, son volume diminue; il reprend son diamètre primitif, tant soit peu

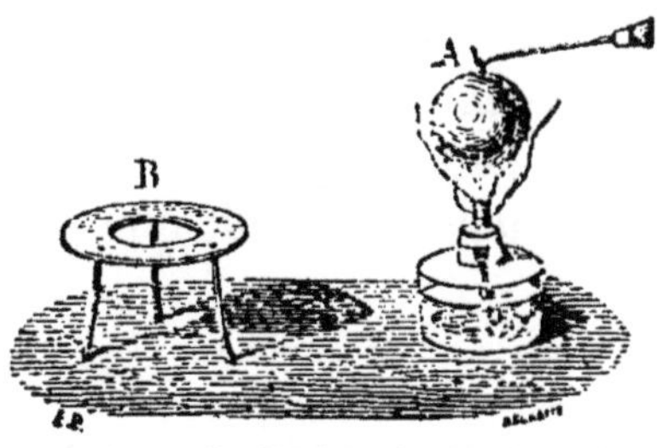

Fig. 31. — Un boulet de fer que l'on chauffe ne traverse plus un anneau, comme il le fait quand il est froid.

plus petit que celui de l'anneau; celui-ci ne peut plus le soutenir, il tombe.

Une barre métallique est plus longue quand elle est forte-
ment échauffée que si elle est froide. Dans ce dernier cas, on pouvait l'introduire entre deux butoirs A, B (*fig.* 32). Ce n'est plus possible si on la chauffe.

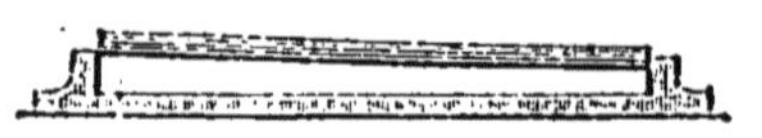

Fig. 32. — Une barre métallique qui entre à froid entre deux butoirs, A, B, ne le fait plus si elle est chaude.

48. Corps liquides. — Nous prenons un petit ballon de verre *b* que nous remplissons d'eau. Le bouchon qui le ferme est traversé par un tube de verre étroit *t* (*fig.* 33) dans lequel l'eau s'élève. Nous marquons la place *a* du niveau du liquide. Entourons ce ballon de glace, ce qui le refroidit, nous ver-rons le niveau s'abaisser au-dessous de *a*, ce qui indique une contraction du liquide.

Plongeons le ballon dans une ter-rine pleine d'eau chaude, le niveau s'élèvera au-dessus du point *a;* le liquide s'est dilaté.

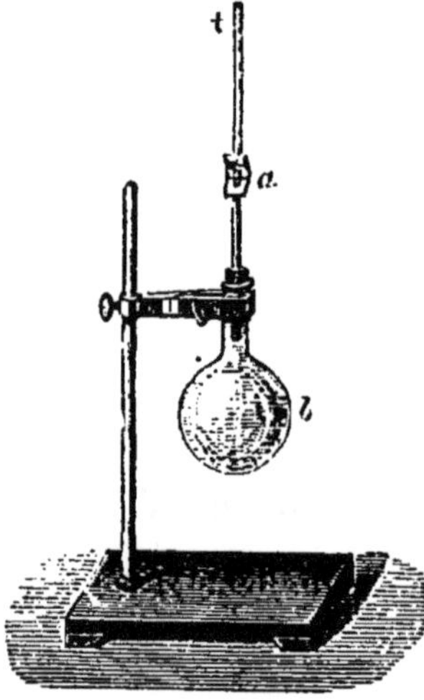

Fig. 33. — La chaleur dilate les liquides.

Cette expérience montre que les liquides se dilatent plus que les corps solides, toutes choses égales d'ailleurs. Je veux dire que, si l'on prenait deux masses sphériques de même dia-mètre, l'une de fer, l'autre d'eau, et si on les échauffait également, en les plongeant l'une et l'autre dans l'eau bouil-lante, l'augmentation de volume serait beaucoup plus appré-ciable pour le liquide que pour le fer.

QUESTIONNAIRE

Comment peut-on faire voir qu'une boule de cuivre, qu'une barre de fer se dilatent quand on les chauffe (47)?

Montrer qu'un liquide se dilate en s'échauffant. — On chauffe sur un fourneau une cafetière exactement pleine d'eau froide; pourquoi une por-tion de l'eau tombe-t-elle sur les charbons (48)?

49. Corps gazeux. — Un petit ballon de verre A (*fig.* 34) plein d'air est fermé par un bouchon que traverse un tube de verre *abc* recourbé en S. Une petite colonne de liquide, placée dans la partie inférieure du tube sépare l'air intérieur de l'atmosphère. Au début de l'expérience, cette colonne est de niveau dans les deux branches du tube. Chauffons le ballon, et il suffit pour cela de le prendre entre les mains, la dilatation du gaz se manifeste aussitôt; le liquide s'élève dans la branche *b*, il remplit l'entonnoir *a* qui le termine : des bulles de gaz le traversent et s'échappent au dehors.

Laissons refroidir le ballon; l'air qui le remplit ne peut plus garder la tension qu'il avait lorsqu'il était chaud,

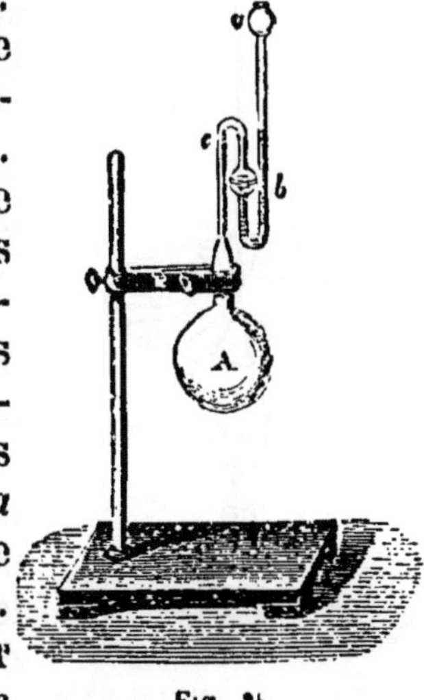
Fig. 34.
Dilatation des gaz.

tout en conservant le volume du ballon; la pression atmosphérique refoule le liquide de la branche *b* dans la boule placée sur la branche du milieu, et les bulles d'air rentrent dans le ballon.

50. — Un corps conserve le même poids, qu'il soit froid ou chaud; son volume est, dans le premier cas, plus petit que dans le second, le poids spécifique diminue forcément quand le corps s'échauffe. Ces variations, peu sensibles pour les solides, le deviennent pour les liquides et les gaz.

L'air chaud est moins dense que l'air froid, il pèse moins que lui à volume égal, et c'est pourquoi un ballon gonflé d'air chaud s'élève dans une atmosphère froide.

Montrer que la chaleur dilate les gaz. — On place devant un feu ardent une vessie à moitié pleine d'air et complètement fermée; que se passera-t-il lorsqu'elle s'échauffera? — Pourquoi un verre à boire se brise-t-il si on le touche quelque temps avec un fer rouge (49)?

Comment explique-t-on la formation d'un courant d'air chaud au-dessus d'un réchaud (50)?

Il se produit au-dessus d'un fourneau ou d'un poêle un courant très sensible d'air chaud ; il en est de même, au-dessus de la flamme d'une lampe ou d'une bougie.

Découpez dans une carte un cercle que vous diviserez en secteurs (*fig.* 35). Inclinez dans le même sens tous les secteurs et attachez ce cercle à un fil vertical. Ce moulinet placé au-dessus d'un fourneau ou d'une flamme se met à tourner comme les ailes d'un moulin à vent. Il est mis en mouvement par le courant ascendant d'air chaud. Un pareil courant s'établit dans le tuyau d'une cheminée et détermine dans le foyer un appel d'air qui active grandement la combustion.

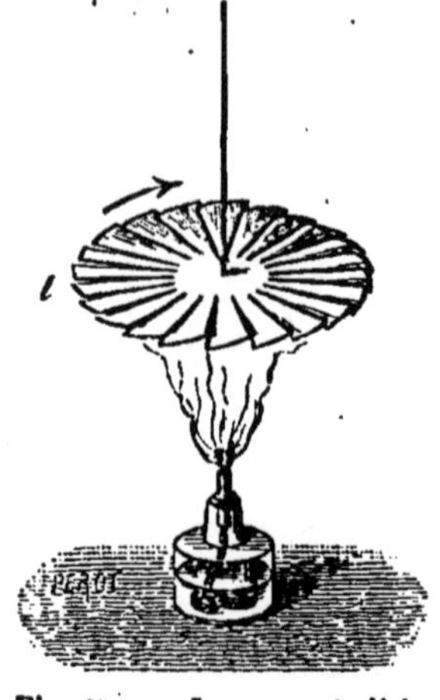

Fig. 35. — Le courant d'air chaud qui s'établit au-dessous d'une flamme fait tourner un moulin de carton.

51. Température. — Nous avons, dans trois vases séparés, de l'eau inégalement chaude ; l'une, froide comme la glace ; l'autre, tiède ; la troisième, plus fortement échauffée. La première refroidit la main qu'on y plonge. Celle-ci perd une partie de sa chaleur naturelle qui pénètre dans l'eau et l'échauffe. On dit que la température de l'eau est plus basse que celle de la main. En répétant la même expérience avec l'eau tiède, on n'éprouve ni sensation de chaleur, ni sensation de froid : la main ne gagne pas de chaleur ; elle n'en perd pas. La main et l'eau sont dites à la même température.

La troisième masse d'eau échauffe la main ; elle lui cède une partie de sa chaleur ; sa température est plus élevée que celle de la main.

Plongeons successivement dans chacun des trois vases le petit ballon qui nous a servi à montrer la dilatation du liquide (*fig.* 33). L'eau qu'il renferme prendra un volume déterminé ; son niveau occupera une certaine position, et, quand il sera devenu immobile, cette eau aura la température du liquide qui l'environne. Cette position change, quand on passe de l'eau froide à l'eau tiède, de celle-ci à l'eau chaude. Le liquide du ballon se dilate dans l'eau tiède parce qu'il s'échauffe; et plus encore dans l'eau chaude parce que l'échauffement est plus grand.

Le volume d'un corps reste le même à des températures égales, il s'accroît lorsque la température s'élève. Cette loi souffre peu d'exceptions.

52. Thermomètre à mercure. — Le thermomètre est l'instrument qui sert à mesurer les températures. Un tube de verre d'un très petit diamètre intérieur, appelé *tube capillaire*, est terminé par un réservoir plus large, cylindrique ou sphérique. Ce réservoir est plein de mercure (*fig.* 36), ainsi qu'une partie du tube.

Prenons le réservoir dans la main : la chaleur de celle-ci passe dans le mercure; il se dilate et monte dans le tube.

Plongeons-le dans l'eau froide : le mercure perd sa chaleur; il se contracte et son niveau descend.

On est convenu d'appeler température *zéro* celle de la glace qui est en train de fondre. Cette température est toujours la même.

Mettons le thermomètre *t* (*fig.* 37) dans un vase percé, un pot à fleur rempli de neige ou de glace pilée et placé dans une salle chaude. La glace fond; le mercure diminue de volume tout d'abord. Au bout d'un quart d'heure, le niveau reste invariable. On marque sa position sur la tige en l'entourant, par exemple, d'un fil serré. On a le point *zéro*.

Fig. 36.
Thermomètre
à mercure.

A quel caractère reconnaît-on que deux corps ont des températures égales; — que l'un d'eux a une température plus élevée que l'autre (51)?
A quoi sert le thermomètre? le décrire (52).
Comment détermine-t-on la température *zéro* et la température *cent* degrés?

On appelle température de *cent* degrés celle de l'eau pure qui bout à l'air, lorsque la pression atmosphérique est $0^m,760$.

Plaçons le réservoir du thermomètre dans une casserole, ou mieux, plongeons l'instrument entier *t* dans un ballon de verre à long col *a* (*fig.* 38). Il renferme de l'eau que l'on fait bouillir. Le mercure se dilate; son niveau s'élève, puis atteint une position qu'il ne dépasse plus. Le point où il s'arrête marque le *centième degré*.

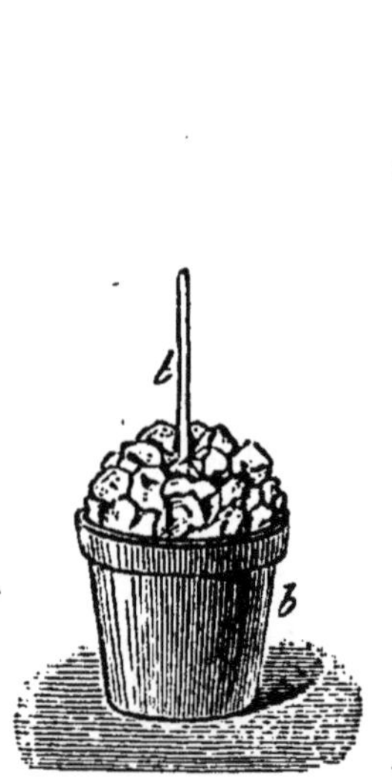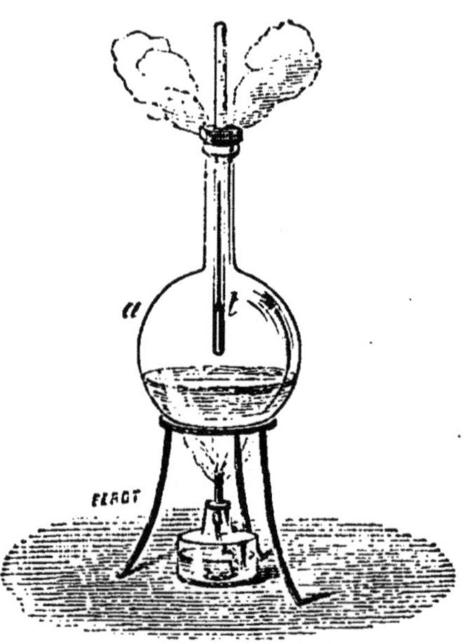

Fig. 37. — On entoure un thermomètre de glace fondante pour marquer sur sa tige la température zéro.

Fig. 38. — Un thermomètre *t* placé dans l'eau bouillante, ou dans sa vapeur, marque la température de *cent* degrés.

L'intervalle des deux points ainsi déterminé est partagé en cent parties égales. Chacune d'elles s'appelle *un degré centigrade*.

Les divisions se prolongent au-dessus de 100° et au-dessous de 0°. Il part de zéro deux graduations identiques : l'une ascendante, l'autre descendante. On les distingue, en mettant le signe + devant les températures supérieures à celle de la glace fondante, et le signe — devant les températures inférieures. Un jour d'avril, la température sera + 15° ou 15 degrés au-dessus de zéro. En décembre, elle pourra être — 15° ou 15 degrés au-dessous de zéro. Il ne faut pas employer l'expression impropre de 15 *degrés de froid.*

Les températures comprises entre — 40° et + 360° peuvent seules être mesurées à l'aide du thermomètre à mercure. C'est entre ces limites que le mercure reste à l'état liquide.

Les thermomètres à l'alcool, moins exacts que les précédents, renferment de l'alcool coloré en rouge. Ils sont utiles pour évaluer de très basses températures.

53. — Le thermomètre fait connaître la température de l'air. Il faut, pour cela, l'exposer au nord de telle sorte qu'il ne soit pas directement éclairé par le soleil.

La température de l'air est la plus basse un peu avant le lever du soleil. Elle monte jusqu'à deux ou trois heures de l'après-midi, puis elle décroît jusqu'au lendemain matin.

On sait que la température n'est pas la même dans toutes les saisons. C'est du 15 décembre au 15 janvier que se placent en France les grands froids. La température s'élève ensuite de jour en jour, et l'époque la plus chaude de l'année est comprise entre le 15 juillet et le 15 août.

Nous donnons, à titre de renseignement, un tableau de certaines températures.

— 200°   Le plus grand froid que l'homme puisse produire.
— 40°   Congélation du mercure.
    0°   Congélation de l'eau.

QUESTIONNAIRE

Comment distingue-t-on, par l'écriture et dans le langage, les températures plus basses que celle de la glace fondante et les températures plus élevées?

On a acheté un thermomètre à alcool, comment vérifie-t-on que son zéro est convenablement placé 52)?

Où doit-on placer le thermomètre pour qu'il donne la température de l'air (53)?

A quels moments de la journée observe-t-on la température la plus basse et la plus haute?

Quelles sont les époques des plus grandes chaleurs et des plus grands froids de l'année?

+	30°	Fusion du beurre.
	37°	Température du corps humain.
	68°,7	Fusion de la cire.
	78°,3	Ebullition de l'alcool.
	100°	Ebullition de l'eau.
	235°	Fusion de l'étain.
	335°	Fusion du plomb.
	360°	Ebullition du mercure.
	400°	Ebullition du soufre.
	500°	Les corps chauds deviennent lumineux; leur couleur est rouge sombre.
	700°	Rouge.
	900°	Rouge cerise (fusion du bronze).
	1000°	Cerise clair (fusion du cuivre et de l'argent).
	11 à 1200°	Orangé (fusion de la fonte de fer, de l'or).
	1300°	Blanc (ébullition du zinc).
	1400°	— (fusion de l'acier).
	1500°	Blanc éblouissant (fusion du fer).
	1800°	— (fusion du platine).

54. Dilatation de l'eau. — Nous ne pouvons passer sous silence, la particularité que présente l'eau, si on la chauffe à partir de zéro. Au contraire des autres corps, son volume diminue quand sa température devient 1°, 2°, 3°, 4°. A partir de là, le volume augmente et l'eau se comporte comme tous les autres liquides.

C'est à 4° qu'un vase renferme le poids d'eau le plus grand; qu'on le chauffe ou qu'on le refroidisse, l'eau se dilate et sort en partie du vase. Sa densité est alors maxima, et est prise pour *unité*.

C'est à 4° qu'un litre d'eau pèse un kilogramme, pourvu qu'on le pèse dans le vide; car dans l'air son poids serait diminué par la poussée du poids d'un litre d'air 1^{gr},3, il ne pèserait que 998^{gr},7.

RÉSUMÉ

Dilatation. — Sous l'influence de la chaleur tous les corps augmentent de volume ou *se dilatent*.

L'absence de chaleur ou le *froid* les fait diminuer de volume ou *se contracter.* Il y a bien peu d'exceptions à cette règle.

Les corps solides augmentent de longueur et de volume quand

on les chauffe. Cette augmentation n'est pas très sensible aux températures ordinaires.

Les liquides se dilatent plus que les corps solides. Les gaz se dilatent beaucoup plus que les liquides.

Un certain volume de gaz, un décimètre cube, pèse moins quand il est chaud que lorsqu'il est froid. C'est également vrai pour un corps solide ou liquide, mais la variation de poids est moins marquée.

La densité d'un corps diminue lorsque sa température s'élève.

Thermomètre. — Deux corps ont des températures égales, lorsqu'aucun des deux ne cède de sa chaleur à l'autre s'ils se touchent. Si, dans ce contact, l'un d'eux se refroidit, c'est-à-dire perd de la chaleur, tandis que l'autre en gagne et s'échauffe, le premier est à une température plus *élevée* que le second.

Le thermomètre sert à comparer les températures. Il est fondé sur la dilatation du mercure ou de l'alcool.

On appelle *zéro* la température de la glace fondante et *cent* degrés la température de l'eau bouillante.

L'eau provenant de la fusion de la glace a pour température *zéro*. Si on la chauffe jusqu'à 4°, elle diminue de volume, ce qui est une exception à la règle générale. A partir de 4°, elle se dilate comme les autres liquides. C'est seulement à 4° qu'un litre d'eau pèse un kilogramme.

---

2. Fusion et vaporisation des corps.

55. Fusion des corps. — Les corps solides fondent lorsqu'ils arrivent à une température qui est toujours la même, mais qui change d'un corps à l'autre, comme on peut le voir dans le tableau précédent.

Les corps que la chaleur détruit, comme le papier, ne fondent pas. D'autres corps, tels que la chaux, n'ont pu être fondus.

La température du corps reste la même tant que dure la fusion. — Toute la chaleur qu'il reçoit alors ne sert plus à l'échauffer, dans le sens vulgaire du mot, elle sert à le maintenir liquide.

Plongez dans une casserole remplie d'eau bouillante un gobelet de fer plein de morceaux de cire, qui entourent le réservoir d'un thermomètre. La température de la cire s'élève à 68°. Elle s'arrête là, tant qu'il y a de la cire solide. Lorsque tout est liquéfié, le thermomètre se met à monter et indique que la température s'élève de nouveau.

Il ne suffit pas d'amener la glace à la température *zéro* pour qu'elle fonde. Il faut encore lui fournir de la chaleur pour qu'elle se liquéfie, sans que sa température change. L'eau qu'elle forme a, comme la glace, la température *zéro*.

C'est pour cela que la glace ne se liquéfie pas tout de suite dans un air tiède, un jour de dégel. Il lui faut du temps pour emprunter à l'air la chaleur nécessaire à sa fusion.

56. Solidification. — Les liquides se solidifient s'ils sont suffisamment refroidis. La température à laquelle ils doivent être amenés pour cela est celle de la fusion. L'eau devient de la glace à 0°. En général, la solidification est lente comme la fusion.

Une masse d'eau ne se prend pas tout d'un coup en glace bien qu'elle soit à 0°. La glace se forme à la surface; son épaisseur, d'abord très faible, augmente de jour en jour tant que dure la gelée. Quand elle est assez grande, la glace peut porter un homme et même des voitures pesamment chargées.

57. Changement de volume. — *Le volume des corps change brusquement lorsqu'ils se liquéfient ou se solidifient.*

Mettons dans un plat de l'eau, de la cire et chauffons-le. La cire fondue se rassemble à la surface de l'eau et y forme une couche continue; ce qui montre qu'elle est moins dense que le liquide qu'elle recouvre. Laissons refroidir, la cire se

QUESTIONNAIRE

Citez des corps qui fondent quand on les chauffe (55).

Comment fait-on voir que la température de la cire fondue reste invariable tant qu'il reste encore de la cire solide?

Pourquoi, lorsque le dégel arrive, la glace ne disparaît-elle pas tout d'un coup?

Qu'arrive-t-il si on refroidit constamment un liquide (de l'étain ou de la cire fondus) (56)?

Lorsque la cire fond, son volume varie-t-il et dans quel sens (57)?

solidifie ; elle prend un plus petit volume, le gâteau de cire ne touche plus les bords du vase et il tombe de lui-même si on retourne le plat. Le volume de la cire solide est plus petit que celui de la cire fondue.

Il n'en est pas toujours ainsi. L'eau augmente de volume en se transformant en glace ; 13 litres d'eau donnent 14 litres de glace. La glace est moins dense que l'eau ; aussi flotte-t-elle à sa surface.

Cette dilatation de la glace, au moment où elle se forme, explique pourquoi les vases pleins d'eau se brisent s'ils sont saisis par la gelée. Remplissez d'eau un petit flacon (*fig.* 39). Fermez-le avec un bouchon de liège que vous assujettissez dans le goulot à l'aide d'une ficelle ou d'un fil de fer. Puis, entourez-le d'un mélange de glace pilée et de sel de cuisine. La température de ce mélange est très basse, de — 17°. L'eau qu'il refroidit se transforme en glace et le flacon est brisé.

Fig. 39. — Un flacon plein d'eau, bien bouché, se brise, si l'eau qu'il contient se congèle.

La force d'expansion de la glace est si grande que l'on fait éclater une bombe de fer en la remplissant d'eau, fermant son ouverture avec un bouchon à vis et l'exposant à la gelée.

La gelée brise les pierres poreuses qui sont imprégnées d'eau. De là le dicton : *il gèle à pierre fendre.* Elle détache dans les montagnes des quartiers de rochers qui roulent dans les ravins au moment du dégel, et forment des avalanches.

La gelée divise en fragments les pierres qui couvrent le sol. Au bout d'un assez grand nombre d'hivers elle les transforme

Quel est le changement de volume qu'éprouve l'eau en se congelant (56) ?

Pourquoi, au moment d'un dégel, les glaçons flottent-ils sur l'eau d'une rivière ?

Quelle est l'action de la gelée sur les baquets, les tuyaux pleins d'eau, les plantes, les pierres ?

Pourquoi les gelées blanches du mois d'avril sont-elles plus désastreuses pour les arbres que les fortes gelées de janvier ?

en poussière. C'est elle qui forme la terre végétale de nos champs et de nos jardins.

La gelée est pernicieuse aux jeunes pousses, aux jeunes fruits des végétaux, elle brise leurs tissus et les détruit.

58. Vaporisation. — La chaleur, après avoir changé la glace en eau, transforme celle-ci en un gaz qu'on appelle la *vapeur d'eau.*

Beaucoup de corps sont liquéfiés et volatilisés par la chaleur. Chauffez du soufre dans un petit tube de verre fermé par un bout, il fond. Chauffez-le plus fortement, il devient un gaz ou une vapeur d'une couleur rouge.

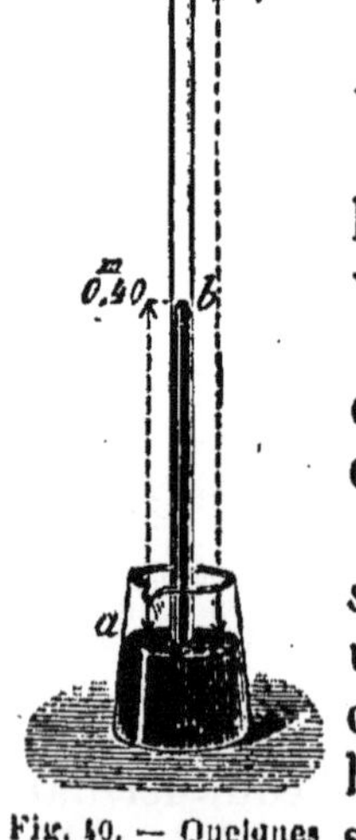

L'eau, l'éther, l'alcool, le pétrole sont des liquides *volatils,* parce qu'ils donnent des vapeurs, même à la température ordinaire.

Il n'en est pas de même des huiles de lin, d'olive; elles ne se vaporisent pas, à moins qu'on ne les chauffe.

Les vapeurs ont, comme les gaz, une *tension* ou *force élastique* qui leur fait exercer une pression sur tous les corps qu'elles touchent. Remplissons de mercure un tube de baromètre *bc* (*fig.* 40), en ayant soin de laisser en haut du tube un espace vide de 5 à 10 millimètres. Achevons de le remplir avec un peu d'éther, liquide très volatil. Bouchons le tube avec le doigt et, après l'avoir retourné, plongeons son ouverture dans un verre *a* plein de mercure.

Fig. 40. — Quelques gouttes d'éther introduites dans le tube d'un baromètre font baisser la colonne de mercure.

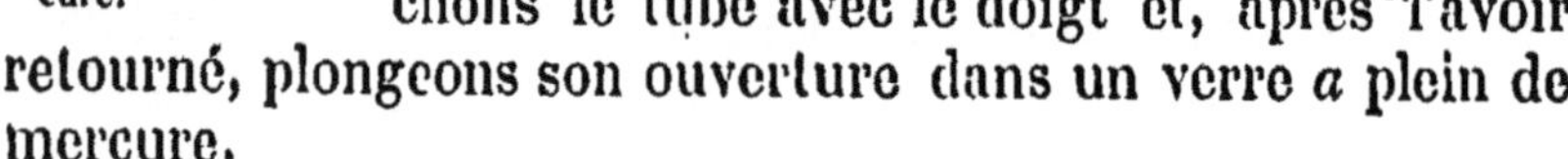

QUESTIONNAIRE

Qu'est-ce qu'une vapeur (58) ?
Qu'entend-on par la tension d'une vapeur?
Qu'est-ce qu'une tension de 8 atmosphères?
Vous laissez tomber sur une feuille de papier une goutte d'huile d'olive et une goutte de pétrole, elles forment sur le papier des taches transparentes. Au bout d'un certain temps, la tache de pétrole a disparu, la tache d'huile persiste; expliquer cette différence.
Montrer par expérience que la vapeur d'éther a, comme l'air, une force élastique.

Lorsqu'on a débouché le tube, le mercure descend, comme dans l'expérience de Torricelli, mais la colonne qui reste soulevée n'a plus qu'une hauteur de $0^m,40$.

Le mercure trouve donc au-dessus de lui un gaz qui le pousse de haut en bas et l'empêche d'arriver à la hauteur $0^m,76$ qu'il atteindrait, si le haut du tube était vide. La tension de ce gaz, qui n'est autre que la vapeur d'éther, a eu pour effet de faire baisser la colonne de mercure de $0^m,36$, différence de $0^m,76$ et de $0^m,40$.

Chauffons le tube (*fig.* 41) avec une flamme; pour cela on imbibe d'alcool un tampon de ouate et, après l'avoir enflammé, on le promène le long du tube; le mercure baisse de plus en plus, ce qui montre que la tension de la vapeur chaude est plus grande que celle de la vapeur froide. A un certain moment, le niveau intérieur b atteint le mercure extérieur a, comme si le tube était ouvert par le haut et rempli d'air atmosphérique. La tension de la vapeur est alors d'une atmosphère. Laissons refroidir la vapeur, le mercure remonte dans le tube.

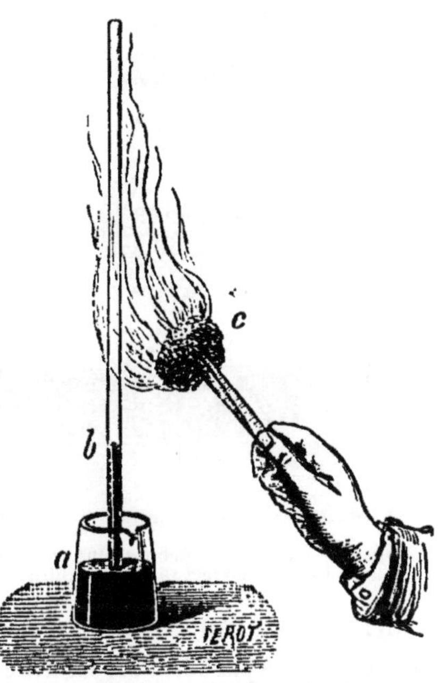

Fig. 41. — La force élastique de la vapeur d'éther et par suite l'abaissement du mercure croissent rapidement si l'on chauffe le tube.

Les mêmes expériences peuvent se faire avec tous les liquides volatils; seulement, à la température ordinaire, l'alcool abaisse moins le mercure que l'éther, la tension de sa vapeur est moindre. Elle est plus faible encore pour l'eau.

Il est des liquides tels que l'huile qui ne sont pas volatils. L'huile substituée à l'éther dans l'expérience précédente ne ferait pas baisser sensiblement la colonne de mercure.

58 *bis*. Ébullition. —Un ballon de verre renfermant de l'eau est chauffé sur un fourneau ou à l'aide d'une flamme (*fig.* 42). L'échauffement est assez rapide. A un certain moment, lorsque l'eau est déjà trop chaude pour qu'on y puisse tenir la main, on voit de petites bulles de gaz recouvrir le verre; elles se détachent et viennent crever à la surface. Ce sont des bulles d'air, primitivement dissoutes dans l'eau et qui en sont chassées par la chaleur.

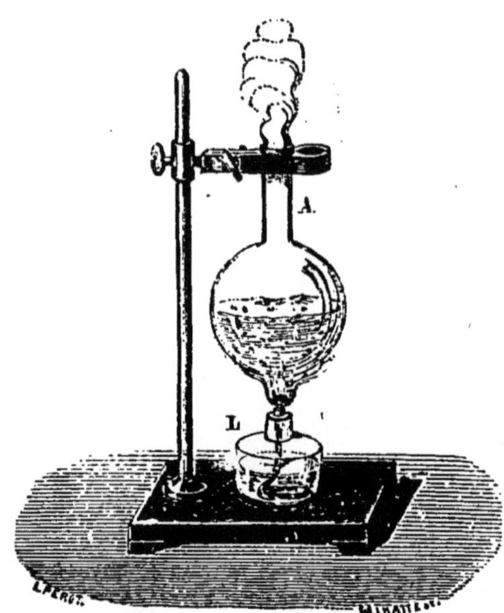

Fig. 42. — L'eau chauffée de plus en plus dans un vase ouvert se met à bouillir.

Plus tard, la température arrive à 100°. De grosses bulles de vapeur se forment au fond du vase. Elles s'élèvent vers la surface, mais elles traversent un liquide qui n'est pas encore à 100° : ce qui les refroidit; elles redeviennent liquides, et cette transformation est accompagnée d'un bruit particulier. On dit que *l'eau chante*.

Toute la masse d'eau est à 100°. Les bulles de vapeur arrivent à la surface, elles crèvent; la vapeur remplit le ballon, elle sort dans l'atmosphère par le goulot.

L'intérieur du ballon est transparent, comme s'il était rempli d'air; la vapeur ne se voit pas. Il sort du ballon une espèce de brouillard. Ce n'est plus de la vapeur. Elle s'est

QUESTIONNAIRE

Quel est l'effet de la chaleur sur la vapeur d'éther (58)?
Indiquer ce qui se passe lorsqu'on chauffe l'eau jusqu'à l'ébullition (58 *bis*).
Où se forment les vapeurs pendant l'ébullition?
D'où vient le brouillard qu'on voit au-dessus de l'eau chaude?
A quelle température l'eau bout-elle dans l'atmosphère?

transformée en gouttelettes d'eau, au contact de l'air froid. Cette multitude de gouttelettes trouble la transparence de l'air ; c'est ainsi que le brouillard est visible.

Placez une assiette froide au-dessus du goulot du ballon, vous verrez bientôt des gouttes d'eau ruisseler à sa surface par suite du refroidissement de la vapeur.

La vapeur qui se forme dans un liquide en ébullition, a la tension du gaz qui se trouve au-dessus de lui. Pendant toute la durée de l'ébullition, la température de l'eau est invariable. Toute la chaleur qu'elle reçoit sert à former de la vapeur et n'élève pas la température de l'eau.

Chauffe-t-on l'eau dans de l'air raréfié, dont la tension est plus faible que celle de l'atmosphère ? l'eau bout avant d'avoir la température de 100°. Si elle est placée dans un vase clos, plein d'air comprimé, la température de l'ébullition est supérieure à 100°.

59. Ébullition de l'eau dans l'air raréfié. — Faisons bouillir l'eau dans un ballon à long col (*fig.* 43), les vapeurs qui s'en dégagent chassent l'air du ballon et le remplissent. Fermons le ballon avec un bouchon, retirons-le ensuite du feu, renversons-le et plaçons-le au-dessus d'une terrine. L'ébullition s'arrête ; la formation de nouvelles vapeurs est empêchée par la présence de celles qui sont au-dessus de l'eau.

Versons de l'eau froide sur le ballon. Une ébullition rapide se produit à l'intérieur.

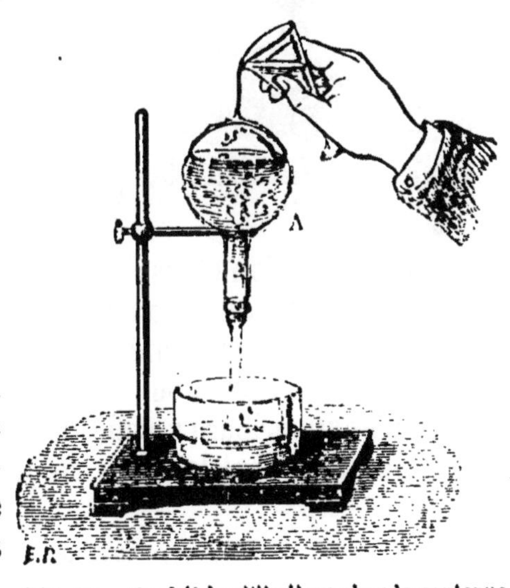

Fig. 43. — On fait bouillir l'eau chaude contenue dans un ballon de verre vide d'air en versant sur celui-ci de l'eau froide.

L'eau froide condense la vapeur qui est au-dessus de l'eau ; celle-ci se trouve dans un espace vide et rien ne s'oppose à ce que de nouvelles vapeurs se produisent. L'expérience peut durer longtemps et l'eau du ballon est presque tiède qu'elle réussit encore.

60. Ébullition dans un vase fermé. — L'eau renfermée dans un vase complètement clos peut être portée au-dessus de 100° sans bouillir. Les vapeurs qui se forment s'accumulent dans le vase, elles exercent sur l'eau une pression qui retarde l'ébullition. Cette pression peut atteindre plusieurs atmosphères.

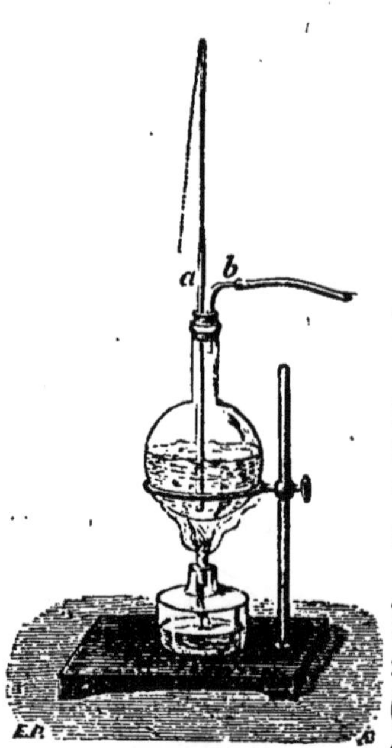
Fig. 44.

L'expérience n'est pas sans danger, car la tension de la vapeur s'accroît très rapidement et parviendrait bientôt à briser le vase avec explosion.

Un ballon de verre est fermé à l'aide d'un bouchon dans lequel s'engagent deux tubes. L'un *b* (*fig.* 44) s'ouvre en haut du ballon et s'engage dans un bout de tube de caoutchouc; l'autre *a* plonge au fond du ballon et est effilé par le haut. Le ballon renferme de l'eau que l'on fait bouillir. Lorsque l'ébullition est bien établie, on ferme le tube de caoutchouc *b*. La vapeur ne peut plus s'échapper du ballon; sa tension augmente et devient supérieure à celle de l'atmosphère; elle presse sur l'eau bouillante, et la force de jaillir par le tube effilé.

Comment peut-on faire bouillir de l'eau qui n'a pas la température de 100 degrés (59)?

Par quelle expérience montre-t-on que la force élastique de la vapeur surpasse celle de l'air lorsque l'ébullition se fait dans un vase fermé (60)?

Quel danger y aurait-il à chauffer fortement de l'eau dans un pareil vase?

61. Évaporation. — On voit disparaître avec le temps une couche d'eau qu'on a versée dans un plat ; des vapeurs invisibles se forment à la surface et elles se mêlent à l'air.

Cette formation lente des vapeurs à la surface d'un liquide a été nommée *évaporation*.

Elle se poursuit indéfiniment dans l'atmosphère. La vapeur se dissémine dans l'air ; le vent l'emporte à mesure qu'elle se forme.

Les vapeurs sont naturellement plus abondantes dans l'air chaud, car l'eau chaude est plus volatile que l'eau froide.

Dans une masse d'air limitée, une chambre close, les vapeurs se forment ; puis l'évaporation s'arrête, parce que cette masse d'air ne peut recevoir qu'un poids déterminé de vapeur. Ce poids une fois atteint, l'air est dit *saturé*. Ce poids augmente rapidement avec la température de l'air : 4 grammes de vapeur saturent un mètre cube d'air pris à 0°. Il en faut 17 grammes, si la température est de 20°.

Notons encore que l'eau se refroidit en s'évaporant.

Il est imprudent de se placer dans un courant d'air, si on est en transpiration. L'eau qui recouvre la peau s'évapore rapidement. De là un refroidissement du corps qui amène des rhumatismes.

62. Vapeurs atmosphériques. — La mer recouvre les trois quarts de la terre. La vapeur d'eau se dégage sans cesse de sa surface ; elle se dissémine dans l'air sans en troubler la transparence, elle y est invisible.

Mais si cet air humide se refroidit, la vapeur qu'il renferme se transforme en gouttelettes d'eau très fines qui obscurcissent l'air et produisent un *brouillard*. Si cette condensation de la vapeur se fait à une grande distance du sol, le brouillard reste suspendu dans l'atmosphère, et on l'appelle un *nuage*.

63. Pluie. — Le nuage vient-il à se refroidir ? Les gouttelettes qui le composent se réunissent en gouttes plus grosses ; celles-ci tombent à terre sous forme de pluie. Une partie de cette eau qui tombe coule à la surface du sol ; une autre partie s'infiltre dans la terre ; elle est reprise par les racines des plantes et elle s'évapore à la surface des feuilles. Le reste descend jusqu'à ce qu'il rencontre des couches de terrain imperméables ; cette eau pluviale alimente nos puits.

La pluie et la neige qui tombent sur les flancs des montagnes donnent naissance aux torrents ; ceux-ci se réunissent en un cours d'eau plus important, rivière ou fleuve, qui ramène à la mer l'eau qu'elle avait perdue sous forme de vapeurs.

Une transformation analogue de la vapeur en eau s'accomplit la nuit dans les campagnes et couvre les plantes de *rosée*. Elle est due encore au refroidissement des plantes et de l'air humide qui les entoure.

QUESTIONNAIRE

D'où vient l'eau qui tombe en pluie (63) ?
Que devient l'eau de pluie ?
Quelle est la cause des brouillards et de la rosée ?

RÉSUMÉ

Fusion. — Un corps solide que l'on chauffe et dont la température s'élève finit bien souvent par devenir liquide. On dit qu'il *fond*.

Il n'y a d'exception que pour les corps qui sont détruits par la chaleur, tels que le *bois*, et pour un petit nombre d'autres, tels que la *chaux*.

La température qui amène le corps à l'état liquide est toujours la même et elle reste constante pendant toute la durée de la fusion. Le corps qui atteint cette température a encore besoin d'être chauffé pour devenir liquide.

Un liquide redevient solide, si on le refroidit suffisamment. La température à laquelle il *se solidifie* est la même que celle à laquelle il fond, et elle ne change pas tant que le liquide n'est pas entièrement solidifié.

Certains liquides, comme la cire fondue, diminuent de volume en redevenant solides ; d'autres, comme l'eau, se dilatent.

La dilatation qu'éprouve la glace en se formant explique les effets désastreux des gelées sur les plantes et les vases.

Vaporisation. — Un liquide que l'on chauffe se transforme en *vapeurs*. Les vapeurs sont de véritables gaz, analogues à l'air. Elles ont une *force élastique* et pressent sur les corps qu'elles touchent.

La force élastique d'une vapeur s'accroît rapidement avec la température, surtout si elle est en contact avec un excès du liquide qui la produit.

Les vapeurs se forment par *ébullition* ou par *évaporation*. Dans le premier cas, les vapeurs apparaissent au fond du liquide, à l'endroit où on le chauffe. Elles forment des *bulles* qui viennent crever à la surface.

L'eau bout à la température de 100°, si elle est chauffée dans un vase ouvert. Elle bout à une température plus basse, si elle est dans de l'air moins dense que celui qui nous entoure, par exemple, au sommet d'une montagne.

La température d'ébullition est supérieure à 100°, si l'eau est chauffée dans un vase fermé.

Quand un liquide *s'évapore*, les vapeurs se forment à la surface. La quantité d'air qui s'évapore s'accroît avec l'étendue de la surface du liquide, avec sa température, avec la force du vent.

Les vapeurs disséminées dans l'atmosphère n'y sont visibles que si elles se refroidissent. Elles forment alors les brouillards, ou la pluie, ou la rosée.

---

3. Machine à vapeur.

64. Machine à vapeur. — La première machine à vapeur, capable de mettre en marche un bateau, a été construite en 1707 par un médecin français, Denis Papin. Elle était encore bien informe; ce fut l'Écossais James Watt qui inventa, en 1769, la machine moderne.

Pour donner une idée du mode d'action de la vapeur dans une machine, concevons un corps de pompe ABCD (*fig.* 45) dans lequel se meut un piston P. Sa tige traverse le couvercle de la pompe; elle peut monter et descendre sans que l'air extérieur communique avec l'intérieur de la pompe.

Le piston partage celle-ci en deux compartiments, M, N.

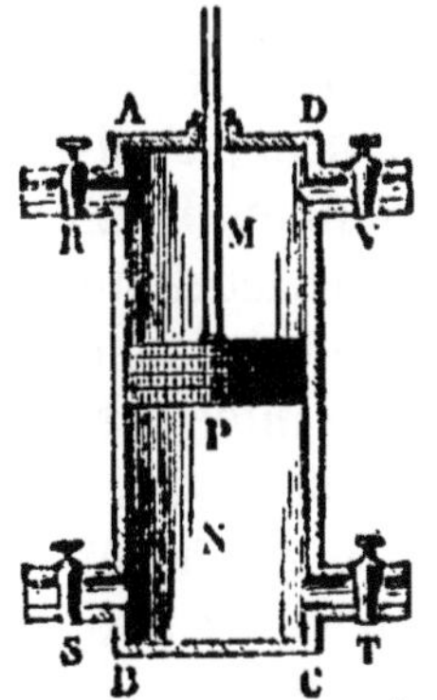

Fig. 45. — Corps de pompe d'une machine à vapeur.

Nous supposerons, pour plus de simplicité, que quatre tuyaux à robinet s'ouvrent dans la pompe, deux en haut, deux en bas. Les tuyaux R, S communiquent avec une chaudière fermée dans laquelle on fait bouillir l'eau; les deux autres T, V, s'ouvrent dans l'air.

La vapeur qui sort de la chaudière a, par exemple, une tension de 4 atmosphères. Elle presse le piston à raison de 4 kilogrammes sur chaque centimètre carré. Nous supposerons au piston une surface d'un décimètre carré ou de cent centimètres carrés. La poussée de la vapeur sur le piston est donc de 400 kilogrammes.

Nous prenons la machine en marche depuis quelque temps; les deux compartiments M, N, sont pleins de vapeur. Les robinets S, V, sont ouverts. La vapeur vient de la chaudière au-dessous du piston; la vapeur qui est au-dessus communique par le robinet V avec l'atmosphère; elle est sortie en partie par le tuyau V, et ce qui en reste n'a plus que la tension de l'air extérieur (un kilogramme par centimètre carré). La poussée exercée sur le piston n'est plus que 100 kilogrammes. Les deux faces du piston sont inégalement pressées. En dessous, une poussée de 400 kilogrammes le fait monter; en dessus, une poussée de 100 kilogrammes tend à le faire descendre. Il monte et pourrait soulever avec lui près de 300 kilogrammes.

Il arrive en haut : on change alors la *distribution de la vapeur*, c'est-à-dire que les robinets S, V, sont fermés, les robinets R, T, sont ouverts. Le piston subit alors sur sa face supérieure une poussée de 400 kilogrammes, car la vapeur vient de la chaudière dans le compartiment M. Il subit sur sa face inférieure une poussée de 100 kilogrammes. Il s'abaisse, et, si on attachait la tige du piston à une corde passant sur une poulie et plongeant dans un puits, il soulèverait un poids de 300 kilogrammes attaché à cette corde.

Une nouvelle distribution replace les robinets dans leur position primitive et la vapeur soulève de nouveau le piston. Les choses continuent ainsi tant qu'il y a de la vapeur, pourvu que l'on ouvre les robinets au moment convenable.

C'est ainsi que la vapeur donne au piston un mouvement de va-et-vient.

On utilise ensuite ce mouvement pour faire tourner une roue.

Dans toute machine, on trouve la pompe à vapeur, la chaudière dans laquelle on fait bouillir l'eau et un organe particulier appelé *tiroir* destiné à distribuer la vapeur; la machine le fait elle-même mouvoir.

Il en résulte que la machine entretient d'elle-même son mouvement une fois que le mécanicien l'a mise en marche. Le mouvement se continue tant qu'il y a de l'eau dans la chaudière et du charbon incandescent dans le foyer. Il y a donc nécessité de remplacer l'un et l'autre à mesure qu'ils disparaissent. La machine fait mouvoir une pompe qui envoie de l'eau dans la chaudière; le chauffeur jette, quand il en est besoin, du charbon dans le foyer.

65. Locomotive. — La chaudière (*fig.* 46) est un long cylindre de tôle épaisse; le foyer est en *f*, la cheminée en *h*. La fumée va du foyer à la cheminée en passant par un grand nombre de tuyaux métalliques qui traversent la masse d'eau contenue dans la chaudière. Cette disposition, qui répartit la chaleur du foyer dans toute cette masse, détermine une ébullition rapide.

La chaudière est complètement fermée; la vapeur qui s'y forme acquiert une force élastique de six à huit atmosphères avant de se rendre dans la pompe à vapeur. Elle s'accumule dans le réservoir en forme de cloche *d* et passe ensuite dans le tiroir T et dans le cylindre à vapeur C.

La tige du piston est reliée par une barre de fer B à la manivelle M qui fait tourner l'essieu des grandes roues que l'on voit à l'arrière de la machine.

Quand les roues tournent, la locomotive avance et entraîne après elle les wagons.

Il y a de chaque côté de la chaudière un cylindre à vapeur, autrement dit, la chaudière alimente deux machines à vapeur qui agissent l'une et l'autre sur l'essieu des grandes roues.

Fig. 46. — Locomotive. — La chaudière que nous représentons brisée, pour en faire voir l'intérieur, est portée sur un châssis en fer, soutenu par trois paires de roues. Les grandes roues mettent seules la locomotive en mouvement. — f, foyer; h, cheminée ; t, tuyaux de bronze qui conduisent la fumée du foyer à la cheminée: d, réservoir de vapeur; s, soupapes qui s'ouvrent pour laisser échapper la vapeur quand sa force élastique est trop grande; T, tiroir qui distribue la vapeur dans la pompe C; B, barre de fer qui relie la tige du piston à la manivelle M des roues motrices.

La vapeur qui sort des cylindres est rejetée dans la cheminée, et s'échappe par là dans l'air. C'est elle qui produit ce panache blanc que l'on voit sortir de la cheminée des locomotives.

RÉSUMÉ

Les parties essentielles d'une machine à vapeur sont :

1º La *chaudière* dans laquelle on fait bouillir l'eau. Elle s'y trouve refoulée par une pompe spéciale. La chaudière est fermée et la vapeur y atteint une forte tension. On limite cette tension par l'emploi des *soupapes de sûreté* qui s'ouvrent et laissent échapper la vapeur, avant qu'il y ait danger d'explosion.

2º Le *corps de pompe*. — La vapeur agit alternativement sur les deux faces du piston. Elle le pousse, le ramène et lui donne un mouvement de va-et-vient; puis, elle s'échappe dans l'air ou dans une masse d'eau froide qui la liquéfie.

3° Un organe spécial, appelé *tiroir*, distribue convenablement la vapeur au-dessus et au-dessous du piston; il est mis en mouvement par la machine.

Le mouvement du piston est ordinairement employé à faire tourner une roue.

DEVOIRS

Montrer que la chaleur dilate les corps.

Qu'est-ce que le thermomètre? — Quels sont ses usages? — Comment vérifie-t-on sa graduation?

Fusion et solidification des corps. — Changements de volume qui les accompagnent.

Quelles sont les circonstances qui font varier la température d'ébullition de l'eau? — Etablir une différence entre l'évaporation et l'ébullition d'un liquide.

Comment la vapeur d'eau agit-elle dans une machine à vapeur?

III. — ÉLECTRICITÉ

1. Propriétés générales.

66. Production de l'électricité par frottement. — Un bâton de verre frotté avec une étoffe de laine attire des barbes de plumes, de petits morceaux de papier, de moelle de jonc. On dit qu'il est *électrisé*.

L'expérience réussit également avec un porte-plume de caoutchouc durci, avec un bâton de résine, de cire à cacheter, de soufre, etc. Chauffez devant le feu ou sur un poêle une feuille de papier pour la dessécher complètement, frottez-la avec une étoffe de laine, elle s'électrise et attire les corps légers.

On suspend une balle de moelle de sureau à un fil de soie blanche bien sec. Ce fil est attaché à un support; ce petit appareil est un *pendule électrique* (*fig.* 47). Approchons de la balle le papier ou le verre électrisés ; on la voit se porter sur ces corps ; elle les touche et s'en éloigne aussitôt. Approchons, à ce moment, le doigt de la balle ; elle se porte vers lui. Cela vient de ce qu'elle s'est électrisée en touchant le verre, et alors le doigt l'attire à son tour ; elle vient le toucher ; après quoi, elle n'est plus électrisée.

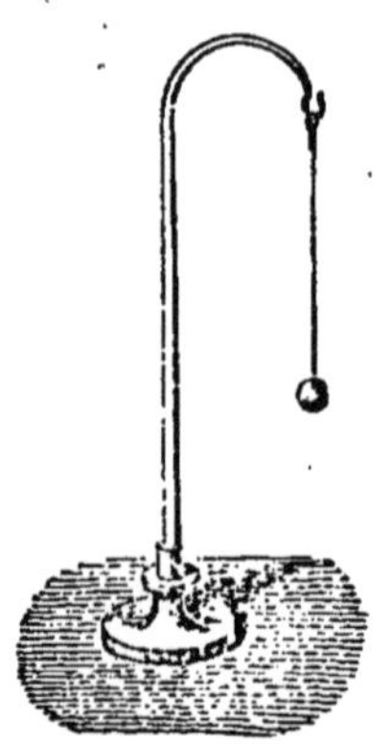

Fig. 47. — Une balle de sureau suspendue à un fil de soie forme un pendule électrique.

67. Distinction de deux états électriques. — Nous venons de dire qu'une balle de sureau *a* (*fig.* 48) qui a touché un bâton de verre électrisé, et qui s'est par là même électrisée, s'éloigne ensuite du verre.

Répétons l'expérience sur une seconde balle *b* suspendue comme la première à un fil de soie ; électrisons-la en la touchant avec le verre. Approchons maintenant les deux balles l'une de l'autre ; elles se repoussent.

Le résultat est le même si on électrise l'une et l'autre balle en les touchant avec un bâton de caoutchouc durci ou un bâton de gomme laque électrisés.

En un mot, deux balles électrisées avec le même corps se repoussent. On dit qu'elles sont dans le *même état électrique* ou qu'elles renferment la *même électricité.*

Électrisons l'une des balles *c* avec le verre, l'autre *d* avec le caoutchouc ; elles s'attirent. On dit qu'elles sont dans des *états électriques opposés*, et que l'électricité fournie par le verre n'est pas de même nature que l'électricité du caoutchouc.

L'électricité du verre frotté avec de la laine a reçu le nom d'*électricité positive ;* l'électricité du caoutchouc frotté avec la laine est de l'électricité *négative.*

Reconnaître si un corps est électrisé (66).
Quels sont les corps qu'on peut électriser ?
Qu'est-ce qu'un pendule électrique ; à quoi sert-il ?
Qu'arrive-t-il si on approche le doigt d'une balle électrisée ?

L'expérience précédente peut se faire autrement. La balle de sureau *a* est électrisée avec du verre; elle est repoussée par lui (*fig.* 48). On approche alors le bâton de caoutchouc électrisé; elle est aussitôt attirée.

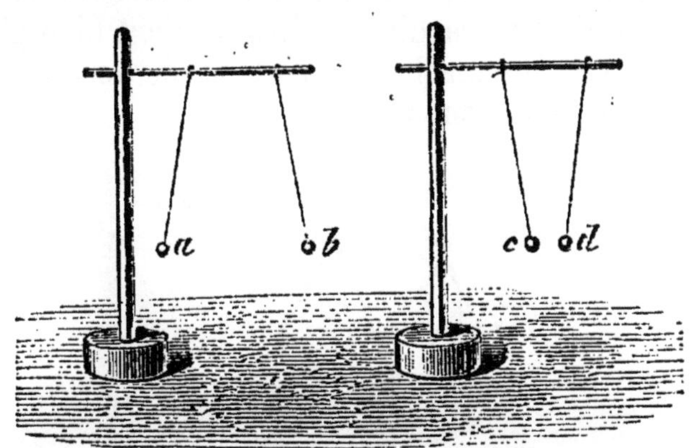

Fig. 48. — Les balles de sureau *a, b* électrisées avec un bâton de verre se repoussent. — Les balles *c, d* électrisées, l'une avec le verre, l'autre avec la gomme laque, s'attirent.

Electrisons de nouveau la balle avec le caoutchouc; celui-ci la repousse. Un bâton de gomme laque, électrisé par le frottement avec une peau de chat, la repousse également, tandis que le verre l'attire.

La gomme laque a la même électricité que le caoutchouc, elle est électrisée *négativement*. Le verre a une électricité contraire, *positive*.

Tous les corps que le frottement électrise se rangent en deux groupes. Les uns repoussent une balle électrisée par le verre, ils sont *positifs;* les autres l'attirent, ils sont *négatifs*.

QUESTIONNAIRE

Reconnaître si un bouton de cuivre suspendu à un fil a été électrisé positivement ou négativement. — Quel fil choisira-t-on pour soutenir le bouton (67)?

Pourquoi un papier chaud que l'on a frotté s'attache-t-il à la main que l'on applique dessus?

Comment peut-on donner la même électricité à deux balles de sureau suspendues à des fils de soie?

Que font-elles si elles sont voisines l'une de l'autre?

Comment donne-t-on à chacune d'elles des électricités différentes?

Comment se comportent-elles alors?

5.

63. Electrophore. — Les expériences que nous allons décrire réussissent mieux, lorsqu'on peut produire l'électricité à l'aide d'appareils appelés *machines électriques*.

Nous ferons nos expériences avec l'*électrophore*, qui est la plus simple de ces machines. Elles seraient bien plus faciles à répéter avec une machine à plateau de verre, que toutes les écoles ne possèdent pas.

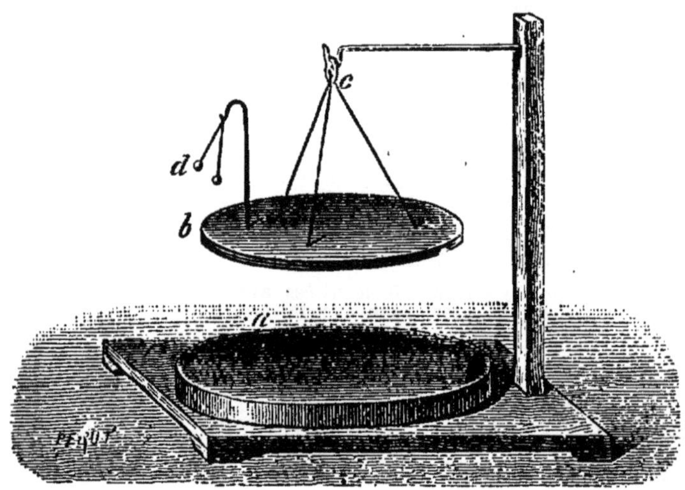

Fig. 49. — Electrophore : *a*, gâteau de résine ; *b*, disque de bois recouvert de feuilles d'étain ; *c*, anneau soutenant le disque à l'aide de cordons de soie ; *d*, pendules en moelle de sureau suspendus par des fils de lin.

Un électrophore se compose d'un gâteau de résine[1], circulaire, coulé dans une enveloppe de zinc *a* (*fig.* 49) et d'un plateau métallique *b* soutenu par des fils de soie ou par une tige de verre.

Le plateau *a* peut être en bois, recouvert de feuilles d'étain collées à sa surface.

Frottons ou battons le gâteau de résine, bien sec, avec une peau de chat sèche et chaude. La résine s'électrise négativement.

On s'en assure en approchant d'une balle de sureau élec-

____

1. On remplace avec avantage le gâteau de résine par une feuille de caoutchouc durci que l'on trouve dans le commerce. On l'électrise en le frottant avec une étoffe de laine.

trisée avec du caoutchouc le disque de résine rendu vertical ; elle est repoussée.

Plaçons le disque de bois *b* sur la résine électrisée ; il supporte à l'aide d'un fil de fer recourbé, enfoncé dans le bois, deux fils de lin *d* enfilés dans deux balles de sureau qui se touchent.

Ces balles s'écartent l'une de l'autre aussitôt que le disque est sur la résine ; elles sont électrisées négativement, car un bâton de verre électrisé qu'on en approche les attire. Elles s'écartent, parce qu'elles renferment la même électricité.

En touchant du doigt le disque de bois, on le désélectrise ; les balles de sureau retombent au contact. Soulevons alors le disque avec les cordons de soie, les balles s'écartent de nouveau. Le disque est de nouveau électrisé ; mais, cette fois, le verre repousse les balles ; l'électricité est *positive*.

Approchons le doigt du disque, on voit un petit trait de lumière, une *étincelle*, jaillir entre le doigt et l'étain ; on ressent une petite piqûre, et le disque cesse d'être électrisé. Il suffit de le replacer sur la résine et de recommencer les mêmes opérations pour le charger de nouveau d'électricité.

La production d'une étincelle est un nouveau caractère qui nous fera connaître les corps électrisés.

69. Corps bons et mauvais conducteurs. — 1° On touche, avec une clef ou une tige de métal, le disque ou plateau électrisé, soutenu, loin de la résine, par les cordons de soie. Le plateau se désélectrise, les balles reviennent au contact.

2° Recommençons l'expérience en touchant le plateau avec du caoutchouc durci ou avec un bâton de cire à cacheter ; les balles ne cessent pas de s'écarter ; le disque conserve son électricité.

QUESTIONNAIRE

Décrire l'électrophore. — Indiquer comment on s'en sert. — Quelle est son électricité? — Comment le disque de bois est-il électrisé quand on le pose sur la résine? — Quelle est son électricité quand on l'éloigne de la résine après l'avoir touché du doigt? — Qu'arrivera-t-il si on approche alors le doigt du disque (68)?

3° Nous suspendons à une tige de verre *mn* (*fig.* 50), ou à un manche de porte-plume en caoutchouc, deux anneaux de cuivre. Ils portent chacun deux balles de sureau soutenues par des fils de lin. Le premier anneau *f* est relié par un fil de fer fin *l* avec le plateau de l'électrophore *b*. Un fil de soie *s* va du plateau au second anneau *e*. Les balles de sureau *f* sont les seules à s'écarter, lorsqu'on soulève le plateau ; les balles *e* restent immobiles.

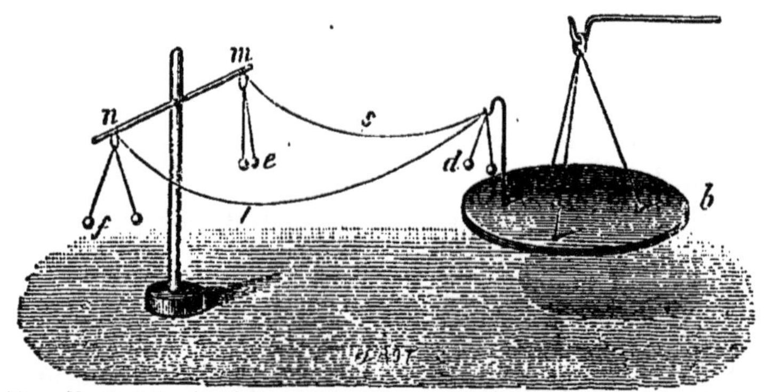

Fig. 50. — Un fil de fer *l* se laisse traverser par l'électricité du disque *b* et la transmet aux balles de sureau *f*. Un fil de soie *s* l'arrête et l'empêche de parvenir aux balles *e*.

L'électricité du plateau parvient aux premières en traversant le fil de fer *l*. Le fil de soie *s* ne la laisse point passer.

Il y a donc des corps que l'électricité traverse facilement. Tels sont les métaux, les corps humides, le lin, etc. On dit qu'ils sont *bons conducteurs* de l'électricité.

D'autres arrêtent l'électricité, résistent à son passage ; ce sont des corps *mauvais conducteurs*. Tels sont le verre, la résine, la gomme laque, le caoutchouc durci, la soie, etc., et c'est pourquoi le gâteau de résine de l'électrophore conserve longtemps son électricité.

70. Corps isolants. — Un corps se désélectrise, toutes les fois qu'il est réuni à la terre par un corps bon conducteur. Il semble, d'après cela, que l'électricité tend toujours à se perdre dans le sol, où elle est insensible.

Pour maintenir un corps conducteur électrisé, il faut le

soutenir à l'aide d'autres corps mauvais conducteurs qui l'*isolent* de la terre; ces corps sont appelés *isolants*.

Un corps placé sur un disque épais de résine, comme le gâteau d'un électrophore, est isolé. De même, s'il est soutenu par des cordons de soie bien secs.

Collez à un plateau de bois un bouchon de bois ou de liège, et enfoncez ce dernier dans le col d'une bouteille de verre bien sèche à l'intérieur et à l'extérieur. Les corps que l'on placera sur ce support seront bien isolés.

Une barre de métal que l'on tient à la main ne peut s'électriser si on la frotte avec de la laine; car le corps humain se laisse traverser par l'électricité, et celle que le frottement dégage trouve un chemin facile pour se perdre dans le sol.

Le métal s'électrise si on le frotte en même temps qu'on le soutient avec un bâton de verre.

QUESTIONNAIRE

Décrire les expériences qui permettent de distinguer les corps bons et mauvais conducteurs de l'électricité (69).

Comment électrise-t-on un corps isolant, comme la résine; et un corps qui ne l'est pas, comme le cuivre (70)?

Pourquoi un corps perd-il son électricité, si on le touche avec un corps bon conducteur; et reste-t-il électrisé si on le touche avec un corps mauvais conducteur (70)?

Qu'est-ce qu'un corps *isolant*, un corps isolé?

Pourquoi soutient-on avec des cordons de soie le plateau de l'électrophore?

RÉSUMÉ

Tous les corps s'électrisent par leur frottement mutuel. On reconnaît qu'ils sont électrisés à ce qu'ils attirent les corps légers (barbes de plume). S'ils sont fortement électrisés, il en jaillit un trait de feu, une étincelle, lorsqu'on en approche le doigt.

Les corps sont *bons ou mauvais conducteurs* de l'électricité.

Celle-ci traverse facilement et rapidement les premiers (*métaux*); elle est arrêtée par les seconds (*verre, résine*).

Un corps se désélectrise, si on le met en communication avec la terre à l'aide d'un corps bon conducteur. Il reste électrisé, s'il est soutenu par un corps mauvais conducteur; on dit alors qu'il est *isolé*.

Les corps mauvais conducteurs s'électrisent immédiatement quand on les frotte les uns contre les autres.

Les corps bons conducteurs ne s'électrisent par frottement que s'ils sont isolés; ils peuvent encore s'électriser en touchant un autre corps électrisé.

Il y a deux *états électriques*, ou, plus brièvement, *deux électricités*. Celle du verre frotté avec de la laine est appelée *électricité positive*. Celle de la résine ou de la gomme laque frottée avec une peau de chat est de l'électricité *négative*.

Deux corps se *repoussent* s'ils sont chargés de la même électricité; ils s'*attirent* si on les électrise : l'un, *positivement;* l'autre, *négativement*.

L'électrophore est un petit appareil qui donne de l'électricité. Il est composé d'un gâteau de résine que l'on électrise *négativement* en le frottant avec une peau de chat et qui sert à électriser *positivement* un plateau métallique isolé.

---

2. Diverses expériences d'électricité.

71. Disposition de l'électricité. — *L'électricité ne se montre qu'à la surface des corps conducteurs*, il n'y en a pas dans leur intérieur.

Plaçons sur le double pendule *a* qui est fixé au plateau de l'électrophore *b* une cage en toile métallique (*fig*. 51) (une de ces petites cages qui servent d'attrape-mouches convient très bien). Les boules du pendule, qui s'écartent si facilement lorsque le plateau *b* est électrisé, cessent de le faire quand elles sont ainsi recouvertes; elles ne sont plus électrisées, dès qu'elles sont dans l'intérieur de la cage. Un pendule *e*, attaché à la toile métallique, et en dehors, s'éloigne de la toile électrisée

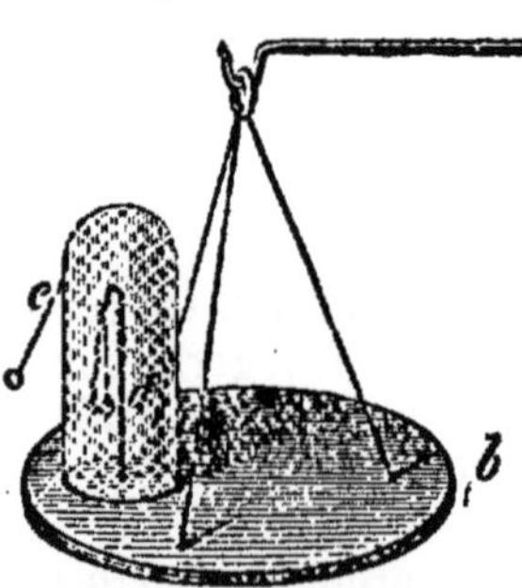

Fig. 51. — Une cage métallique placée sur le plateau électrisé d'un électrophore ne présente de signes d'électricité qu'à sa surface extérieure.

parce qu'il s'électrise lui-même. Ainsi, l'électricité se répand seulement à la surface extérieure de la cage.

72. Pouvoir des pointes. — Plaçons une tige effilée en pointe sur le plateau de l'électrophore, il ne reste pas chargé d'électricité. Celle-ci peut donc se dissiper dans l'air, par la pointe.

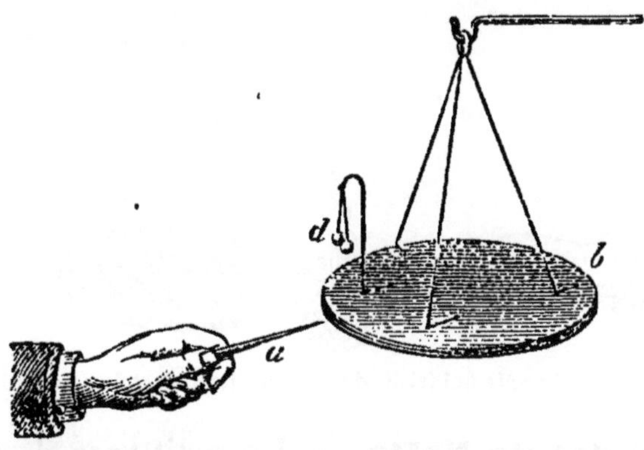

Fig. 52. — On désélectrise le plateau de l'électrophore en en approchant une tige métallique effilée.

Prenons à la main la tige effilée *a* (*fig.* 52) et approchons-la du plateau électrisé *b*. Il perd de suite son électricité, comme si on l'avait touché à la main; mais cette perte se fait sans étincelle, tandis qu'on en aurait une, si on approchait du plateau une tige terminée par une balle de plomb. Dans ce dernier cas, on ressent dans les doigts une commotion légère; avec la pointe on ne ressent rien. Dans l'un comme dans l'autre cas, l'électricité du plateau disparaît dans le sol.

73. Inflammation de l'éther. — L'étincelle électrique ne donne aucune sensation de chaleur; cependant elle peut déterminer la combustion de l'éther. Mettons un peu d'éther dans un vase métallique (*fig*. 53) (un petit plat de ménage d'enfant, une cuiller), puis approchons-le du plateau électrisé de l'électrophore ; l'étincelle part entre celui-ci et le métal, l'éther s'enflamme.

Fig. 53. — L'étincelle qui jaillit d'un corps électrisé enflamme l'éther.

74. Pistolet de Volta. — Un petit vase de fer-blanc (*fig*. 54) porte latéralement une tubulure (petit tuyau) dans laquelle est mastiqué un tube de verre traversé par un fil de laiton. Ce fil est également mastiqué dans le verre. Le fil est recourbé en boucle à l'extérieur, ou terminé par une petite boule. Il s'arrête à l'intérieur, à une peti'~ distance de la paroi du vase.

Fig. 54. — L'étincelle qui traverse un mélange d'air et d'hydrogène renfermés dans un vase, l'enflamme et détermine une explosion.

Nous plaçons le goulot au-dessus d'un bec de gaz ou d'un flacon dans lequel on prépare l'hydrogène. Celui-ci ou le gaz d'éclairage se mêlent à l'air. Au bout de peu d'instants (une demi-minute), on retire le vase et on le ferme avec un bouchon. Présentons la boule *n* au plateau électrisé d'un électrophore, elle reçoit une étincelle. Une autre étincelle jaillit à l'intérieur, entre l'extrémité *m* du fil et le vase ; elle met le feu à l'hydrogène, et une forte explosion lance le bouchon en l'air.

75. Bouteille de Leyde. — Un flacon (*fig*. 55) est recouvert à l'extérieur d'une feuille d'étain B collée sur le verre. On l'a rempli de feuilles minces de cuivre ou d'étain. Un gros fil de cuivre courbé et terminé à l'extérieur par une boule (une balle de plomb) traverse le bouchon et plonge dans l'amas de feuilles.

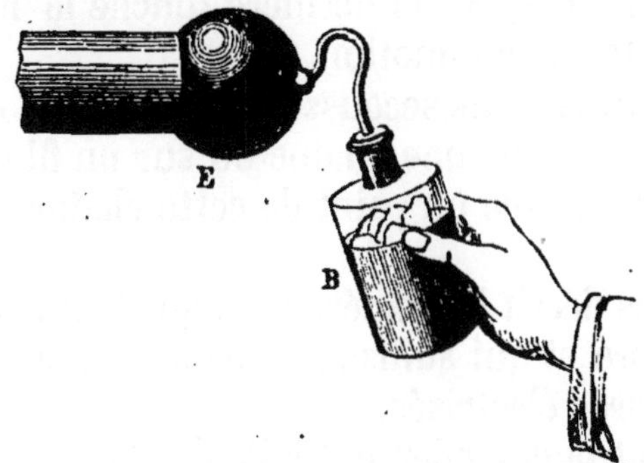

Fig. 55. — Bouteille de Leyde. — Cet appareil, inventé à Leyde, se charge d'électricité lorsqu'on tient la bouteille à la main et qu'on touche un corps électrisé E, avec la boule du crochet.

La partie supérieure du flacon, celle qui avoisine le goulot, est à nu, et on la recouvre d'un vernis obtenu en faisant dissoudre de la gomme laque dans l'alcool. Ce vernis s'applique sur le verre légèrement chauffé.

La bouteille étant placée sur une table, on approche de la boule un plateau d'électrophore électrisé : une étincelle jaillit entre les deux corps. On répète un grand nombre de fois la même manœuvre, et chaque étincelle nouvelle qui se produit augmente la charge électrique de la bouteille. Lorsque le nombre des étincelles a été assez grand, on prend d'une main la panse de la bouteille ; de l'autre, on touche le bouton. L'étincelle qui frappe la main est plus brillante que celle du plateau. En même temps, on ressent une forte commotion dans les bras et dans la poitrine.

On peut également, comme le montre la figure, tenir la bouteille à la main et toucher avec le bouton le plateau ou tout autre corps électrisé E.

QUESTIONNAIRE

Comment peut-on, avec l'électricité, mettre le feu à l'éther (73) ?

Qu'est-ce qu'une bouteille de Leyde ? — Comment l'électrise-t-on et comment peut-on la désélectriser (75) ?

Quel effet ressent-on si on décharge la bouteille ? — Comment s'y prend-on pour recevoir cette décharge ?

Un certain nombre de personnes se tiennent par la main, comme dans une ronde. La première de la file tient la panse de la bouteille chargée, la dernière touche le bouton. Elles reçoivent toutes la commotion.

Pour décharger sans secousse une bouteille de Leyde, on place la bouteille sur une chaîne ou sur un fil de laiton; on touche le bouton avec un point de cette chaîne dont on tient l'extrémité.

Nous avons décrit les expériences que l'on peut faire avec un électrophore et qui suffisent pour faire connaître les propriétés des corps électrisés.

Elles se font plus facilement à l'aide d'une petite *machine électrique.*

Nous nous bornerons à la décrire.

*** 76. Machine électrique.** — Un plateau de verre V (*fig.* 56) est soutenu par une tige métallique horizontale; on le fait tourner à l'aide d'une manivelle E. Il passe entre deux paires de coussins A, A fixés à deux montants de bois; et il s'électrise positivement en frottant sur les coussins; ceux-ci sont en cuir et rembourrés de crin; une chaîne métallique les fait communiquer avec le sol.

Les *conducteurs* de la machine sont deux cylindres de laiton horizontaux M, isolés par des pieds de verre. Ils portent deux tiges C recourbées en U qui enveloppent le plateau. Ces tiges sont garnies, à l'intérieur, de pointes effilées. Lorsqu'on fait tourner le plateau, les conducteurs sont électrisés positivement. On en tire des étincelles, si on en approche la main. Ces conducteurs remplacent le plateau de l'électrophore dans les expériences précédentes.

Que l'on se serve d'une machine ou d'un électrophore, les expériences ne réussissent pas par un temps humide. Il faut alors chauffer la salle, chauffer la résine, les cordons de soie de l'électrophore; essuyer avec des linges chauds le plateau, les pieds de verre de la machine; installer sur la table de la machine un réchaud chargé de charbons incandescents recou-

verts de cendre. En un mot, les appareils électriques doivent
être desséchés avec soin.

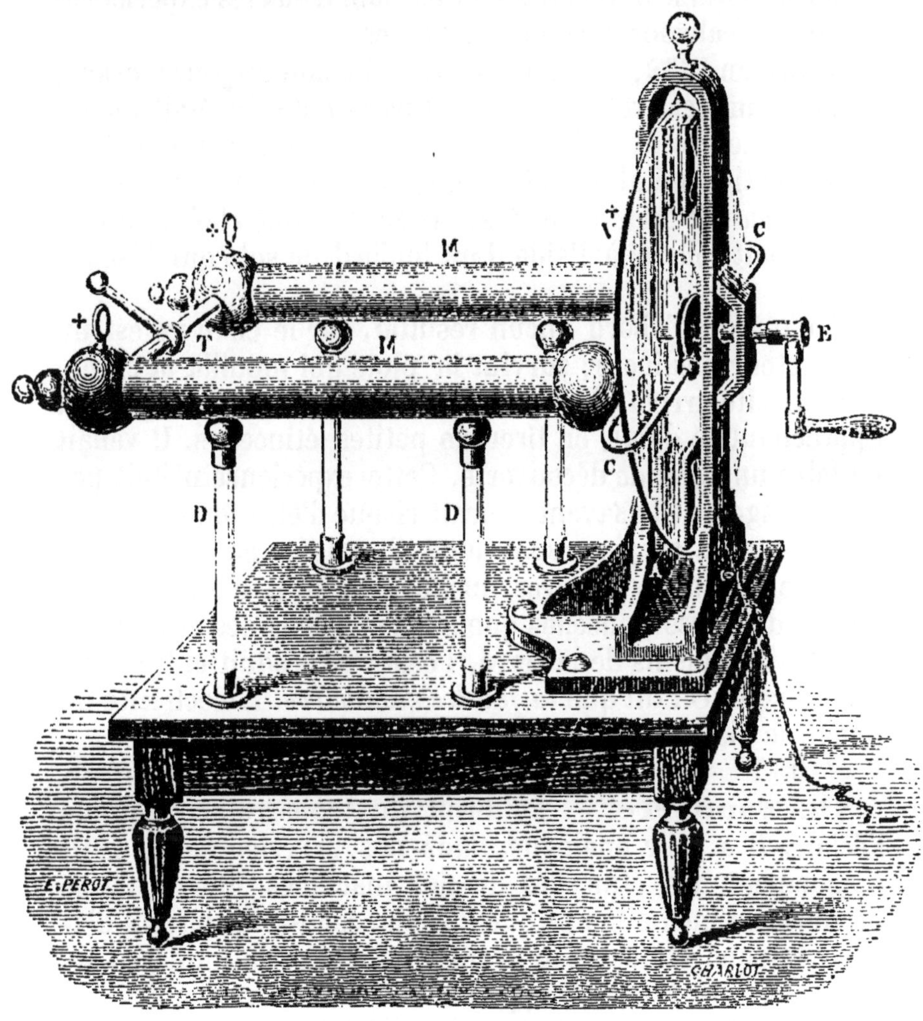

Fig. 56. — Machine électrique.

77. Électricité atmosphérique. — Le célèbre Franklin[1] démontra, le premier, que les orages et la foudre sont
dus à l'électricité. Il en existe toujours dans l'atmosphère

1. Franklin (Benjamin), né en 1706 à Boston, mort en 1788. Il contribua à
fonder l'indépendance des États-Unis. C'était un physicien habile et un homme
d'une rare vertu.

Mais, lorsqu'elle s'accumule sur les nuages, elle produit des effets redoutables, qui laissent bien loin d'eux les expériences que nous réalisons avec nos machines.

C'était en 1752; Franklin sortit de Boston un jour d'orage, et lança un cerf-volant dont la carcasse de fer était recouverte d'une étoffe résistante de soie. A cette carcasse était fixée une tige métallique effilée en pointe. La corde de chanvre qui retenait le cerf-volant était attachée à une clef; Franklin maintenait celle-ci à l'aide d'un foulard de soie qui l'isolait du sol.

Il n'obtint d'abord aucun résultat, car le chanvre est un conducteur médiocre; survint la pluie qui mouilla la corde. L'électricité arriva alors jusqu'à la clef, et Franklin put, en approchant le doigt, en tirer de petites étincelles. Il venait de faire une grande découverte. Cette expérience n'était pas sans danger, et le savant courait risque d'être foudroyé.

Les nuages orageux sont donc électrisés. Se trouvent-ils dans le voisinage d'autres nuages, il jaillit d'un nuage à l'autre de larges étincelles que nous appelons des *éclairs*.

Sont-ils voisins de la terre, l'éclair se produit entre le sol et le nuage. On dit que *la foudre est tombée*. L'électricité du nuage se dissipe alors dans le sol.

78. Tonnerre. — Le bruit du tonnerre accompagne l'éclair. Il a pour analogue, dans nos expériences, le petit craquement des étincelles de nos machines. Bien qu'il se produise en même temps que l'éclair, celui-ci a souvent disparu lorsque le tonnerre gronde. C'est que la lumière parcourt, en un temps inappréciable, la distance qui nous sépare de l'endroit où s'est produit l'éclair. Le son va moins vite et ne franchit que 340 mètres par seconde. S'écoule-t-il 6 secondes (environ **7** battements de notre pouls) entre le moment où l'on voit l'éclair et celui où on commence à entendre le bruit du tonnerre, l'explosion s'est produite à 6 fois 340 mètres ou à 2040 mètres environ. L'éclair est-il suivi du tonnerre sans intervalle de temps appréciable, la foudre est tombée dans le voisinage.

79. Eclairs. — Les *éclairs de chaleur* que l'on voit à l'horizon, dans les soirées d'été, sans qu'on entende le tonnerre sont, le plus souvent, produits par des orages lointains. La lumière nous parvient, malgré la distance. Le son s'éteint avant d'arriver jusqu'à nous.

On voit, dans un orage, des éclairs sans forme précise qui illuminent tout le ciel : ce sont les plus communs. D'autres, plus rares, ont la forme d'un trait lumineux très brillant, qui traverse l'air en zigzag. Leur analogie avec les étincelles de nos machines a été remarquée depuis longtemps.

80. Foudre. — La foudre frappe de préférence les corps qui font saillie au-dessus du sol. Les arbres sont souvent foudroyés. Il ne faut jamais s'abriter sous un arbre, pendant un orage. L'électricité qui cherche à se dissiper dans le sol prend pour cela la route la plus facile. Elle suit les conducteurs médiocres, à défaut d'autres, et les abandonne, si elle rencontre d'autres corps meilleurs conducteurs. Le corps humain offre à l'électricité un passage plus facile que l'arbre. Si celui-ci est foudroyé, l'électricité le quitte à la hauteur de l'homme qui s'est réfugié sous ses branches : elle lui traverse le corps et le tue.

Un clocher, en raison de sa hauteur, est foudroyé plus souvent qu'une maison. La foudre frappe la cloche qui est en bronze : elle suit la corde qui y est attachée et tue les hommes qui en tiennent l'extrémité. Il ne faut donc pas sonner les cloches en temps d'orage, comme on le faisait jadis.

La marche de la foudre semble très bizarre, quand elle tombe sur une maison. Elle est réglée par la disposition des corps bons conducteurs, tels que les métaux, épars dans la maison. L'électricité saute d'un crampon de fer, qui réunit les pierres d'un mur, à l'espagnolette d'une croisée ; de là, à une poutre en fer ; de celle-ci, à un cordon de sonnette, et toujours pour gagner le sol.

81. Paratonnerre. — Franklin a inventé le paratonnerre, qui préserve des effets de la foudre les clochers et les édifices élevés.

Fig. 57. — Paratonnerre. — La tige effilée du paratonnerre est soudée à une chaîne qui descend le long du toit et des murs, et plonge dans une grande masse d'eau.

Le paratonnerre est une tige verticale de fer de 6 à 10 mètres, plantée sur le faîtage de la maison, et reliée au sol par des tiges de fer continues ou par un câble en fil de fer. C'est le *conducteur* ou la *chaîne*. La tige est terminée par une pointe de cuivre soudée au fer. Le conducteur est soudé à des lames de tôle qui sont immergées dans l'eau d'un étang, d'une rivière, ou, tout au moins, d'un puits qui ne tarit jamais. Le paratonnerre n'est pas isolé de la maison, la chaîne doit être reliée par des tiges métalliques avec les masses métalliques un peu importantes qui se trouvent dans la maison (*fig.* 57), par exemple, avec une charpente en fer.

Si un nuage électrisé passe au-dessus du paratonnerre, il perd son électricité comme le fait le plateau d'un électrophore, quand on en approche une tige effilée qui communique avec le sol. La décharge se fait sans étincelle; on évite ainsi les effets désastreux de la foudre.

Un paratonnerre serait très dangereux, s'il était mal installé; si la chaîne était rompue, ou si elle s'arrêtait dans un terrain sec, mauvais conducteur. L'électricité qui traverse la chaîne ne pourrait plus se dissiper dans le sol. Elle s'accumulerait sur le câble de fer et sauterait de là dans la maison pour trouver une route plus facile; elle y produirait tous les dégâts de la foudre.

QUESTIONNAIRE

Pourquoi ne doit-on pas se réfugier sous un arbre pendant un orage (80)?

Quels sont les effets principaux de la foudre?

Quels sont, dans une ville, les bâtiments qui sont le plus exposés aux coups de foudre? — Comment peut-on les en préserver?

Comment préserve-t-il une maison de la foudre (81)?

Comment installe-t-on un paratonnerre sur une maison?

RÉSUMÉ

Quand un corps conducteur est électrisé, l'électricité ne se manifeste qu'à sa surface; il n'y en a pas du tout dans son intérieur.

Un corps ne reste pas électrisé s'il porte en un de ses points une tige métallique effilée, ou si on en approche cette tige que l'on tient à la main.

L'étincelle qui jaillit d'un corps fortement électrisé est accompagnée d'un petit craquement; si on la reçoit sur le doigt, on ressent une petite commotion. On peut, à l'aide de cette étincelle, enflammer l'éther et d'autres liquides volatils, ou bien un mélange d'air et d'hydrogène.

Une machine électrique à plateau de verre donne bien plus d'électricité qu'un électrophore.

On y distingue un plateau de verre qui s'électrise en frottant sur des coussins de cuir, et des cylindres de cuivre, isolés par des supports en verre; ils sont électrisés positivement.

Une bouteille de verre remplie de feuilles d'étain et recouverte à l'extérieur d'une pareille feuille est appelée *bouteille de Leyde*. Les étincelles qu'elle donne, les commotions qu'elle fait ressentir, lorsqu'on la décharge, sont très fortes.

Électricité atmosphérique. — Il existe toujours de l'électricité dans l'atmosphère. Elle s'accumule en quantité énorme sur les nuages, et les rend ainsi *orageux*.

Les nuages électrisés se déchargent sur les nuages voisins ou sur les points élevés du sol : les montagnes, les clochers, les arbres, les maisons.

Ces décharges se produisent sous forme d'éclairs qui ont une durée très courte et un éclat très vif. Le bruit du tonnerre accompagne l'éclair.

L'électricité qui s'écoule dans le sol produit sur son passage des effets terribles; c'est la *foudre*. Par exemple, elle tue les animaux et les hommes, allume des incendies.

L'intervalle de temps qui s'écoule entre la vue de l'éclair et l'audition du tonnerre est d'autant plus grand que le point foudroyé est plus éloigné.

Les paratonnerres préservent les édifices de la foudre.

Le paratonnerre est une longue tige de fer, effilée en pointe à son extrémité supérieure, plantée sur le faîtage de la maison. Elle communique par une chaîne de fer continue avec un étang ou un puits qui ne tarit jamais.

----

3. Piles électriques.

Un physicien italien, Volta, inventa, en 1800, un merveilleux instrument, qui fournit de l'électricité sans qu'il soit besoin de recourir au frottement de deux corps.

82. Pile de Volta. — Pour construire une pile, on se procure des pots de faïence ou de verre, des lames de zinc et des lames de cuivre.

On met, dans chaque vase V^1, V^2 (*fig.* 58) de l'eau mélangée avec le dixième de son volume d'acide sulfurique. Une lame de zinc z, une lame de cuivre c sont plongées dans le liquide. Chaque vase s'appelle alors un *couple* de la pile. Unissons, par un fil de cuivre soudé aux deux métaux, le zinc *z* d'un couple au cuivre *c* du couple suivant; l'ensemble

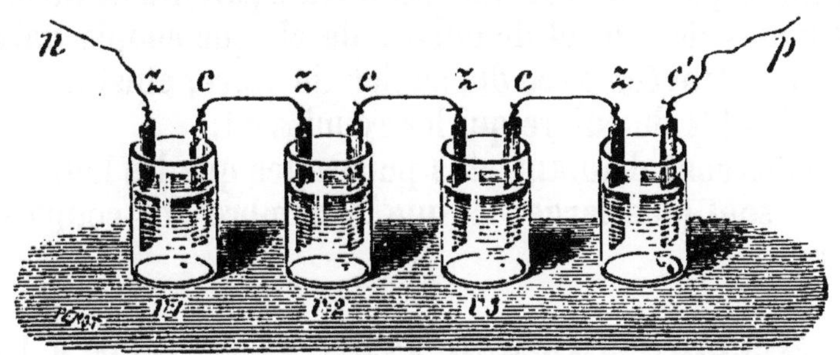

Fig. 58. — Pile de Volta.

de tous ces couples forme une pile. Le premier cuivre *c'* et le dernier zinc *z* sont dits les *pôles* de la pile. On leur soude deux fils de cuivre *p*, *n*, appelés les *conducteurs*. L'un d'eux *p*, uni au cuivre *c'*, est chargé d'électricité *positive*. C'est le conducteur *positif*, et le cuivre est le *pôle positif*. Le conducteur *n* lié au zinc est le conducteur *négatif*, partant du *pôle négatif*. Il est chargé d'électricité *négative*.

La pile ne fournit d'électricité que pendant un certain temps, puis elle s'affaiblit et il faut la démonter.

83. Pile Callaud. — On obtient de meilleurs résultats, de plus longue durée, en mettant la lame de cuivre *c* au fond d'un vase (*fig.* 59). Elle est soudée à un fil *b* recouvert de cire ou de verre. La lame de zinc *z* roulée en cylindre est en haut du vase. Elle est également soudée à un fil de cuivre *a*. On met au fond du vase des morceaux d'un sel bleu appelé *vitriol bleu* ou *sulfate de cuivre*, le tout forme un couple, et on monte la pile comme nous

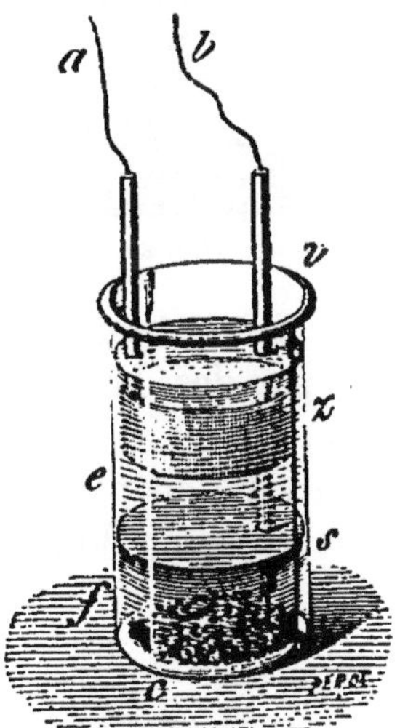

Fig. 59.
Couple de la pile Callaud.

6

l'avons dit ci-dessus. Pour la mettre en action, il suffit de verser de l'eau dans tous les vases. Cette eau dissout le sulfate de cuivre et devient bleue au fond du vase. Le zinc est entouré par une couche d'eau transparente et incolore.

Les lames de zinc et de cuivre de chaque couple doivent être bien nettoyées avec du papier de verre, ainsi que l'extrémité des fils de cuivre qui les réunissent.

Les piles sont d'autant plus puissantes que les lames métalliques sont plus larges et que le nombre des couples est plus grand.

84. Décomposition de l'eau. — On coupe à l'aide d'un fer rouge, un flacon de verre *c* de façon à en détacher le fond (*fig.* 60). Le goulot est fermé par un bouchon que l'on recouvre, à l'intérieur et à l'extérieur, d'une couche de cire à cacheter fondue. Deux fils de platine *a*, *b* traversent le bouchon et la cire et s'élèvent à l'intérieur du vase. Celui-ci est rempli d'eau légèrement acidulée avec l'acide sulfurique. Les deux fils de platine sont recouverts de deux petits tubes de verre *d*, *e* bouchés par le haut, remplis de la même eau. Ils sont maintenus par des bouchons à une certaine distance du fond du vase.

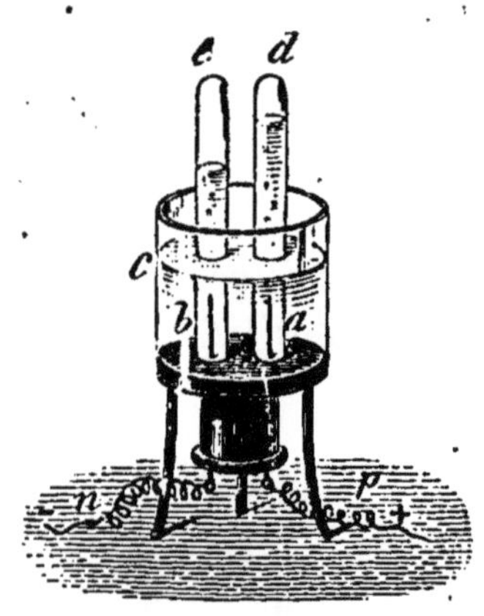

Fig. 60.

Les fils de platine sont soudés à deux fils de cuivre qui sont libres en dehors du vase. On les met en contact avec les

conducteurs de la pile : l'un *p*, avec le conducteur positif;
l'autre *n*, avec le conducteur négatif.

Le contact une fois établi, on voit les fils de platine se
recouvrir de bulles de gaz; elles s'en détachent et se logent
dans les tubes de verre qui les recouvrent. Lorsqu'on a
recueilli assez de gaz, on prend le tube qui est au-dessus du
platine communiquant avec le cuivre de la pile (fil positif).
On le bouche sous l'eau avec le pouce; on le retire de l'eau
en le retournant. On y plonge une allumette que l'on vient
d'éteindre, et qui est encore rouge à son extrémité. Le bois se
rallume. Le gaz contenu dans ce petit tube est l'*oxygène*.

On refait la même opération avec le second tube qui est
au-dessus du fil de platine *négatif*. Le gaz qu'il renferme
s'enflamme au contact de la flamme de l'allumette qu'on n'a
pas éteinte cette fois. Ce tube est plein d'*hydrogène*.

Dans cette expérience, le courant électrique qui traverse
l'eau pour aller d'un fil de platine à l'autre a décomposé
ce liquide en deux gaz doués de propriétés bien différentes :
l'oxygène et l'hydrogène. L'eau est donc formée par la réunion
de ces deux gaz. Cette expérience nous apprend que les fils
conducteurs de la pile et l'eau qui les sépare sont constamment traversés par l'électricité qui part des pôles. C'est cette
électricité qui décompose l'eau. Ce mouvement continu de
l'électricité dans les fils constitue ce qu'on appelle un
courant électrique. Il va, dans le fil, *du pôle positif au pôle
négatif*.

85. Étincelles. — Attachons une râpe de fer à l'un des
conducteurs d'une pile de quatre à cinq éléments et prome-
nons à sa surface l'extrémité d'un second conducteur, on voit
de petites étincelles jaillir, toutes les fois que celle-ci rencontre les dents de la râpe.

Si la pile était assez puissante, on ferait rougir un fil de fer
très fin (celui dont se servent les fleuristes), en attachant ce fil
aux deux conducteurs de la pile. Il reste rouge tant que celle-
ci est en activité. Ce qui prouve qu'il est sans cesse traversé par l'électricité qui s'échappe des pôles de la pile. Par-

fois cette électricité est assez puissante pour faire fondre le fil de fer. Un courant électrique très intense qui traverse un fil de charbon très mince le rend très brillant ; on peut s'en servir comme d'une lampe, pour l'éclairage.

S'il passe entre deux baguettes de charbon mises en contact, il produit une lumière des plus intenses que l'on emploie dans les grandes villes, pour l'éclairage des rues et des grands édifices. C'est ce qu'on appelle la *lumière électrique*.

QUESTIONNAIRE

Comment produit-on des étincelles avec le courant d'une pile (85) ?
Comment montre-t-on que ce courant peut produire de la chaleur ?
Qu'appelle-t-on lumière électrique ?

RÉSUMÉ

Une pile électrique est formée par l'assemblage d'un certain nombre de *couples* qui se ressemblent.

Un couple est composé d'une lame de zinc et d'une lame de cuivre plongées dans un liquide acide. On assemble les couples pour en former une pile, en réunissant par des fils de cuivre le zinc d'un couple au cuivre du couple suivant.

Le premier cuivre de la pile donne l'électricité *positive* et est le pôle *positif*, le dernier zinc donne l'électricité *négative* et est le pôle *négatif*.

Si on réunit les deux pôles par un fil de cuivre, celui-ci est traversé par l'électricité ou, comme on dit, par un *courant électrique;* il va du pôle positif au pôle négatif. Le courant cesse si on coupe le fil ou s'il cesse de toucher un des pôles.

Le courant électrique ne peut traverser l'eau, sans la décomposer en deux gaz : l'oxygène et l'hydrogène. Le premier apparaît à l'extrémité du fil conducteur *positif;* le second, au bout du fil *négatif*.

4. Les aimants.

86. Aimants. — Certains minerais de fer ont la propriété d'attirer la limaille de fer et de la retenir en certains points de leur surface ; on les appelle des *pierres aimantées* ou des *aimants*.

Une barre d'acier frottée avec ces pierres acquiert la même propriété et. se trouve aimantée.

Fig. 61.

Recouvrons de limaille de fer une pareille barre (*fig.* 61). On voit, en la soulevant, que la limaille forme des houppes assez longues à ses extrémités, tandis qu'elle ne s'attache pas au milieu. Les extrémités de la barre sont appelées les *pôles* de l'aimant.

Suspendons à un fil une aiguille à tricoter aimantée *ns* (*fig.* 62), ou bien déposons un aimant rectiligne sur une planchette qui flotte sur l'eau ; l'aiguille, l'aimant tournent sur eux-mêmes et se placent dans une position déterminée, toujours la même.

Lorsque l'aiguille est en repos, l'une de ses extrémités *n* se tourne vers le nord, c'est le pôle *nord;* l'autre, *s*, est tournée vers le sud, c'est le pôle *sud.*

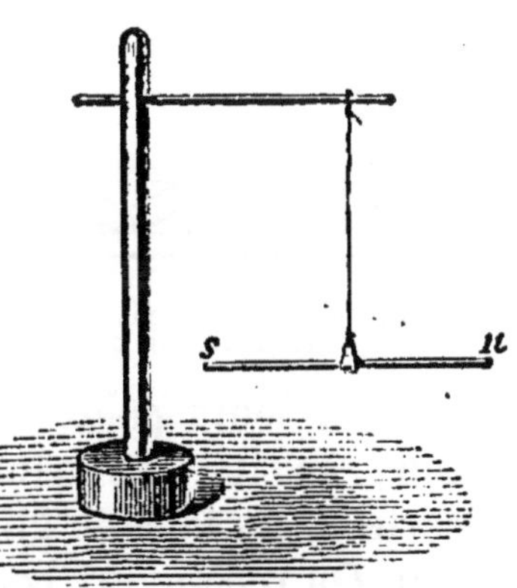

Fig. 62. — Une aiguille aimantée suspendue à un fil et horizontale se place dans la direction du nord-sud.

Approchons un aimant d'une aiguille rendue ainsi mobile, les deux pôles *nord* se repoussent ; il en est de même des deux pôles *sud.* Un pôle *nord* attire un pôle *sud.*

En un mot : *les pôles de même nom se repoussent : ceux de nom contraire s'attirent.*

6.

87. Aimantation du fer. — Le fer s'aimante dans le voisinage d'un aimant, il se désaimante si on l'en éloigne.

Un barreau aimanté *ns* (*fig.* 63) supporte un morceau

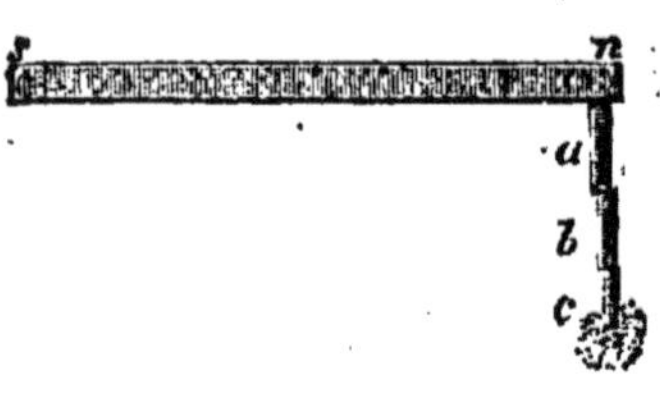

de fer *a*. Celui-ci peut en soutenir un second *b*; ce dernier en soutient un troisième *c*, qui est encore assez aimanté pour attirer la limaille de fer. Séparons doucement le premier morceau *a* de l'aimant, tous les autres s'en

Fig. 63. — Le fer s'aimante par son contact avec un aimant.

détachent et tombent; tous sont désaimantés.

La limaille forme des aigrettes aux extrémités d'un aimant, parce que chaque grain s'aimante et attire le grain qui le touche.

88. Aimantation de l'acier. — L'acier s'aimante plus lentement que le fer dans le voisinage d'un aimant; mais, une fois qu'on l'en a séparé, il reste aimanté.

On aimante, par exemple, une aiguille à tricoter en la frot-

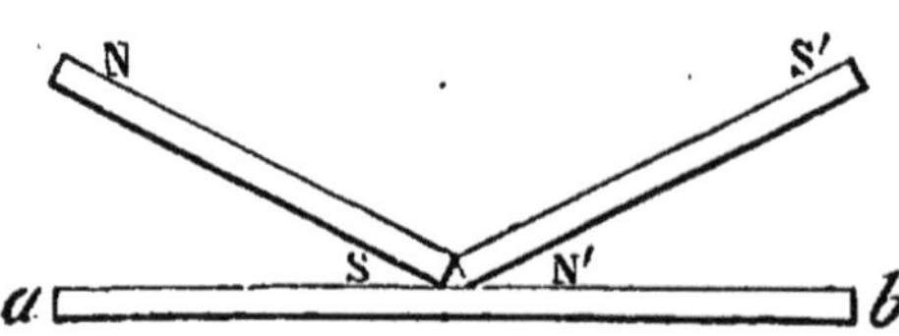

tant, toujours dans le même sens, avec l'un des pôles d'un aimant.

Si la barre d'acier est assez grosse, et qu'on ait deux aimants NS, N'S' (*fig.* 64), on les ap-

Fig. 64. — Le frottement de deux aimants N, N' aimante une barre d'acier.

puie par leurs pôles de nom contraire au milieu du barreau, en les inclinant comme le montre la figure; on les écarte en les faisant glisser vers les extrémités *a-b* du barreau. On répète un certain nombre de fois la même opération, sur chacune des faces du barreau.

QUESTIONNAIRE

A quoi reconnaît-on un aimant? — Quel est le métal qu'un aimant attire (86)?

Avec quel métal fait-on des aimants?

On aimante une plume métallique, on la dépose sur un petit morceau de papier qui flotte sur l'eau. Que va-t-il se passer?

Le fer et l'acier sont les deux métaux qui sont le plus facilement attirés par un aimant et qui peuvent s'aimanter.

89. Boussole. — La boussole est composée d'une aiguille aimantée, traversée en son milieu par une chape qui repose sur un pivot vertical. Celui-ci est au centre d'un cercle divisé en 360 degrés. Les quatre points cardinaux *nord, sud, est, ouest*, les points intermédiaires *nord-est, nord-ouest, sud-est, sud-ouest* sont marqués sur le cercle. Ces huit points divisent la circonférence en huit parties égales (*fig.* 65).

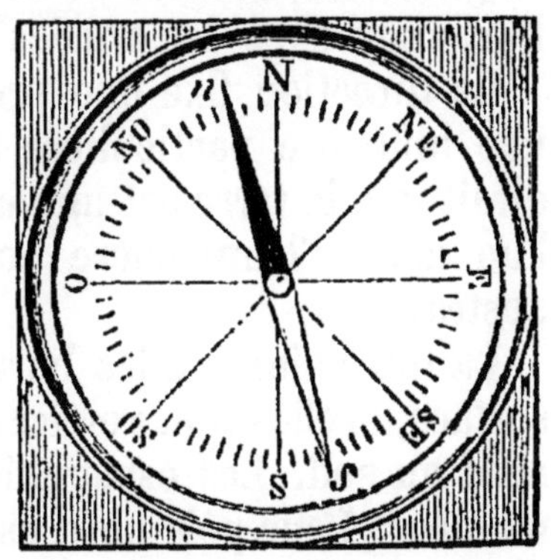

Fig. 65. — Boussole.

La boussole fait connaître la direction du nord aux marins, aux voyageurs. Nous savons, en effet, que l'une des extrémités de l'aiguille se tourne vers le nord. Il est d'usage de donner une couleur bleue à la moitié de l'aiguille qui se dirige vers ce point.

La direction de l'aiguille n'est pas exactement celle de la ligne horizontale qui va du nord au sud. Suspendez une pierre à une ficelle pour en faire un fil à plomb, exposez-la au soleil et marquez, à *midi*, sur le sol ou sur une table horizontale, la direction de l'ombre de la corde. Vous aurez la ligne qui va du nord au sud. Placez sur cette ligne une boussole, en mettant le diamètre NS de la boussole sur la ligne d'ombre. Vous verrez que la direction de l'aiguille fait avec cette ligne un angle de 16° environ. Le pôle nord de l'aiguille est à l'ouest de l'ombre ou de la ligne *nord-sud* exacte.

Pour déduire de l'observation d'une boussole la direction du nord, il faut compter 16° à l'est de la pointe nord *n* de l'aiguille. Ce nombre 16 convient à Paris et à l'année 1884. Il change avec les années et avec le lieu où l'on se trouve.

La direction fixe que prend l'aiguille aimantée est due à une influence particulière que la terre exerce sur elle. On dirait que la terre est un vaste aimant, qui aurait ses pôles, l'un dans l'hémisphère boréal, l'autre dans l'hémisphère austral.

La terre aimante les barres de fer et d'acier qui sont à sa surface, si elles sont verticales, ou horizontales et placées du nord au sud. Les espagnolettes en fer des croisées sont aimantées. Leur pôle nord est en bas et repousse le pôle nord d'une aiguille aimantée qu'on en approche.

Les limes pendues verticalement contre les murs d'un atelier de serrurerie sont très souvent aimantées par la terre. Il en est de même des croix des clochers, des tiges des paratonnerres.

90. Aimantation à l'aide de l'électricité. — On enroule sur un tube de verre ou de carton un fil de cuivre (*fig.* 66). Si les tours du fil doivent se toucher, ce qui vaut mieux, on recouvre du fil de cuivre de soie, afin d'isoler les uns des autres les tours voisins.

Fig. 66.— Un courant électrique qui traverse un fil de cuivre enroulé autour d'une barre d'acier l'aimante.

L'aiguille d'acier que l'on veut aimanter est placée dans ce tube. Les extrémités du fil sont mises, un instant, en contact avec les conducteurs d'une pile. L'acier est aussitôt aimanté et il conserve son aimantation.

91. Électro-aimant. — Un morceau de fer pur, appelé aussi *fer doux*, est courbé en fer à cheval (*fig.* 67), chacune de ses branches *a*, *b* entre dans une bobine sur laquelle est enroulé un fil de cuivre recouvert de soie. Après avoir tourné le fil de droite à gauche sur une des bobines, on le fait passer sur l'autre et on l'enroule de gauche à droite. Les deux bouts du fil sont réunis avec les conducteurs d'une pile; les flèches indiquent le sens du courant.

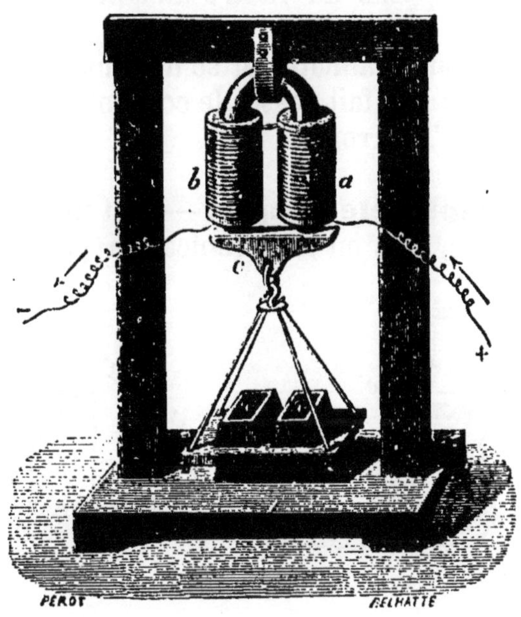

Fig. 67. — Électro-aimant. — Un courant qui parcourt le fil des bobines *a*, *b* aimante fortement le morceau de fer qu'elles entourent.

Une pièce de fer *c* est placée au-dessous des branches du fer à cheval, à quelques millimètres de distance. Aussitôt que le courant passe, ce morceau de fer est soulevé et il vient s'attacher aux extrémités du fer à cheval, ce qui montre que le courant a communiqué à celui-ci une aimantation puissante. On peut même, si le courant est assez intense, attacher à la pièce *c*, appelée *contact*, un plateau de bois que l'on charge de poids considérables, sans qu'elle se détache.

Si on rompt la communication du fil avec la pile, le contact tombe, parce que le fer est désaimanté et ne peut plus le soutenir.

Cet appareil s'appelle un *électro-aimant* ou simplement un *électro*.

Un électro-aimant s'aimante et se désaimante successivement, suivant que l'on fait passer le courant d'une pile dans les fils, ou qu'on l'interrompt.

92. Télégraphe électrique. — Soit un petit électro-aimant *e* (*fig.* 68), mis en communication par deux fils de

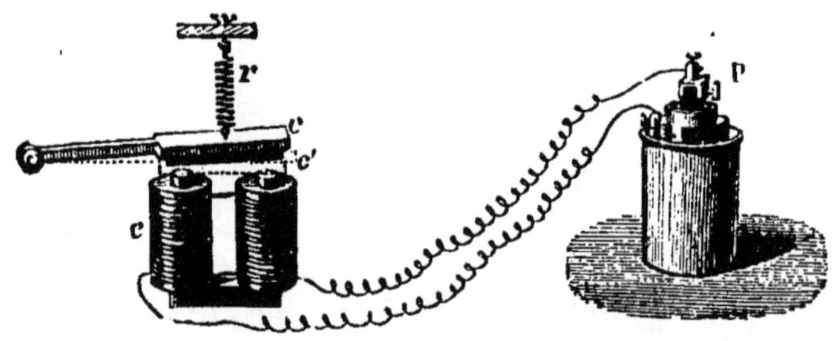

Fig. 68.

cuivre avec un couple de pile P. Au-dessus se trouve un contact de fer qui peut tourner autour du point O ; un ressort *r* le maintient éloigné de l'électro-aimant. Si on met les fils de celui-ci en contact avec les pôles du couple, le fer s'aimante, attire le contact *c*, et celui-ci s'abaisse en *c'*. Si on fait cesser le courant, en ne touchant plus les pôles avec les fils, le fer se désaimante et le ressort relève le contact. On peut répéter tant qu'on veut la même expérience.

Il n'est pas nécessaire que la pile P soit près de l'électro-aimant. Plaçons celui-ci à Lyon et la pile à Paris ; supposons que les deux bouts de fils de l'électro soient soudés à deux fils télégraphiques, tendus entre ces deux villes et aboutissant aux deux pôles de la pile.

Une personne placée à Paris touche-t-elle les pôles avec ces fils, immédiatement l'électro de Lyon est aimanté et le contact s'abaisse ; éloigne-t-elle les fils des pôles, l'aimantation cesse et le contact se relève. Il y a là le germe des télégraphes électriques.

Par exemple, un voyageur de commerce est à Lyon, il attend, pour aller à Marseille ou à Dijon, les ordres de son patron qui est à Paris. Il est convenu que celui-ci fera mouvoir une fois le contact de l'électro pour désigner la première de ces deux villes, et deux fois, pour la seconde. Le patron met deux fois de suite les fils télégraphiques en contact avec les pôles de la pile. Le voyageur voit le contact s'abaisser, se relever et s'abaisser encore. Il sait ce qu'il a à faire et part pour Dijon. Ce procédé télégraphique serait trop primitif. On a inventé d'ingénieux instruments qui envoient des dépêches écrites ; et, à l'heure qu'il est, l'électricité transporte avec une vitesse incroyable la pensée humaine, non seulement par toute la France, mais de Paris à New-York ou à Pékin.

Le télégraphe électrique est une des plus belles inventions de notre siècle. Il a rendu possible l'exploitation des chemins de fer. Car, sans son aide, les accidents se multiplieraient sur les voies ferrées parcourues tout le jour par tant de trains, qui se croisent et courent le risque de se rencontrer.

QUESTIONNAIRE

Comment peut-on, à l'aide d'un électro-aimant, envoyer un signal d'une ville à l'autre (92) ?

RÉSUMÉ

Un aimant se reconnaît à ce qu'il attire le fer et sa limaille ainsi que l'acier.

Les aimants ordinaires n'attirent pas sensiblement les autres métaux.

Certains minerais de fer appelés *pierres d'aimant* sont naturellement aimantés.

On aimante l'acier trempé en le plaçant quelque temps dans le voisinage d'un aimant, ou, mieux, en le frottant avec un ou deux aimants.

Le fer pur s'aimante par son contact avec un aimant, mais il se désaimante de suite si on l'en éloigne.

La limaille de fer ne s'attache qu'aux extrémités d'un barreau aimanté; on les appelle les *pôles* de l'aimant.

Lorsque l'aimant est mobile, l'un de ses pôles se tourne vers le nord; c'est le pôle *nord;* l'autre, le pôle *sud,* se dirige vers le sud. Cette position lui est donnée par une action particulière de la terre.

Les pôles de même nom de deux aimants se repoussent; les pôles de nom contraire s'attirent.

La boussole est une aiguille aimantée, mobile sur une tige effilée verticale. Elle sert à reconnaître la direction du nord. Si elle se meut au-dessus d'un cercle divisé en degrés, la ligne qui va du nord au sud est donnée par le diamètre situé à 16° E. de la pointe nord de l'aiguille.

Un courant électrique aimante une aiguille d'acier placée dans un tuyau sur lequel on a enroulé le fil de cuivre qui va d'un pôle de la pile à l'autre.

Le fer est fortement aimanté par un courant, dans les mêmes circonstances, mais il perd son aimantation, lorsque le courant cesse.

Cette aimantation et cette désaimantation successives du fer ont conduit à la construction des télégraphes électriques.

Un morceau de fer courbé en fer à cheval et dont les deux branches sont entourées de bobines de fil de cuivre constitue un *électro-aimant.*

Il devient un aimant puissant, si le courant électrique traverse le fil de la bobine. Ce fil est recouvert de soie, afin que l'électricité parcoure le fil dans toute sa longueur et ne passe pas d'un tour à l'autre.

DEVOIRS

A quels caractères reconnait-on les corps électrisés?

Quels sont les appareils qui nous fournissent l'électricité? — Décrire en particulier l'électrophore.

Indiquer quelques-uns des effets que l'on peut produire à l'aide de l'électricité : mouvements des corps légers; chaleur; lumière.

Qu'appelle-t-on électricité atmosphérique? — Quels sont ses effets? — Décrire le paratonnerre.

Décrire une pile et indiquer quelques effets du courant électrique.

Qu'est-ce qu'un aimant? — Qu'est-ce qu'une boussole? — Comment aimante-t-on le fer et l'acier?

IV. — LUMIÈRE

1. Propriétés générales.

93. — La lumière nous vient du soleil et des étoiles. Nous nous éclairons, la nuit, en brûlant du gaz ou de l'huile. En général, un corps devient lumineux lorsqu'on le chauffe suffisamment ; le fer chauffé à la forge d'un maréchal éclaire son atelier.

La lumière sort donc d'un corps très chaud et va éclairer les objets éloignés. C'est ainsi que la chaleur d'un incendie s'en va au loin échauffer les corps. C'est ainsi que l'on entend à une grande distance le son d'une cloche.

Les corps *transparents* sont ceux qui, comme l'air, l'eau, le verre, laissent passer la lumière. Les corps *opaques* l'arrêtent : le bois, les pierres, les métaux sont opaques.

Le papier, le verre dépoli sont *translucides ;* ils laissent passer un peu de lumière ; mais pas assez pour qu'on puisse voir distinctement la source de lumière qui les éclaire.

La lumière s'éloigne du corps lumineux dans toutes les directions. On ne cesse point de voir une flamme, lorsqu'on tourne autour d'elle.

Sa vitesse est incroyable. Elle fait 75000 lieues par seconde. Une de nos locomotives, parcourant toujours 20 lieues par heure, devrait marcher 170 ans sans s'arrêter, pour franchir la distance qui nous sépare du soleil. La lumière fait ce chemin en 8 minutes et un quart.

La lumière se meut en ligne droite.

On cesse de voir une étoile, si on place un crayon sur la

QUESTIONNAIRE

D'où nous vient la lumière (93) ?
Qu'est-ce qu'un corps transparent, translucide, opaque ?
Quelle est la vitesse de la lumière ?
Qu'appelle-t-on rayons lumineux (93) ?

GRIPON. — PRÉCIS ÉLÉM.   7

ligne droite qui va de l'œil à l'étoile. La lumière ne contourne pas un corps opaque. On a donné le nom de *rayon lumineux* à chaque ligne droite qui est parcourue par la lumière de l'étoile.

94. Ombre. — Il y a derrière tout corps opaque un espace d'où on ne peut voir le corps lumineux qui l'éclaire. C'est ce qu'on appelle l'*ombre* du corps. Lorsqu'on est dans l'ombre d'une maison, on ne voit plus le soleil; on ne reçoit ni sa lumière, ni sa chaleur.

95. Réflexion de la lumière. — Les glaces de nos appartements arrêtent la lumière solaire qui les éclaire, mais ils la renvoient comme un mur renvoie une balle élastique qui le frappe. On dit que la *lumière s'est réfléchie.*

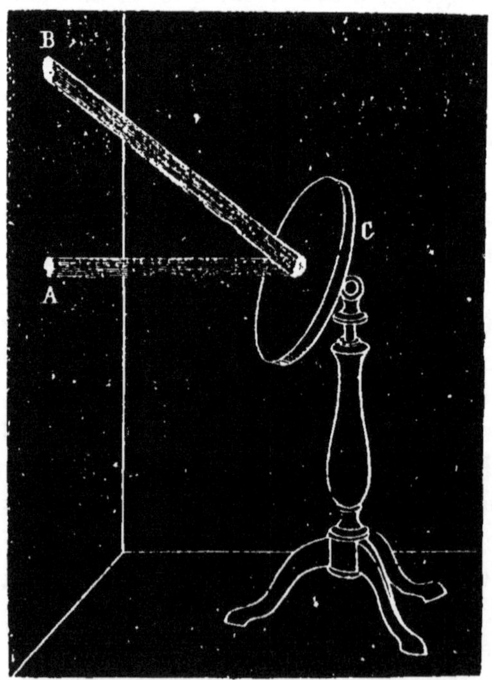

Fig. 63. — Un miroir éclairé par le soleil renvoie la lumière.

Plaçons-nous dans une salle dont nous fermerons les volets. La lumière solaire entre par un trou pratiqué dans l'un d'eux. Elle illumine les poussières qui voltigent dans l'air; on voit une traînée lumineuse, terminée par des lignes droites; elle nous montre la route suivie par les rayons solaires (*fig.* 69).

Ces rayons tombent sur un miroir C dont la surface est *plane*. On voit une seconde traînée de lumière qui part du miroir et va illuminer une portion B du mur de la chambre. Elle y forme une tache blanche. Cette seconde traînée marque la place des rayons *réfléchis*. Elle change de position, si on fait basculer le miroir. Plus on incline le miroir sur la direction des rayons solaires, plus les rayons réfléchis s'inclinent en sens opposé.

Si on supposait tracée la ligne qui est perpendiculaire au miroir, au point où tombent les rayons solaires, l'angle qu'elle ferait avec ceux-ci serait égal à l'angle qu'elle fait avec les rayons réfléchis.

Ce qu'on exprime en disant que *l'angle de réflexion est égal à l'angle d'incidence*.

Pour voir le soleil dans le miroir, il faut placer l'œil dans la traînée formée par les rayons réfléchis. On est ébloui, comme si on regardait directement le soleil.

Couvrez le miroir avec un papier blanc, vous ne voyez plus le soleil; mais le papier. Il nous renvoie la lumière solaire, car le papier n'est pas lumineux par lui-même; on ne le voit pas la nuit dans une salle qui n'est pas éclairée.

La lumière qu'il nous renvoie s'éparpille dans toutes les directions. Il suffit que le papier soit éclairé pour qu'il soit vu de tous les points d'une salle. Il en est de même de tous les objets qui nous entourent.

Regardez dans un miroir vertical un objet, une flèche AB

(*fig.* 70) verticale, placée à un mètre en avant de la glace. Vous verrez en arrière une flèche A'B', en tout semblable. Elle a la même forme et la même grandeur qu'une seconde flèche CD, placée réellement à un mètre en arrière du miroir. Cette flèche A'B' n'existe pas, bien que nous la voyions.

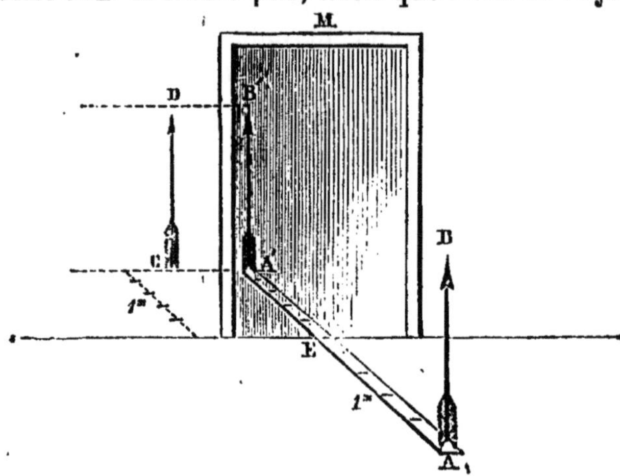

Fig. 70.— Une flèche AB placée à un mètre en avant d'une glace est vue dans celle-ci comme si elle était placée à un mètre en arrière.

Le soir, quand l'eau est calme, la surface d'un étang fait l'office d'un miroir; vous voyez au-dessous de l'eau le ciel, les arbres, les maisons qui bordent l'étang; comme si le paysage qui est devant vous s'était retourné tout d'une pièce pour se placer sous l'eau. C'est une véritable illusion produite par la lumière qui, partie de ces divers objets, n'arrive à l'œil qu'après s'être réfléchie à la surface de l'eau.

96. Réfraction. — La lumière qui se meut en ligne droite dans l'air change brusquement de direction lorsqu'elle quitte l'air pour entrer dans un autre corps transparent, tel que l'eau, le verre. Le rayon de lumière semble brisé à son entrée dans le second corps, et on a donné à cette brisure le nom de *réfraction*.

Prenons une petite cuve A (*fig.* 68) dont la paroi antérieure est en verre et qui est remplie d'eau.

Exposez-la au soleil, quand elle est vide; l'ombre de la face opaque *ef* se voit sur le fond en *ab;* on peut marquer sa limite avec un crayon. La ligne *afh* marque la direction des rayons solaires. Versez de l'eau dans la cuve. L'ombre rétrograde jusqu'à la ligne *dc*. Le rayon solaire, qui avait la

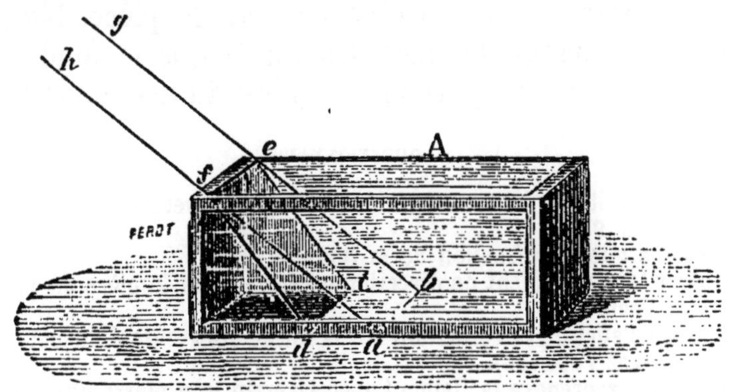

Fig. 71. — La lumière solaire change de direction en passant de l'air dans l'eau.

direction rectiligne *afh* dans la cuve vide, suit la ligne brisée *hfd* quand elle est pleine d'eau. La partie de sa route *df* correspondante à l'eau est droite de même que la partie *fh* située dans l'air. Mais ces deux routes ne sont plus dans le prolongement l'une de l'autre.

La réfraction explique pourquoi nous ne voyons pas les corps plongés dans l'eau à la place qu'ils occupent et avec la forme qu'ils occupent réellement. Nous ne pouvons entrer dans ces explications, mais nous citerons deux exemples qui montrent l'effet de la réfraction.

Un crayon *abc* (*fig.* 84) est plongé en partie dans un verre plein d'eau *d*. On le regarde de côté et d'un peu haut. La portion *cb*, qui est dans l'eau, n'est plus dans le prolongement de la partie *ab* restée dans l'air. On voit même sur les côtés du verre une seconde image *be* du crayon.

Fig. 72. — Un bâton plongé en partie dans l'eau paraît brisé à la surface du liquide si on le regarde de côté.

Mettez dans une petite terrine une pièce d'argent. Un groupe d'élèves se place autour du vase et s'éloigne jusqu'à ce que les bords leur cachent la pièce. Versez alors de l'eau dans la terrine. Tous les élèves voient la pièce, bien qu'ils n'aient pas changé de place. On dirait que le fond du vase s'est soulevé pour rapprocher la pièce du niveau de l'eau.

QUESTIONNAIRE

Pourquoi voit-on dans une rivière l'image renversée d'un arbre planté sur ses bords (95)?

Qu'est-ce que la réfraction de la lumière (96)?

Montrer le changement de direction qu'éprouve la lumière en passant de l'air dans l'eau.

Indiquer l'effet de la réfraction sur la forme apparente d'un bâton plongé en partie dans l'eau (96).

Vous croyez prendre facilement avec la main une pierre qui est au fond d'un ruisseau. Pourquoi, pour la saisir, êtes-vous obligé de plonger dans l'eau une partie de votre bras?

RÉSUMÉ

La lumière nous est principalement envoyée par le soleil.

Elle s'en éloigne dans toutes les directions possibles, parcourant, sur chaque ligne droite qui part du soleil, 75 000 lieues par seconde.

Elle ne se meut ainsi que dans les corps *transparents* tels que l'air, le verre, l'eau. Les corps *translucides* (le papier) n'en laissent passer qu'une partie; les corps *opaques* l'arrêtent.

Derrière ceux-ci il y a un espace d'où on ne voit pas le soleil qui les éclaire; il forme l'ombre du corps.

Réflexion. — Lorsque la lumière rencontre un corps poli, transparent (le *verre*) ou non (l'*acier*), elle *se réfléchit*, c'est-à-dire, qu'elle semble rebondir sur le corps comme le fait une balle élastique qui frappe un mur; elle revient donc en arrière illuminer les corps qui sont devant le miroir.

Nous voyons les corps qui nous entourent et qui ne sont pas lumineux par eux-mêmes, parce qu'ils réfléchissent la lumière qu'ils reçoivent et qu'ils l'éparpillent dans tous les sens.

Un miroir poli ne la renvoie que dans une direction qui change avec celle des rayons solaires qu'il reçoit. C'est dans cette direction qu'il faut se placer pour voir le soleil dans le miroir.

L'angle de réflexion est égal à l'angle d'incidence.

La réflexion nous fait voir derrière le miroir les objets qui sont placés devant. Nous sommes ainsi le jouet d'une illusion bien curieuse.

Réfraction. — La lumière qui passe d'un corps transparent dans un autre (de l'air dans l'eau) ne suit pas dans le second la ligne droite qu'elle parcourait dans le premier. Les rayons de lumière semblent brisés à la surface de séparation des deux corps. On dit qu'ils sont *réfractés*. La réfraction est la source de nouvelles illusions qui nous font voir, par exemple, le fond de l'eau plus rapproché de la surface qu'il n'est réellement.

2. Lentilles.

97. Lentilles. — Une lentille est un morceau de verre dont les faces sont courbes.

Les verres de lunettes, dont les personnes âgées se servent pour lire, sont des lentilles dont les deux faces sont convexes.

Les jeunes gens qui ne peuvent lire qu'en rapprochant le livre des yeux sont *myopes*, et prennent des lunettes dont les faces sont concaves.

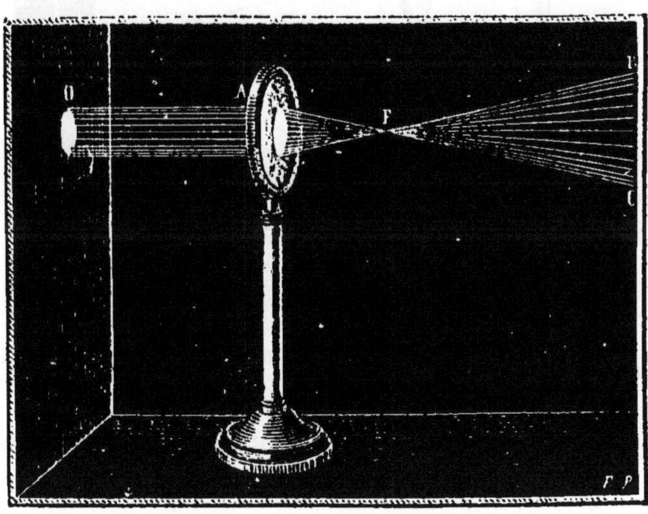

Fig. 73. — Les rayons solaires qui rencontrent une lentille convexe vont tous passer par un même point F, *foyer* de la lentille.

98. Lentilles convexes. — Considérons d'abord les lentilles à faces convexes. Recevons sur l'une d'elles les rayons solaires. Si on est dans une salle obscure, la traînée lumineuse (*fig.* 73), qui arrive sur la lentille, ressemble à un cylindre. Après avoir traversé le verre, elle prend la forme d'un cornet dont le sommet est en F, et ensuite celle d'un second cornet FBC qui va toujours en s'élargissant.

La lumière qui a rencontré la lentille passe tout entière au point F. Plaçons en ce point un morceau de papier : la partie éclairée a la forme d'un très petit cercle très brillant, et qui s'élargit quand on déplace le papier pour le rapprocher de la lentille ou pour l'en éloigner.

Le point F est le *foyer* de la lentille. Plaçons-y un morceau d'amadou ou une allumette chimique, ces corps y brû· lent. Il y a donc au foyer une accumulation de chaleur, comme il y a une accumulation de lumière.

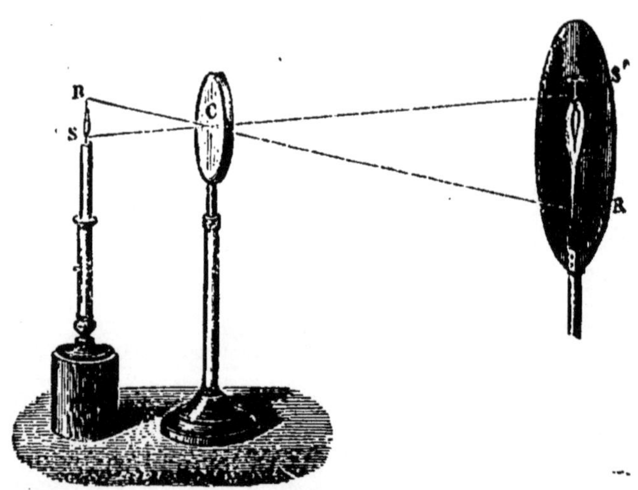

Fig. 74. — On voit sur un écran de carton éloigné R l'image renversée et plus grande d'une bougie SR placée devant une lentille convexe un peu au delà du foyer.

Regardons, de loin, au travers d'une lentille les objets éloignés. Nous les voyons *renversés* et plus *petits*. Une bougie

est devant une lentille, un carton blanc vertical est derrière.
On déplace le carton. En une certaine place on voit se des-
siner une image de la bougie ; elle est plus petite et renversée.
L'image est surtout visible dans une salle obscure.

On rapproche la bougie SB (*fig.* 74) de la lentille C, son
image S'R s'éloigne et grandit. Si la bougie est près du foyer,
mais au delà, son image est très grande, renversée, et ne se
voit que sur un carton placé très loin de la lentille.

On a utilisé cette propriété des lentilles, pour construire
la *lanterne magique.*

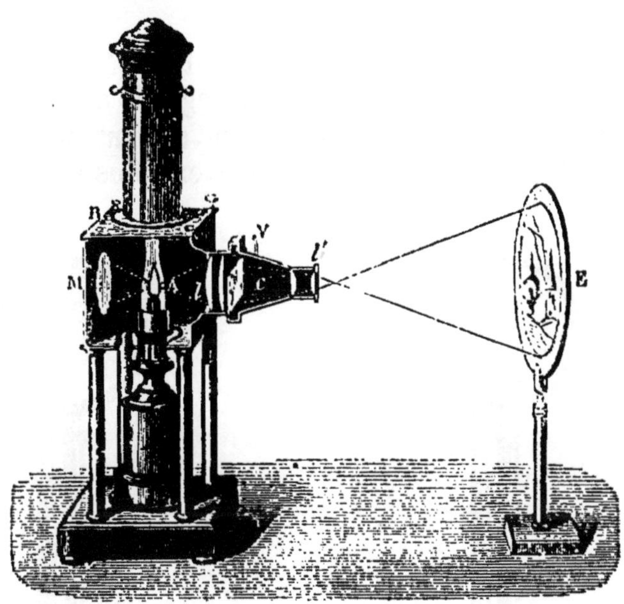

Fig. 75. — Lanterne magique. — Un dessin, peint sur une lame de verre V, est fortement
éclairé par une lampe A placée au foyer de la lentille *l.* Une autre lentille *l'* donne
sur un écran E une image agrandie du dessin.

99. Lanterne magique. — Une lampe A est renfermée dans une boîte de fer-blanc ouverte seulement à sa

Comment voit-on les objets éloignés en regardant au travers d'une
lentille ?
Comment voit-on les objets peu éloignés de la lentille (98)?
Une bougie est devant un carton ; comment s'y prendre pour voir sur le
carton l'image de la bougie? — Comment sera cette image ?

partie antérieure. Le trou percé dans cette face est fermé par une lentille à faces convexes *l* (*fig.* 75). La flamme est au foyer de la lentille, et la lumière qui traverse celle-ci éclaire un assez grand espace. On y place une lame de verre V, sur laquelle on a peint un dessin à l'aide de couleurs transparentes. Au delà du verre est un tuyau qui renferme une seconde lentille *l'* à faces convexes. La lumière qui sort du verre la traverse et forme, au loin sur un mur blanc, une grande image du dessin.

Celui-ci est renversé, pour que les objets qu'il représente se peignent droits sur le mur.

100. Loupe. — Une bougie A est placée entre une lentille L et son foyer (*fig.* 76). On la regarde au travers de la lentille; on la voit droite, mais ses dimensions sont plus grandes. Ces sortes d'images ne peuvent plus se peindre sur un carton.

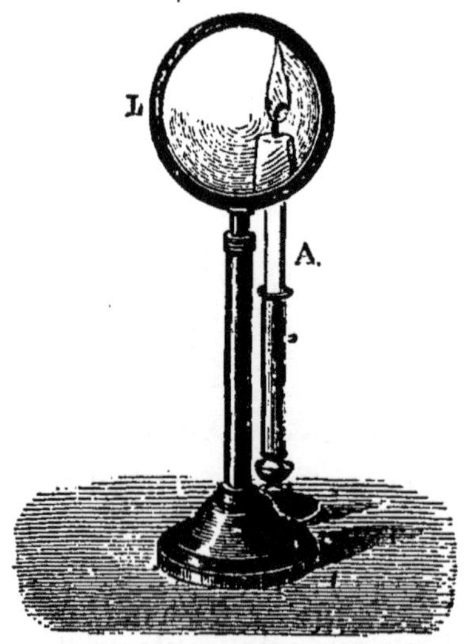

Fig. 76. — Loupe. — Une lentille convexe fait voir, avec des dimensions exagérées, un objet que l'on place près d'elle et en arrière.

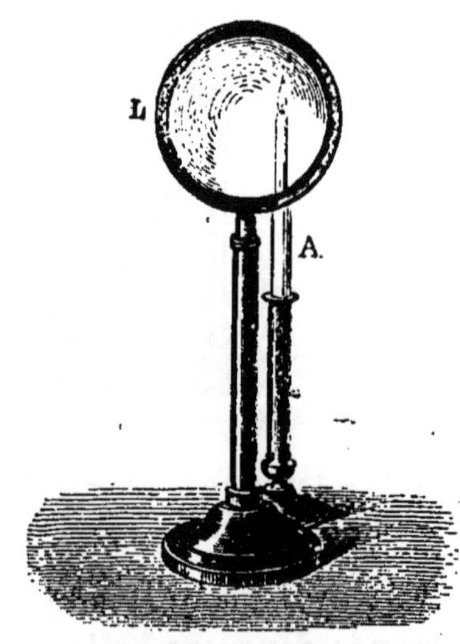

Fig. 77. — Une lentille concave fait voir, avec des dimensions réduites, les objets que l'on place en arrière.

On ne les voit que par une sorte d'illusion analogue à celle qui nous trompe, lorsque nous nous regardons dans une glace.

Les horlogers se servent d'une petite lentille à faces con-vexes, pour mieux voir les rouages d'une montre; ceux-ci leur paraissent agrandis. Ils la placent près de l'œil, comme si c'était un verre de lunette, et ils regardent de très près l'intérieur de la montre. Une pareille lentille, qu'on appelle une *loupe*, sert aussi pour examiner les détails d'une fleur, d'un insecte.

101. Lentilles à faces concaves. — Les lentilles à faces concaves (*fig.* 77) diffèrent complètement des précé-dentes. Recevons sur une pareille lentille un faisceau de rayons solaires, on le voit à la sortie, transformé en un cor-net qui va en s'élargissant à partir de la lentille.

Un objet que l'on regarde au travers d'une pareille lentille paraît dans sa posi-tion naturelle, mais il est plus petit.

102. Composition de la lumière blanche. — Un morceau de verre P (*fig.* 78), terminé par trois faces planes qui se coupent, s'appelle un *prisme;* sa base est un triangle.

Les expériences sont plus belles, si on les fait dans une salle dont les volets sont fermés, et si on ne laisse pénétrer la lumière solaire que par un trou ou une fente étroite.

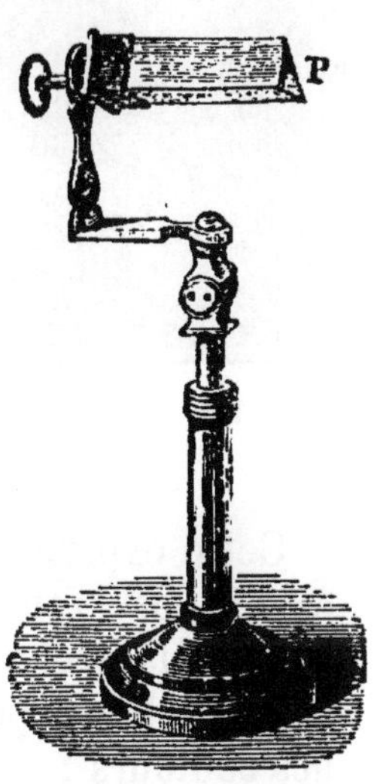

Fig. 78. — Prisme. — Morceau de verre taillé ayant pour base un triangle, et, de plus, trois faces planes.

Nous représentons par AB (*fig.* 79) la traînée de lumière qui donne la direction des rayons solaires. Elle tombe sur le prisme P. Nous avons supposé qu'une portion des rayons ne rencontre pas le prisme; elle continue sa route jusqu'au mur où elle fait une tache blanche C. La lumière qui rencontre le

Qu'est-ce qu'une *loupe* (100)?
Comment voit-on les objets lumineux quand on les regarde au travers d'une loupe; à quoi sert la loupe?

prisme change de route, à l'entrée comme à la sortie du verre, et forme sur le mur une tache allongée DE. La marche est encore indiquée par l'illumination des poussières de l'air.

Fig. 79. — La lumière du soleil qui traverse un prisme de verre disparaît pour faire place à des lumières colorées.

Cette expérience montre bien l'effet de la réfraction. Mais, ce qui est remarquable, la tache DE n'est plus blanche comme la tache C, elle a les couleurs les plus vives. Si on part du bas E pour remonter au haut D, on a la succession des couleurs :

Violet; indigo; bleu; vert; jaune; orangé; rouge.

QUESTIONNAIRE

Comment se comporte la lumière solaire quand elle traverse une lentille à faces concaves (101)?

Comment voit-on les objets au travers d'une pareille lentille?

Qu'est-ce qu'un prisme (102)? — Montrer que la lumière solaire se réfracte en traversant un prisme. — Montrer en outre que la lumière cesse d'être blanche.

Qu'est-ce qu'un spectre solaire? — Nommer les couleurs du spectre dans l'ordre où elles se voient. — Qu'est-ce que la lumière blanche?

Cette tache colorée a reçu le nom de *spectre solaire*.

La lumière blanche est un mélange de toutes ces couleurs. Quand elles sont isolées, nous distinguons très bien les différences qu'elles présentent, nous ne confondons pas le rouge avec le vert, ni celui-ci avec le violet. Quand elles sont réunies, nous ne voyons plus que du blanc.

103. Couleurs des corps. — Recevez sur un drap rouge le spectre solaire. Il disparaît en entier; on ne voit qu'une bande rouge. Ainsi, le drap rouge a la propriété d'éteindre toutes les couleurs qui composent la lumière blanche; il ne réfléchit que le rouge. Un coquelicot éclairé par la seule lumière verte paraît noir. Il ne conserve sa belle couleur que dans le rouge du spectre ou dans la lumière blanche, qui renferme du rouge.

Mettez un verre rouge entre le prisme et un mur blanc: le spectre disparaît encore, sauf le rouge. Le verre ne se laisse traverser que par les rayons rouges; il arrête tous les autres.

Un corps coloré réfléchit plus fortement certaines couleurs du spectre que d'autres. Il est *blanc*, s'il les réfléchit toutes également. Il est *gris*, si la lumière qu'il renvoie est faible, bien que l'éclairage soit intense. Il est *noir*, s'il éteint toutes les couleurs sans en renvoyer aucune.

Les cristaux des lustres, les gouttes de rosée, éclairés par le soleil, nous envoient souvent des rayons colorés : rouges, verts, bleus, etc. Ils décomposent la lumière blanche, comme le fait un prisme.

Il en est de même des gouttes de pluie, de celles qui se forment dans un jet d'eau ou dans une cascade. Si on tourne le dos au soleil, et qu'on regarde un nuage qui donne de la pluie, on voit un bel arc, coloré des couleurs du spectre : c'est l'*arc-en-ciel*. Le rouge est en dedans, le violet en dehors. Un arc plus pâle l'entoure : il est coloré en violet sur les bords intérieurs, en rouge à l'extérieur.

Les gouttes d'un jet d'eau font voir une partie d'arc-en-ciel, ce qui prouve bien que celui que l'on voit sur les nuages est produit par la décomposition de la lumière blanche dans les gouttes de pluie qui tombent.

Qu'est-ce qu'un corps gris, noir (103)?

Que voit-on, si on reçoit le spectre solaire sur un papier rouge ou sur un papier noir (103)?

Quelle est la cause de l'arc-en-ciel; — pourquoi ne le voit-on pas toujours; — comment faut-il se placer pour le voir?

Pourquoi les cristaux d'un lustre éclairés par le soleil paraissent-ils colorés?

RÉSUMÉ

Les *lentilles* sont des verres taillés qui ont au moins une de leurs faces concave ou convexe.

Les lentilles à faces *convexes* ont la propriété de diriger vers un même point les rayons solaires qu'elles reçoivent. Ce point, situé au delà de la lentille par rapport au soleil, s'appelle le *foyer*. Il s'y fait une accumulation de chaleur et de lumière.

Les lentilles permettent d'obtenir sur un écran de papier blanc l'image des objets lumineux placés devant elles; l'écran est placé derrière. Il faut que l'objet soit plus loin de la lentille que le foyer. Les images ainsi obtenues sont renversées. Elles sont plus grandes que l'objet, si celui-ci est près du foyer; plus petites, si l'objet est très loin de la lentille.

En regardant au travers d'une lentille un objet placé entre elle et le foyer, on le voit plus grand qu'il n'est réellement; l'image n'est plus renversée. La lentille prend alors le nom de *loupe*.

Les lentilles à faces *concaves* étalent ou font diverger les rayons solaires qui les traversent. Les objets que l'on regarde au travers de telles lentilles paraissent plus petits.

Les vieillards se servent de lunettes à verres convexes lorsqu'ils veulent lire; les myopes ont recours à des lunettes à verres concaves.

Un prisme de verre décompose la lumière solaire en une infinité de couleurs rangées en sept groupes : *violet, indigo, bleu, vert, jaune, orangé, rouge.* La réunion de toutes ces couleurs donne la sensation du blanc.

DEVOIRS

Qu'entend-on par réflexion de la lumière? — Comment se fait la réflexion des rayons solaires sur un miroir plan?

Quelle est l'image que ces miroirs donnent d'un objet lumineux placé devant eux?

Décrire le phénomène de la réfraction de la lumière.

Qu'est-ce qu'une lentille? — Comment voit-on les objets lumineux quand on les regarde : 1º au travers d'une lentille biconvexe; 2º au travers d'une lentille biconcave?

Décrire et expliquer la lanterne magique.

Indiquer comment on peut décomposer la lumière solaire en faisceaux colorés et nommer les couleurs que l'on y voit.

NOTIONS ÉLÉMENTAIRES DE CHIMIE

I. — EAU ET SES ÉLÉMENTS

1. Oxygène.

Un courant électrique décompose, nous l'avons dit, l'eau en deux gaz : l'*oxygène* et l'*hydrogène*.

101. — Les chimistes préparent l'oxygène en chauffant dans un vase de verre certains corps, tels que l'*oxyde de mercure*, le *chlorate de potasse*.

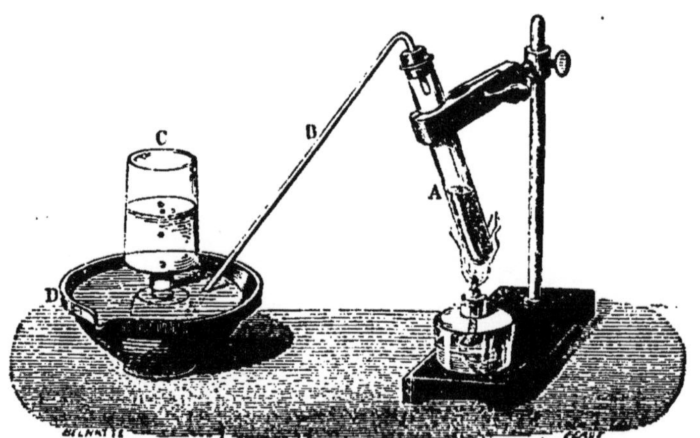

Fig. 80. — Lorsqu'on chauffe l'oxyde rouge de mercure, on le décompose et on a, à sa place, de l'oxyde et du mercure.

Mettons dans un tube de verre, peu fusible A (*fig.* 80), bouché à une de ses extrémités, de l'oxyde de mercure qui est une poudre rouge. Chauffons le tube sur une flamme ou sur un fourneau. Si, au bout d'un certain temps, nous y plongcons une petite baguette dont on a fait rougir au feu l'extrémité, le petit charbon rouge brûlera avec vivacité ; le bois s'enflammera. Le tube est plein d'un gaz qui n'est plus de l'air : c'est de l'oxygène.

Des gouttelettes de mercure recouvrent la paroi interne du tube, près de l'orifice. En chauffant assez longtemps, la poudre rouge disparaîtrait entièrement ; on aurait à la place de l'*oxygène* et du *mercure*.

Pour recueillir le gaz dans une éprouvette ou un flacon, on ferme le tube avec un bouchon. Un petit tube de verre recourbé B, ouvert aux deux bouts, traverse le bouchon ; son extrémité plonge dans une terrine D pleine d'eau ; c'est un tube de *dégagement*. Un flacon rempli d'eau C est renversé, de telle sorte que son col plongé dans l'eau se trouve au-dessus de l'extrémité du tube B. Les bulles d'oxygène qui se dégagent de celui-ci montent dans le flacon ; car, à volume égal, elles pèsent moins que l'eau. Elles s'y accumulent, en chassent le liquide et finissent par le remplir complètement. On bouche le flacon, et l'oxygène s'y conserve si le col reste plongé dans l'eau.

Pour faire commodément cette préparation il vaut mieux prendre pour vase un petit ballon de verre, au lieu du tube A, et remplacer l'oxyde de mercure par un mélange de chlorate de potasse et de sable fin.

105. Corps composés. — Revenons à notre première expérience. Elle nous apprend que dans la poudre rouge que nous avons chauffée il y a de l'oxygène et du mercure. Car dans tout ce que nous faisons nous ne pouvons rien créer, rien détruire. L'oxyde de mercure a disparu, mais il n'est pas détruit, il s'est transformé, dédoublé en deux autres corps, un gaz et un liquide. Lavoisier l'a bien prouvé en faisant voir que le poids d'oxygène recueilli, le poids de mercure, ajoutés ensemble donnent exactement le poids de l'oxyde de mercure.

Nous résumerons notre expérience en disant que l'oxyde de mercure est *composé* d'oxygène et de mercure.

106. Corps simples. — Les chimistes n'ont jamais pu retirer de l'oxygène autre chose que l'oxygène, du mercure un corps différent du mercure; ils appellent *corps simples* de tels corps, formés d'une substance unique, par opposition aux corps tels que l'oxyde de mercure, qui sont des *corps composés.*

107. Mélanges. — Mélangez dans une terrine du sable blanc très fin avec du noir de fumée. Vous aurez un corps gris. Est-ce un corps composé? non. Sable et charbon sont simplement juxtaposés : en mettant le vase sous un filet d'eau on voit le charbon noir se séparer du sable. Il n'y a là qu'un simple mélange.

108. Combinaison. — Dans une combinaison, les deux corps, fortement réunis, difficiles à séparer, forment une substance qui ne leur ressemble plus. L'oxygène est un gaz, le mercure un liquide, le corps qu'ils forment est solide. L'oxygène n'a pas de couleur, le mercure brille comme un métal, son oxyde est terne et d'un beau rouge.

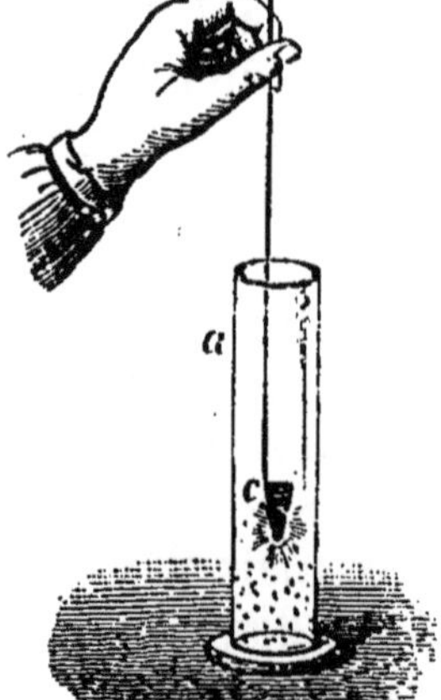

Fig. 81. — Un morceau de charbon, rougi au feu, brûle avec éclat dans l'oxygène.

109. Propriétés de l'oxygène. — Un flacon plein d'oxygène ressemble à un flacon plein d'air. Il faut plonger dans le premier une allumette éteinte, mais dont une des pointes est encore rouge ; elle se rallume aussitôt, ce qu'elle ne ferait pas dans l'air.

L'oxygène active donc la combustion des corps.

110. Combustion du charbon. — Taillons un charbon en pointe (*fig.* 81); après l'avoir fixé au bout d'un fil de fer, faisons-en rougir la pointe dans une flamme et plongeons-le dans une éprouvette *a* remplie d'oxygène. Le charbon devient complètement rouge; il brûle avec un vif éclat; puis il s'éteint. Remplaçons-le par un second charbon rouge, nous voyons celui-ci s'éteindre également.

Le gaz qui remplit l'éprouvette n'est plus de l'oxygène; ce n'est pas de l'air qui maintiendrait les charbons incandescents; c'est un nouveau gaz nommé *acide carbonique* qui renferme le charbon brûlé et l'oxygène disparu. C'est une combinaison d'oxygène et de carbone.

111. — En chauffant de l'oxyde de mercure, nous l'avons décomposé, ce qui nous a fait reconnaître qu'il renfermait du mercure et de l'oxygène. Nous en avons fait l'*analyse*.

En chauffant du charbon dans l'oxygène, nous formons un corps composé et nous savons, d'après cela, quels sont les *éléments*, les corps simples qu'il renferme. Nous avons fait la *synthèse* de l'acide carbonique.

La synthèse et l'analyse sont les deux procédés qui nous font connaître la composition des corps. La chaleur nous a été nécessaire et pour décomposer un corps et pour en former un autre.

112. Combustion du phosphore. — Nous attachons à un fil de fer un petit *têt* de terre dans lequel est un morceau de phosphore. Enflammons celui-ci et plongeons le têt dans un flacon plein d'oxygène. Nous verrons se développer une lumière éblouissante. Le flacon se remplit d'un nuage blanc, puis tout s'éteint; il n'y a plus de phosphore, plus d'oxygène.

Versons dans le flacon un liquide bleu violacé, la *teinture de tournesol*, elle devient immédiatement rouge. L'eau qui a séjourné dans le flacon a un goût aigre, ces caractères sont ceux d'un *acide*.

Nous nommons le composé de phosphore et d'oxygène, qui s'est formé sous nos yeux, *acide phosphorique*.

113. Soufre. — Nous aurions pu faire la même expérience avec le soufre. Nous l'aurions vu brûler avec une belle flamme bleue, peu éclairante, annonçant la formation d'un composé d'oxygène et de soufre que nous appellerons *acide sulfureux*.

114. Fer. — Le fer brûle également dans l'oxygène. Un ressort de montre roulé en spirale supporte un morceau d'amadou qu'on enflamme. On le plonge immédiatement dans un flacon plein d'oxygène. L'amadou brûle vivement et fait, par sa chaleur, rougir le bout du ressort.

L'acier brûle à son tour et lance de belles étincelles. Le métal est, à la fin de l'expérience, transformé en *oxyde de fer*.

115. Combustion. — Dans toutes ces expériences il y a un corps qui brûle (charbon, phosphore, fer) : c'est le *combustible;* et un autre, qui le fait brûler et sans lequel il ne brûlerait pas : c'est l'oxygène. Il faut préalablement échauffer le combustible ; mais la combustion, une fois commencée, continue d'elle-même tant que l'un des deux corps ne vient pas à manquer. Elle est accompagnée d'un grand dégagement de chaleur et de lumière.

L'acte chimique qui se produit alors est appelé combustion ou oxydation. On peut dire : le fer *brûle* ou le fer *s'oxyde*. Cette dernière expression désigne plus ordinairement une combinaison lente d'oxygène et d'un autre corps, qui ne produit pas de dégagement de lumière.

RÉSUMÉ

Il existe des corps *simples*, tels que l'*oxygène*, le *fer*, qui ne renferment qu'une seule substance, un seul corps.

D'un corps *composé*, on peut retirer au moins deux autres corps qui en diffèrent par leurs propriétés : d'un liquide tel que l'eau, on retire l'oxygène et l'hydrogène, qui sont des gaz.

Les corps qui forment un composé ont perdu, par le fait de leur réunion, les propriétés qui les font reconnaître ; on dit qu'ils sont *combinés*. L'eau est une *combinaison* d'oxygène et d'hydrogène.

On reconnaît, dans un *mélange* de deux corps, les propriétés individuelles de chacun d'eux ; un mélange n'est pas une combinaison.

Oxygène. — L'oxygène s'obtient en faisant chauffer de l'*oxyde rouge de mercure*, qui est un *composé* d'oxygène et de mercure. La chaleur sépare ces deux corps. On le prépare également à l'aide du chlorate de potasse.

L'oxygène est un gaz qui se reconnaît à ce qu'il rallume une allumette présentant quelques points rouges.

Il fait brûler avec vivacité le charbon, le soufre, le phosphore, etc., appelés pour cela corps *combustibles*.

La *combustion* est l'opération par laquelle un corps combustible, préalablement chauffé, s'unit à l'oxygène en produisant de la chaleur et de la lumière.

Quand un corps se combine à l'oxygène sans produire de lumière, on dit qu'il *s'oxyde*. — Un *acide* est un composé d'oxygène qui a la saveur aigre et qui rougit la teinture de tournesol.

Tout autre composé d'oxygène et d'un corps simple est un *oxyde*.

---

2. Hydrogène.

116. Préparation. — Nous mettons des fragments de zinc et de l'eau dans un flacon A (*fig.* 82) qui a deux goulots

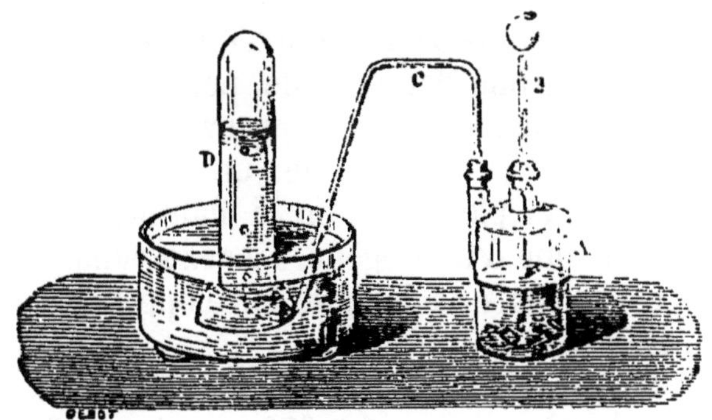

Fig. 82. — L'hydrogène se prépare en mettant dans un flacon de l'eau, du zinc et de l'acide sulfurique.

ou *tubulures*. Elles sont fermées par des bouchons dans lesquels s'engagent : 1° un tube droit terminé par un petit entonnoir B ; 2° un tube de dégagement C. On voit en D une éprouvette renversée qui était primitivement pleine d'eau.

Elle plonge dans un vase plein d'eau et recouvre l'extrémité du tube C.

Versons dans le tube B de l'*acide sulfurique* (huile de vitriol, composé de soufre et d'oxygène). L'eau bouillonne, il s'en dégage un gaz qui chasse l'air du flacon. Au bout de quelques minutes nous recueillons le gaz dans l'éprouvette ; c'est l'*hydrogène*.

Le zinc disparaît à la longue. Si nous versons dans un plat l'eau qui reste dans le flacon, elle s'évapore et on recueille un corps cristallisé primitivement dissous dans l'eau : le *sulfate de zinc* (composé d'acide sulfurique et d'oxyde de zinc).

Les corps qui se trouvaient, au début, dans le flacon étaient l'*eau* (composé d'oxygène et d'hydrogène), le *zinc*, l'*acide sulfurique*. Ceux que nous trouvons à la fin sont : l'hydrogène et le sulfate de zinc (composé de zinc, d'oxygène et d'acide sulfurique). Ce sont les mêmes éléments, mais associés d'une autre façon.

117. Propriétés. —L'hydrogène n'a ni couleur, ni odeur, ni saveur.

Il est *combustible*. Fermons sous l'eau, avec la main, une éprouvette pleine d'hydrogène. Approchons de son ouverture libre la flamme d'une allumette. Le gaz brûle avec une flamme pâle, peu visible.

L'hydrogène ne fait pas brûler d'autres corps. Attachons à un fil de fer un bout de bougie *b* (*fig.* 83) et plongeons-en la flamme dans l'éprouvette pleine d'hydrogène. Le gaz s'enflamme à l'ouverture, mais la bougie, enveloppée d'hydrogène, s'éteint.

Fig. 83.

L'hydrogène est le moins dense des gaz. Un litre d'hydrogène pèse $0^{gr},089$, quatorze fois moins qu'un litre d'air. Ce gaz est donc éminemment propre à remplir des aérostats. Gonflez une bulle de savon avec l'hydrogène, vous la verrez s'élever d'elle-même dans l'air.

118. Combustion de l'hydrogène. — *L'hydrogène forme de l'eau en se combinant avec l'oxygène.*

Un flacon *d* a son bouchon traversé par un tube droit à entonnoir *a* et par un tube de dégagement droit et effilé *b* (*fig.* 84). On y prépare de l'hy-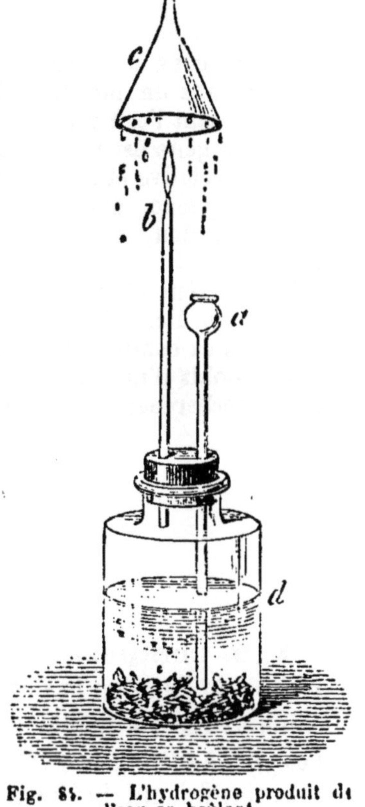drogène; le gaz se dégage librement dans l'atmosphère et on attend qu'il ait chassé du flacon l'air qui le remplissait. Approchons de l'extrémité effilée une flamme d'allumette, nous verrons l'hydrogène brûler sous forme d'une flamme pâle.

Plaçons au-dessus de cette flamme un corps froid, un entonnoir de verre. Celui-ci se recouvre d'une *buée* qui le ternit; il s'y forme des gouttes d'eau qui glissent sur le verre et tombent. C'est l'eau qui s'est formée sous nos yeux par la combustion de l'hydrogène.

L'expérience est plus correcte et réussit aussi bien si on prend soin de dessécher l'hydrogène avant de l'enflammer.

L'hydrogène mêlé à l'air détone si on l'enflamme; l'expérience se fait facilement en rem-

Fig. 84. — L'hydrogène produit de l'eau en brûlant.

plissant d'hydrogène le tiers d'une éprouvette, puis la soulevant de l'eau de façon à y laisser rentrer l'air. On la retourne, on enflamme le gaz et on entend une petite explosion.

L'explosion est bien plus forte si on prend une petite fiole de verre. On en remplit les deux tiers d'hydrogène, le dernier tiers, d'oxygène, et on le bouche.

L'approche d'une flamme suffit pour enflammer le mélange des deux gaz, si le bouchon est enlevé. L'explosion pourrait briser le flacon s'il était un peu grand. L'expérience demande à être faite avec prudence, en enveloppant le flacon dans un torchon.

RÉSUMÉ

L'hydrogène se retire de l'eau. On l'obtient en mettant des lames de zinc dans un mélange d'eau et d'acide sulfurique, ou bien en décomposant l'eau à l'aide de l'électricité.

L'hydrogène est un gaz qui ne se distingue de l'air que par sa légèreté relative et son inflammabilité. Il brûle au contact de l'air et de l'oxygène, quand on en approche une flamme. Il se produit une explosion, s'il est préalablement mélangé avec un de ces deux gaz.

L'hydrogène éteint les corps en combustion : il est incapable de les faire brûler, s'ils sont à l'abri de l'air. Dans tous les cas, le résultat de sa combinaison avec l'oxygène est l'*eau*. Sa faible densité (car le poids d'un litre d'hydrogène n'est que de huit centigrammes) le fait rechercher pour gonfler les ballons.

---

3. Eau.

119. Composition de l'eau. — Nous avons fait l'*analyse* de l'eau en la décomposant par un courant électrique. Nous avons vu qu'elle disparaissait, en laissant à sa place l'*oxygène* et l'*hydrogène*. Nous venons de faire la *synthèse* de l'eau en faisant brûler de l'hydrogène desséché dans l'air et constatant qu'il se forme de l'eau aux dépens de l'oxygène que l'air renferme.

L'eau n'est donc pas un corps simple, mais un *oxyde* d'hydrogène.

120. Eau pure. — L'*eau*, résultat de la combustion de l'hydrogène, est *pure*. On ne la trouve pas toujours ainsi dans la nature. Cependant on peut regarder comme eau pure : l'eau de pluie, les gouttes de rosée, l'eau qui provient de la fonte de la glace ou de la neige.

Remplissez de cette eau une cuiller d'argent bien poli et

chauffez-la sur une flamme. L'eau bout et disparaît à l'état de vapeur. Elle ne laisse sur l'argent aucune tache qui le ternisse. C'est une preuve de sa pureté ; elle ne contenait aucun corps en dissolution.

Eau de puits. — L'eau des puits, des rivières, soumise au même essai laisserait sur le métal une tache blanche. Il n'en peut être autrement. Ces eaux proviennent de la pluie, qui s'est infiltrée dans le sol et qui arrive au puits après des détours. Elle est restée, pendant ce temps-là, en contact avec des corps divers, et, parmi eux, il s'en trouve qu'elle peut dissoudre. Qu'elle rencontre, par exemple, dans l'intérieur de la terre, des masses de sel ; elle le dissout et prend de suite un goût salé. Le plus souvent, elle dissout les pierres qui ont la nature de la craie, du marbre, ce qu'on appelle du *carbonate de chaux ;* les eaux deviennent alors *calcaires.* D'autres fois, elle se charge de composés qui renferment du fer, et on a une eau *ferrugineuse.*

121. Eau potable. — Si l'eau dissout une petite quantité de ces substances, elle ne laisse pas d'être bonne à boire ; elle a même une saveur plus agréable que l'eau pure qui est fade. Mais, si elle est fortement chargée de ces corps étrangers, elle devient indigeste ; on ne peut plus l'employer à faire cuire les légumes, elle les rend durs, difficiles à digérer.

La première qualité d'une *eau potable* ou bonne à boire est d'être claire et limpide. Les eaux troubles tiennent, le plus souvent en suspension, des débris de végétaux et d'animaux qui peuvent les rendre malsaines.

Ces débris donnent, en se décomposant, des gaz qui communiquent au liquide une mauvaise odeur. Il faut être bien altéré pour boire de cette eau ; mieux vaut la rejeter.

QUESTIONNAIRE

Quelles sont les qualités d'une eau bonne à boire (121) ?
Comment reconnaît-on qu'une eau est indigeste ?
Comment filtre-t-on l'eau ? — Pourquoi faut-il la filtrer (122) ?
L'eau d'un fossé, d'une mare, est-elle potable ?

L'eau potable doit être *aérée*, c'est-à-dire, doit tenir de l'air en dissolution; l'eau bouillie, qui n'en contient plus, est indigeste.

Elle doit avoir une saveur agréable, et être fraîche; mais non pas froide. Il faut se défier de l'eau glacée comme boisson, surtout si on est en sueur.

Elle doit dissoudre facilement le savon. Si elle est très calcaire, très ferrugineuse, le savon y forme des grumeaux insolubles; cette eau ne peut servir pour faire des savonnages; les ménagères préfèrent pour cet usage les eaux pluviales. Cependant, si on n'avait pas d'autre eau, on pourrait employer une eau calcaire en y faisant dissoudre, au préalable, un peu de soude du commerce.

122. — Les eaux que l'on boit devraient toujours être filtrées. Le filtrage en grand se fait dans une cuve à double fond E (*fig.* 85). Deux cloisons *b, d*, percées de trous, la séparent en trois compartiments. Entre les cloisons se trouvent deux couches de sable *s* séparées par une couche de charbon de bois *c*. L'eau est versée en A; elle filtre au travers du sable et du charbon et remplit ensuite le compartiment B, après s'être clarifiée en traversant le sable et purifiée par son contact avec le charbon. Les filtres de ménage ont des dimensions moindres et peuvent être faits avec un seau en zinc, muni d'un robinet. Il faut renouveler tous les ans les couches de sable et de charbon.

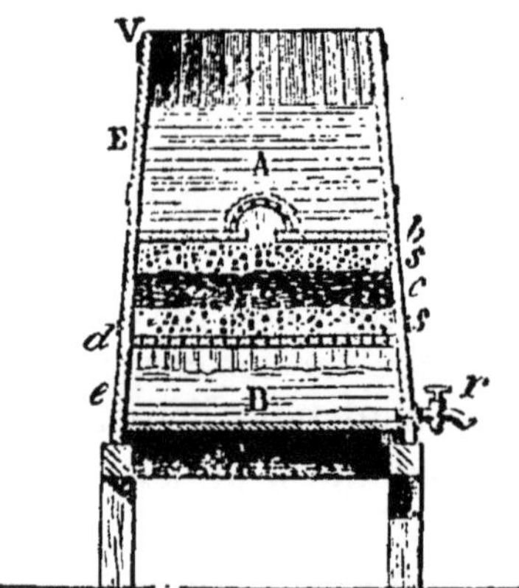

Fig. 85. — Appareil à filtrer l'eau. — L'eau se clarifie en traversant les couches de sable *s* et de charbon *c*.

123. Eau distillée. — Les eaux naturelles, transformées en vapeurs, puis condensées de nouveau, donnent l'eau pure ou distillée. Il est facile d'improviser un appareil qui donne une petite quantité d'eau distillée. On met de l'eau ordinaire dans un ballon *a* (*fig.* 86) ; le bouchon qui le ferme est traversé par un tube de verre recourbé deux fois *b*, il plonge dans un tuyau de fer-blanc *c* fermé également par un bouchon. Celui-ci est traversé en outre par un bout de tube de verre ouvert aux deux bouts ; par là se dégage l'excès de vapeur. Le vase de fer-blanc est entouré par l'eau qui remplit le vase *d*.

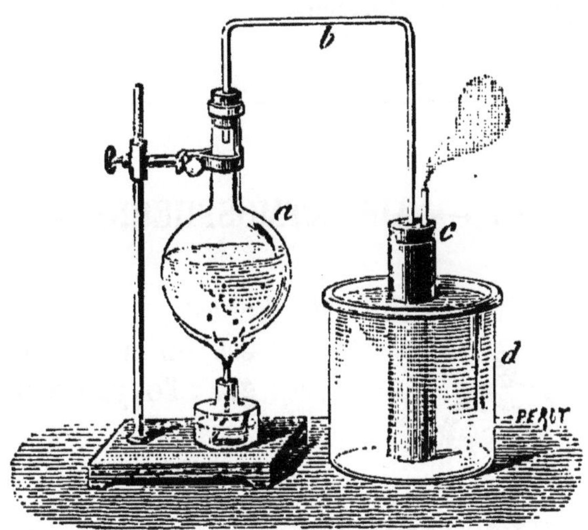

Fig. 86. — Appareil à distiller l'eau.

Faisons bouillir l'eau du ballon *a* : les vapeurs qui s'en dégagent se rendent dans le tuyau *c*, elles y sont refroidies et reprennent la forme liquide. L'eau qui s'accumule dans ce tuyau est de l'eau pure.

RÉSUMÉ

L'eau est un composé d'oxygène et d'hydrogène.

Si on brûle de l'hydrogène pur dans de l'oxygène pur, on a de l'eau pure.

On la trouve telle dans la rosée, l'eau de pluie.

L'eau des puits et des rivières, et surtout l'eau de mer, n'est pas pure, parce qu'elle renferme en dissolution des corps solides, qui lui donnent un goût et des qualités particulières. L'eau de mer contient du sel ; les eaux naturelles, des composés de chaux ou de fer.

Quand elles en renferment trop, elles sont indigestes. En même temps, elles ne dissolvent plus le savon; ce qui peut les faire reconnaître.

L'eau bonne à boire est limpide, fraîche, d'un goût agréable : elle tient de l'air en dissolution. Elle n'a pas d'odeur.

Les eaux naturelles sont souvent troubles, ou bien, elles ont une mauvaise odeur. Il faut toujours filtrer sur du sable et du charbon les eaux que l'on boit.

On transforme les eaux naturelles en eau pure, en les *distillant*, c'est-à-dire en les faisant bouillir, et refroidissant, pour les liquéfier, les vapeurs qu'elles forment.

II. — AIR ATMOSPHÉRIQUE

Lavoisier, illustre chimiste français, a démontré que l'air est un mélange de deux gaz : l'oxygène et l'azote.

Fig. 87. — On fait brûler du phosphore sous une cloche de verre pleine d'air; la combustion terminée, il ne reste plus que l'azote dans la cloche.

124. Azote. — Pour préparer l'azote, nous mettons un petit têt de terre sur un morceau de liège qui flotte sur l'eau (*fig.* 87). Nous enflammons un morceau de phosphore placé dans ce têt et nous recouvrons le tout d'une grande cloche de verre qui plonge dans l'eau.

Le phosphore brûle et produit de l'acide phosphorique avec l'oxygène de l'air; un nuage blanc remplit la cloche, puis il disparaît en se dissolvant dans l'eau. La formation de l'acide phosphorique prouve que l'air renferme l'oxygène.

L'eau monte progressivement dans la cloche, et en remplit

le *cinquième*. Ce qui reste au-dessus de l'eau, c'est l'*azote*.

Si nous faisons passer une partie du gaz dans des éprouvettes pleines d'eau, nous reconnaîtrons que l'azote est un gaz qui n'a aucune odeur, saveur ou couleur particulières.

Il n'est pas combustible. Il éteint les corps qui brûlent, une bougie allumée s'éteint dans une éprouvette pleine d'azote (*fig.* 88). Ces deux caractères le distinguent de l'air et de l'hydrogène.

Ce gaz n'est pas vénéneux, mais aucun animal ne peut vivre dans une atmosphère d'azote pur, il meurt asphyxié.

Fig. 88.

125. Air atmosphérique. — L'air atmosphérique est un mélange d'oxygène, d'azote, d'acide carbonique, de vapeur d'eau. On trouve, dans 100 litres d'air, $20^l,8$ d'oxygène et $79^l,2$ d'azote, ou, en nombres ronds, *un cinquième* d'oxygène et *quatre cinquièmes* d'azote.

En poids, sur 100 grammes d'air, il y a 23 grammes d'oxygène et 77 d'azote. On ne trouve pas plus de 5 à 8 litres d'acide carbonique dans 10 mètres cubes (10 000 litres) d'air. Le poids de vapeur d'eau répandue dans l'air est très variable.

Les chimistes ne considèrent pas l'air, comme un composé d'oxygène et d'azote, mais comme un simple mélange de ces deux gaz, chacun d'eux conservant dans le mélange ses propriétés individuelles.

126. Combustion. — L'air renfermant de l'oxygène *libre*, qui n'est combiné à aucun autre corps, entretient la combustion du charbon, de l'hydrogène, du phosphore, du soufre. Nos combustibles industriels sont des composés de

Quels sont les gaz qui composent l'air atmosphérique ? — Sont-ils combinés entre eux (125)?

Combien y a-t-il de litres d'oxygène et d'azote dans un mètre cube d'air; combien d'acide carbonique ?

8.

charbon et d'hydrogène. Lorsqu'ils brûlent, l'hydrogène se transforme en eau; le charbon, en acide carbonique.

Mais, pour les faire brûler, il faut les chauffer au rouge en les maintenant en présence de l'air. Il faut donc se procurer d'abord de la chaleur. Sans elle, on ne peut allumer de feu.

Pour cela on a recours au frottement de deux corps.

Battre le briquet, c'est frapper une pierre à fusil avec un morceau d'acier; le choc détache des particules de métal et les échauffe assez pour les rendre incandescentes; elles forment des étincelles qui tombent sur un morceau d'amadou placé sur la pierre et le font brûler.

Le frottement d'une allumette chimique sur du papier de verre échauffe le phosphore et l'enflamme. La chaleur qu'il produit en brûlant fait fondre et enflamme le soufre de l'allumette; puis le bois brûle. La flamme du bois, c'est un gaz rendu incandescent par la chaleur.

Approchons cette flamme d'un morceau de papier. La chaleur le décompose en un charbon noir qui brûle difficilement, et en des gaz combustibles qui forment une large flamme. On s'en servira pour échauffer des broussailles et pour les faire brûler en produisant une flamme plus large encore. Les gros morceaux de bois et de charbon sont attaqués à leur tour, la combustion s'étend et devient de plus en plus vive à mesure que la chaleur se répartit dans toute la masse : le feu est allumé.

Pour que la combustion soit active et durable, il faut renouveler l'air autour du combustible; car celui-ci a bientôt fait disparaître l'oxygène et il s'éteint si ce gaz vient à manquer. Rappelez-vous, en effet, qu'on éteint le charbon rouge en l'enfermant dans une boîte de tôle bien close.

Les soufflets nous servent à amener de l'air frais au contact du charbon, et on s'aperçoit à l'éclat qu'ils prennent, à leur disparition rapide, de l'effet produit par ce courant d'air; leur température est plus élevée : C'est pour cela que dans un atelier de maréchal vous voyez un soufflet à côté de la forge. Sans lui, la combustion du charbon ne serait pas assez vive pour faire rougir fortement une barre de fer.

Le tirage de la cheminée détermine sur le bois ou le charbon un courant d'air qui active le feu; il entraîne avec lui la fumée dans le tuyau de la cheminée. La suie se dépose à la longue à l'intérieur. C'est un corps combustible qu'il faut enlever de temps à autre, pour éviter qu'il ne prenne feu.

Veut-on une combustion lente? On recouvre le charbon de cendres qui en éloignent l'air. La chaleur des charbons se conserve, parce que la chaleur traverse difficilement une couche de cendres. Le charbon brûle encore, mais lentement.

127. Ventilation. — L'air est le seul gaz capable d'entretenir dans des conditions normales la respiration de l'homme et des animaux. Il ne le fait qu'en perdant une partie de son oxygène qui lui est restitué à l'état d'acide carbonique.

Un homme fait, en moyenne, disparaître en une heure l'oxygène de 90 litres d'air. S'il vivait dans une chambre close, dont l'air ne se renouvellerait pas, il aurait promptement consommé l'oxygène qui s'y trouve et mourrait asphyxié.

Une salle habitée par un grand nombre de personnes ou d'enfants n'est plus saine au bout d'un certain temps, si on n'a pas pris des dispositions pour que l'air vicié par la respiration s'échappe, tandis que de l'air frais arrive du dehors.

Et le renouvellement doit être rapide; car il faut verser dans la salle de 15 à 20 mètres cubes d'air frais par heure et par élève, si on est dans une école; de 30 à 40 pour des adultes; de 70 à 150 dans les hôpitaux.

Les bougies, les becs de gaz qui servent à l'éclairage contribuent également à vicier l'air de nos appartements, car la combustion de la bougie ou du gaz ne peut se faire qu'en consommant l'oxygène de l'air.

128. — L'acide carbonique répandu dans l'air sert à nourrir les plantes. Tout le charbon que l'on peut retirer d'un arbre a été, à un certain moment, disséminé dans l'atmosphère sous forme d'acide carbonique.

Enfin, nous savons que la vapeur d'eau qui existe dans l'air joue un rôle important : en modérant l'évaporation qui se fait à la surface des plantes ; en les entretenant fraîches par les rosées qui se déposent sur leurs feuilles. C'est elle qui, par les nuages, les brouillards, engendre les pluies, et alimente les rivières et les fleuves.

L'azote paraît servir à modérer l'action trop active de l'oxygène. Mais, de plus, il entre comme un élément essentiel dans les substances qui forment le végétal ou le corps des animaux ; son importance est par là très grande.

QUESTIONNAIRE

Par quoi sont produits les feux de cheminée (126)?
Pourquoi respire-t-on mal dans une salle fermée dans laquelle se trouvent beaucoup de personnes (127)?
A quoi sert l'oxygène de l'air? — A quoi servent l'acide carbonique et la vapeur d'eau qui se trouvent dans l'atmosphère (128)?

RÉSUMÉ

L'air atmosphérique est un mélange d'oxygène et d'azote ; on y trouve un peu d'acide carbonique et une quantité variable de vapeur d'eau. Le volume d'oxygène est, environ, le *cinquième* de celui de l'air.

Azote. — L'azote est le gaz qui reste lorsqu'on a fait brûler du phosphore dans une masse d'air qui ne peut se renouveler. Son volume est les *quatre cinquièmes* de celui de l'air.

L'azote ne peut entretenir la combustion des corps, ni la respiration des animaux. Il n'est pas combustible.

Combustion. — Les corps, tels que le bois, le charbon, brûlent dans l'air, parce qu'ils y trouvent de l'oxygène libre, c'est-à-dire qui n'est pas combiné avec d'autres corps. Il faut pour cela qu'ils soient chauffés fortement.

La combustion, une fois commencée, continue tant qu'il y a du combustible, à la condition de faire arriver de nouvelles masses d'air frais, soit a l'aide de soufflets, soit par le tirage des cheminées. Si le courant d'air est énergique, la combustion est très vive. Si on le supprime, la combustion devient languissante ou cesse.

Les animaux et l'homme respirent dans l'air et seulement dans ce gaz, parce qu'ils y trouvent de l'oxygène. L'air se trouve vicié par la respiration; il doit être renouvelé pour que la respiration se fasse bien.

Les plantes se nourrissent de l'acide carbonique qui est dans l'air. La vapeur d'eau qui s'y trouve sert au développement des plantes et alimente, par les pluies, les divers cours d'eau qui arrosent le globe.

III. — MÉTALLOIDES

—

1. Carbone.

129. — Les chimistes appellent *carbone* le charbon pur. Malgré les aspects divers sous lesquels il se présente, ils le reconnaissent à ce que, chauffé dans l'oxygène, il s'unit à ce gaz et forme de l'*acide carbonique*.

130. Diamant. — Le diamant est la forme la plus pure du carbone. On le trouve cristallisé, et nous avons représenté (*fig*. 89) une de ses formes naturelles. Il est ordinairement transparent. Sa dureté est telle, qu'il raye tous les corps et n'est rayé par aucun. Le choc d'un marteau le réduit en poussière; il en est de même du frottement de deux diamants. On se sert de cette poussière pour tailler et polir

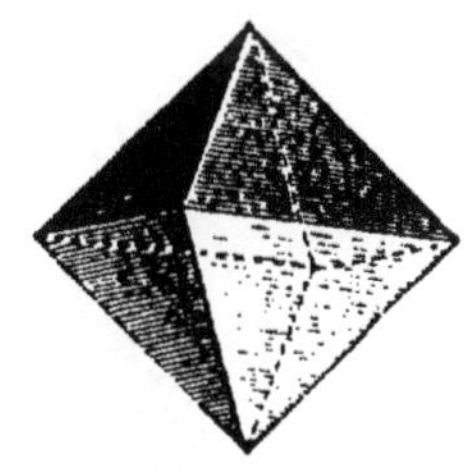

Fig. 89. — Forme naturelle du diamant.

le diamant. Les diamants se trouvent dans l'Inde, au Brésil, au Cap. Ils sont dans des amas de sable. Les gros diamants sont rares. On en fait des parures d'un grand prix. Le Régent, le plus beau que possède la France, pèse environ 27 grammes. il est estimé 8 millions.

Le diamant chauffé fortement dans l'air ou l'oxygène disparaît complètement, et se transforme en acide carbonique, comme le charbon le plus vulgaire.

131. Graphite ou plombagine. — La plombagine est un charbon presque pur, gris, ayant le toucher gras ; elle tache le papier en noir. Elle brûle difficilement, et produit alors de l'acide carbonique. Les crayons, dits à la *mine de plomb*, sont formés avec une pâte de plombagine et d'argile délayées dans une dissolution de gomme; on la renferme dans un étui en bois.

On frotte de plombagine la surface des objets de fonte ou de fer pour les préserver de la rouille.

132. Charbon de bois. — Les charbonniers, installés dans une forêt, font, avec des branches d'arbres, des meules circulaires qu'ils recouvrent de terre gazonnée (*fig.* 90). Ils

Fig. 90. — Fabrication du charbon de bois dans des meules recouvertes de terre gazonnée. (Vue extérieure d'une meule.)

ont laissé au centre une cheminée ou cavité qu'ils remplissent de broussailles (*fig.* 91); ils y mettent le feu. La combustion de ces branchages échauffe toute la meule. La chaleur décompose le bois en charbon et en gaz combustibles qui se dégagent. Ce sont eux qui forment la flamme du bois lorsqu'on le brûle dans nos cheminées.

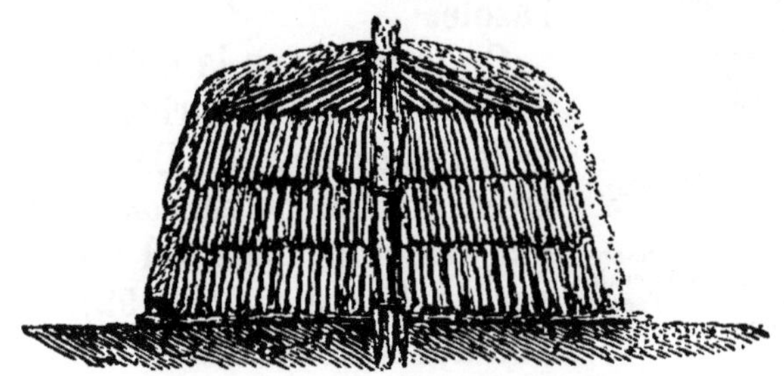

Fig. 91. — Vue intérieure d'une meule.

Le charbonnier bouche toutes les ouvertures par lesquelles l'air aurait accès dans la meule. Le charbon ne peut brûler en l'absence de l'air; il achève de se produire. On détruit la meule quand elle est refroidie. Le charbon conserve la forme du bois; il brûle sans donner de flamme et se transforme alors en acide carbonique. Comme ce n'est pas du charbon pur, il laisse des cendres après sa combustion.

Propriétés désinfectantes du charbon. — Le charbon de bois, qui est percé de trous très fins, a la propriété d'absorber les gaz qui se logent dans ces trous et n'en sortent plus. De là l'emploi déjà signalé du charbon pour désinfecter l'eau.

Lorsque la viande que l'on fait cuire a, en été, une très légère odeur, on la fait disparaître en mettant quelques charbons rouges dans l'eau qui sert à la cuisson. Les charbons absorbent les gaz qui donnaient à la viande sa mauvaise odeur.

Pourquoi recouvre-t-on de terre gazonnée les meules de bois que l'on veut convertir en charbon (132)?

Comment brûle-t-il? Quel gaz produit-il en brûlant?

Pourquoi dit-on que ce n'est pas du carbone pur?

133. Acide carbonique. — Nous savons que l'acide carbonique s'obtient en brûlant du charbon dans l'oxygène. Si on le brûle dans l'air, l'acide carbonique est mêlé avec l'azote.

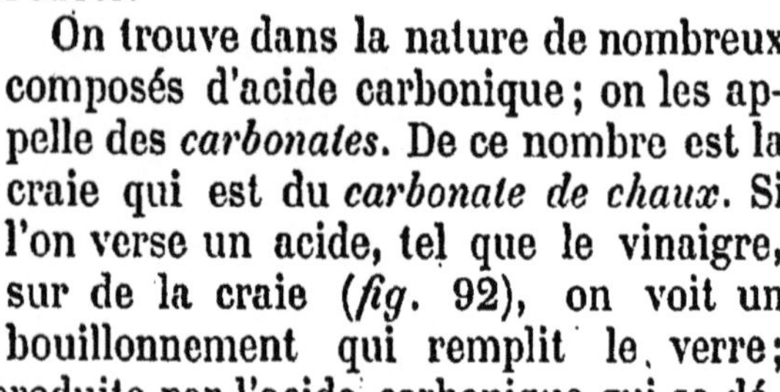

Fig. 92. — En versant un acide sur de la craie on produit de l'acide carbonique.

On trouve dans la nature de nombreux composés d'acide carbonique; on les appelle des *carbonates*. De ce nombre est la craie qui est du *carbonate de chaux*. Si l'on verse un acide, tel que le vinaigre, sur de la craie (*fig.* 92), on voit un bouillonnement qui remplit le verre; cette mousse est produite par l'acide carbonique qui se dégage de la craie.

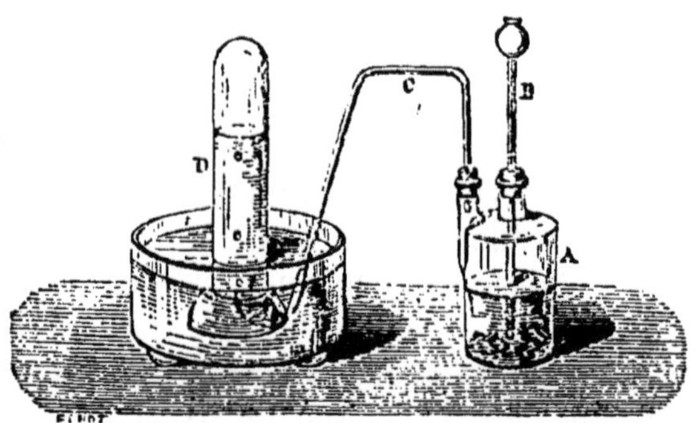

Fig. 93. — Préparation de l'acide carbonique.

134. Préparation. — Prenons l'appareil qui nous a servi à préparer l'hydrogène (*fig.* 93). Mettons dans le flacon A des morceaux de marbre ou de craie, et un peu d'eau. Versons, par le tube à entonnoir B, de l'acide sulfurique (ou mieux de l'acide chlorhydrique) en petite quantité. Des bulles de gaz se dégagent et font bouillonner l'eau, et bientôt l'éprouvette D est pleine d'acide carbonique.

QUESTIONNAIRE

Qu'est-ce que le carbonate de chaux ? — Quel est son nom vulgaire ? — Quels sont les deux corps qui le forment par leur combinaison (133) ? — Comment en retire-t-on l'acide carbonique (134) ?

Nous avons mis dans le flacon de l'acide sulfurique et de la craie, qui est un composé d'acide carbonique et de chaux, appelé *carbonate de chaux*.

L'acide sulfurique chasse l'acide carbonique et en prend la place. Il reste dans le flacon un composé d'acide sulfurique et de chaux, appelé *sulfate de chaux*.

135. Propriétés. — L'acide carbonique n'a pas de couleur, mais il a une saveur aigrelette et une petite odeur de vin.

L'acide carbonique éteint les corps qui brûlent. On le constate en plongeant une bougie allumée dans une éprouvette pleine de ce gaz et en la voyant s'éteindre.

L'acide carbonique asphyxie les animaux ; ce n'est pas un poison. Il agit là comme le feraient tous les gaz, si on en excepte l'air et l'oxygène.

Ce gaz n'est pas combustible.

Un litre de ce gaz pèse une fois et demie autant que l'air. Répandu dans l'atmosphère, il tombe d'abord près du sol et s'y accumule.

Versons sur une bougie allumée le contenu d'une éprouvette pleine d'acide carbonique, la flamme s'éteint.

Le sol laisse parfois se dégager de l'acide carbonique ; il s'accumule dans les puits, dans les caves et en rend l'air irrespirable. Voit-on, en entrant dans une cave, s'éteindre une chandelle allumée que l'on tient à la main ? il faut s'arrêter et n'y pénétrer que lorsqu'on aura pu en renouveler l'air.

Versons dans une éprouvette pleine d'acide carbonique de l'eau qui a séjourné sur de la chaux. On lui donne le nom d'*eau de chaux ;* c'est une dissolution de chaux dans l'eau. Agitons l'éprouvette ; ce liquide, qui était transparent, devient blanc comme du lait. La chaux et le gaz se sont réunis pour former du *carbonate de chaux*, une sorte de craie, dont

QUESTIONNAIRE

Quelle est l'odeur de l'acide carbonique et sa saveur (135) ?
Comment prépare-t-on l'acide carbonique à l'aide du charbon ?
Comment reconnaît-on qu'un puits est rempli d'acide carbonique ?

la poussière flotte dans l'eau et la rend blanche. C'est ainsi qu'on reconnaît l'acide carbonique.

Veut-on montrer qu'il y a de l'acide carbonique dans l'air? Versons de l'eau de chaux dans un verre et abandonnons-le à l'air. Il se forme à sa surface une pellicule blanche de carbonate de chaux.

L'air qui sort de nos poumons renferme de l'acide carbonique. Pour s'en assurer, mettons de l'eau de chaux dans un verre (*fig.* 94), et soufflons dans cette eau à l'aide d'une paille; le liquide se trouble et devient blanc. Il s'est encore formé du carbonate de chaux.

Tous les animaux rejettent dans l'atmosphère de l'acide carbonique. Toutes les fois que nous brûlons du bois, de la houille, de l'huile, des graisses, nous produisons de l'acide carbonique qui se mêle à l'air.

L'acide carbonique est soluble dans l'eau. Ce liquide en dissout une grande quantité si, à l'aide d'une pompe on refoule le gaz au-dessus de l'eau, dans un vase fermé. Cette dissolution, conservée dans des bouteilles dont le bouchon est ficelé au goulot, porte le nom d'*eau de Seltz*.

Fig. 94. — L'homme produit de l'acide carbonique en respirant.

Il existe un composé d'oxygène et de carbone, différent de l'acide carbonique; car il brûle avec une flamme bleue. C'est l'*oxyde de carbone*.

Il se forme dans nos fourneaux de cuisine, dans les chaufferettes, les fers à repasser, toutes les fois que la combustion du carbone est languissante, par défaut d'oxygène.

C'est un gaz vénéneux et qui tue si on le respire en trop grande quantité. C'est lui qui joue le rôle le plus funeste dans les asphyxies par le charbon.

Le *gaz d'éclairage* est un mélange de composés d'hydrogène et de carbone : ce qu'on appelle des *hydrogènes car-bonés*. C'est le produit de la *distillation* de la houille, c'est-à-dire, de son échauffement, à l'abri de l'air, dans des vases fermés. En brûlant, le gaz d'éclairage se transforme en vapeur d'eau et en acide carbonique, résultat de la combustion de l'hydrogène et du carbone.

QUESTIONNAIRE

Comment se fait-il qu'il y ait de l'acide carbonique dans l'air (135)?

A quoi reconnaît-on l'acide carbonique; par exemple, comment le distingue-t-on de l'air, de l'oxygène, de l'hydrogène, de l'azote?

Comment s'assure-t-on que nous produisons de l'acide carbonique en respirant?

A quoi sert l'acide carbonique qui est dans l'air?

Qu'est-ce que l'eau de Seltz?

Qu'est-ce que l'oxyde de carbone (135)?

RÉSUMÉ

Le charbon pur ou *carbone* se reconnaît à ce qu'il brûle dans l'oxygène en produisant de l'acide carbonique.

On le trouve à l'état de pureté dans le *diamant*. Ce corps a une forme géométrique; on dit qu'il est *cristallisé*. Transparent, très dur, on le recherche pour faire des parures. Sa rareté explique son prix élevé.

Le *graphite* avec lequel on fait des crayons est encore un charbon pur.

On retire du bois, chauffé à l'abri de l'air, un charbon qui brûle sans flammes, en laissant un résidu de cendres.

Le charbon de bois absorbe les gaz et sert à désinfecter l'eau croupie.

L'*acide carbonique* s'obtient en faisant brûler du charbon dans l'oxygène, ou en décomposant la craie (*carbonate de chaux*) par un acide.

Ce gaz a une odeur de vin et une saveur aigrelette. Il ne brûle pas. Il éteint les corps en combustion et asphyxie les animaux. On le reconnaît à ce qu'il *rend blanche l'eau de chaux*.

L'acide carbonique est un produit de la respiration des animaux. Il sert à nourrir les plantes.

L'*oxyde de carbone* est un composé de carbone et d'oxygène qui brûle avec une flamme bleue. Il tue l'homme et les animaux qui le respirent.

Le *gaz d'éclairage* est un composé de carbone et d'hydrogène. On l'obtient en chauffant la houille. Il brûle à l'air avec une belle flamme. Mélangé avec ce gaz, il produit une explosion en brûlant.

2. Soufre. — Phosphore. — Chlore.

136. Soufre. — Le soufre se trouve dans le voisinage des volcans ; il nous vient de Sicile. Ce corps se trouve dans le commerce sous forme de bâtons appelés *canons* de soufre, et aussi en poussière fine : la *fleur de soufre*.

Sa couleur est jaune citron ; le frottement d'une étoffe de laine l'électrise. La chaleur le pénètre mal ; on le brise en le plongeant dans l'eau bouillante. Il fond facilement ; il est d'abord transparent, jaunâtre, très liquide. Plus tard, il devient rouge foncé, épais, et il ne tombe pas si on retourne le vase qui le renferme. Plus tard encore il entre en ébullition ; sa vapeur est rouge. Tout cela se voit en faisant fondre le soufre dans un petit ballon de verre.

Disons que le soufre sert à la fabrication des allumettes, de la poudre à canon, des acides sulfureux et sulfurique.

La fleur de soufre, répandue sur les feuilles de vigne, empêche le développement d'un petit champignon qui rend la vigne malade.

Le soufre chauffé à l'air s'enflamme avant d'arriver à son point d'ébullition. Sa flamme est bleue. Le gaz qu'il forme, en s'unissant à l'oxygène, est l'*acide sulfureux*.

L'odeur de ce gaz est bien connue de tous ceux qui ont enflammé une allumette soufrée.

Le soufre forme avec l'oxygène un autre composé, l'*acide sulfurique*. C'est un liquide corrosif qui est d'une très grande importance dans la chimie industrielle.

Le composé de soufre et d'hydrogène, l'*hydrogène sulfuré*, existe dans les œufs pourris, dans les fosses d'aisances, et il leur donne sa détestable odeur.

C'est un gaz vénéneux.

137. Phosphore. — Le phosphore a la remarquable propriété de répandre, dans l'obscurité, une faible lumière. Frottez légèrement une allumette sur du papier ; vous verrez, pendant la nuit, une trace lumineuse partout où elle a passé. Cette lumière est le résultat de la combinaison qui se fait entre le phosphore et l'oxygène. La lueur disparaîtrait si l'on plaçait le phosphore dans l'hydrogène.

L'odeur d'ail des allumettes est due au phosphore. Ce corps s'enflamme facilement, puisqu'il suffit pour cela de le frotter. Aussi doit-on le manier avec prudence, car ses brûlures guérissent difficilement. De plus, c'est un violent poison.

Les allumettes se fabriquent avec de petites baguettes que l'on trempe d'abord dans du soufre fondu et, plus tard, dans une pâte formée de phosphore et de sable délayés dans une dissolution de colle. Il ne faut pas laisser traîner partout les allumettes. Elles renferment un poison, et, de plus, on peut, en marchant dessus, déterminer leur inflammation et causer un incendie.

Une variété de phosphore, le *phosphore rouge*, n'est pas vénéneux. Il sert à fabriquer des allumettes qui sont sans danger.

138. Chlore. — Le chlore est un gaz jaune verdâtre, d'une odeur désagréable, dangereux à respirer. On trouve dans le commerce un corps blanc, appelé *chlorure de chaux*, qui a certaines propriétés du chlore.

Pour montrer aux élèves la couleur du chlore, il suffit de mettre au fond d'une éprouvette un peu de chlorure de chaux et de l'arroser avec du vinaigre, ou tout autre acide mêlé à l'eau. L'éprouvette se remplit d'un gaz verdâtre.

L'eau dissout le chlorure de chaux. Mettons-en dans une bouteille une certaine quantité avec de l'eau et bouchons la bouteille, en agitant de temps à autre. Au bout d'un certain temps, l'eau qui était blanche redevient incolore, et on peut la verser dans un autre flacon.

139. *Pouvoir décolorant du chlore.* — Colorons de l'eau avec de l'encre et versons-y un peu de la dissolution limpide de chlorure de chaux, l'eau devient incolore. Le chlore a en effet la propriété de détruire toutes les couleurs d'origine végétale.

Le chlorure de chaux est employé dans l'industrie pour blanchir les étoffes de lin, de chanvre, de coton. Il ne faut pas en abuser, car il détruirait le tissu. Son action destructive est si grande sur la laine et la soie, qu'on ne blanchit jamais leurs tissus avec le chlore.

140. *Pouvoir désinfectant du chlore.* — Le chlorure de chaux est souvent employé pour désinfecter l'air. La présence d'un cadavre, le voisinage des latrines, des urinoirs, suffisent pour répandre dans l'air des gaz malsains, d'une odeur désagréable. On les détruit en plaçant dans les endroits infectés des plats couverts de chlorure de chaux humecté avec de l'eau. On répand de même ce corps en poudre dans les urinoirs et on en met dans les salles d'hôpitaux. La faible quantité de chlore qui se dégage à chaque instant du chlorure de chaux suffit pour détruire les gaz odorants ou les gaz malsains, chargés de *miasmes* capables de propager les maladies.

L'*acide chlorhydrique*, que l'on emploie fréquemment en chimie, est un composé de *chlore* et d'*hydrogène*.

141. — Les corps simples que nous avons étudiés jusqu'ici sont des métalloïdes.

Nous citerons encore parmi les composés qu'ils forment :

1° L'*ammoniaque*, composé d'hydrogène et d'azote. Son odeur est vive et pénétrante. On la sent dans les urinoirs, car l'ammoniaque se forme pendant la putréfaction de l'urine.

Le fumier de ferme doit ses propriétés fertilisantes au *carbonate d'ammoniaque* (composé d'acide carbonique et d'ammoniaque) qu'il renferme.

2° L'*acide azotique* est un composé d'azote et d'oxygène. C'est un liquide très corrosif qui, mélangé avec l'eau, porte le nom d'eau-forte et sert à nettoyer le cuivre. C'est un violent poison.

QUESTIONNAIRE

Donner les propriétés générales du soufre (136).
Faire connaître les propriétés du chlore (137).
A quoi reconnaît-on le chlore. — Comment peut-on le préparer (138) ?
Quel est l'emploi du chlorure de chaux dans une fabrique de toile (139)?
— dans un hôpital, — dans les urinoirs (140)?
Qu'est-ce que l'ammoniaque? — Où la trouve-t-on (141)?
Qu'est-ce que l'acide azotique? — Qu'est-ce que l'*eau-forte?* — A quoi
sert-elle ?

RÉSUMÉ

Soufre. — Le soufre est un produit des volcans que l'on exploite
en Sicile.

Il est jaune, il fond facilement et s'enflamme de même. Il brûle
avec une flamme bleue en répandant une odeur désagréable, qui
est celle de l'*acide sulfureux.*

Ce dernier corps est un gaz que l'on reconnaît à son odeur.

L'acide sulfurique est un autre composé de soufre et d'oxygène.

Phosphore. — Le phosphore est un corps mou; il a une odeur
d'ail et répand dans l'obscurité une faible lumière, pourvu qu'il soit
exposé à l'air; car, il se combine alors avec l'oxygène.

C'est un corps très inflammable. Un léger frottement l'échauffe
assez pour qu'il brûle à l'air.

Le phosphore est, en outre, un poison violent. On l'emploie à la
fabrication des allumettes chimiques.

Chlore. — Le chlore est un gaz de couleur verdâtre.

Le *chlorure de chaux,* que l'on trouve chez les droguistes, doit au
chlore qu'il renferme ses propriétés décolorantes et désinfectantes.
Ce corps laisse échapper le chlore, quand on l'arrose avec de l'eau
acidulée, ou lorsqu'il est simplement exposé à l'air.

Le chlorure de chaux dissous dans l'eau sert à blanchir les tissus
d'origine végétale (lin, chanvre, coton).

On s'en sert pour désinfecter les urinoirs, les lieux d'aisances; et,
en temps d'épidémie, pour assainir l'air. Ce gaz transporte souvent
des substances végétales ou animales qui sont les germes des maladies, et qu'on appelle des *miasmes;* le chlore les détruit.

IV. — MÉTAUX

142. Métaux. — Les métaux sont des corps simples qui peuvent recevoir un beau poli. L'éclat qu'ils prennent est alors assez grand pour qu'ils puissent servir de miroir. Il est difficile de les rompre, de les scier ou de les limer.

Certains métaux, tels que le fer, le cuivre, l'or, l'argent, s'étirent en fils plus ou moins fins. On les dit *ductiles*.

Le fer, le cuivre, le zinc, le plomb et les métaux précieux peuvent s'étendre en lames minces. Ce sont des métaux *malléables*.

Les métaux laminés ou étirés en fils sont cassants, élastiques, difficiles à courber. On les rend plus maniables en les chauffant dans un four, ce qui s'appelle les *recuire*.

143. Fer. — Le fer est le métal le plus utile. Il est difficile à briser. Un fil de fer d'un millimètre de diamètre supporte sans se rompre un poids de 60 kilogrammes, tandis qu'un fil de plomb de semblables dimensions se rompt sous une charge de 2 kilogrammes. Le fer a de plus la propriété de se ramollir quand on le chauffe, ce qui permet de le façonner au marteau. Deux barres de fer chauffées au rouge et martelées se soudent en un seul morceau.

Le fer est un métal blanc qui se laisse polir. Il ne fond qu'à une température très élevée. L'aimant l'attire.

Le fer chauffé au rouge s'oxyde, c'est-à-dire s'unit à l'oxygène. Lorsque le forgeron frappe un fer rouge avec son mar-

QUESTIONNAIRE

A quoi reconnaît-on les métaux (142)?
Quels sont les métaux qui s'étirent en fils?
Quels sont les métaux que l'on trouve dans le commerce, en lames ou en feuilles (142).
Pourquoi recuit-on le fil de fer après sa fabrication?
A quels caractères reconnaît-on le fer (143)?
Quelles sont les qualités qui en font le métal le plus utile?

teau, il s'en dégage des paillettes incandescentes qui tombent à terre. Ce n'est plus du fer, mais de l'oxyde de fer.

La *rouille* est également de l'oxyde de fer. Elle se forme continuellement, quand le fer est dans l'air humide et elle ronge sans cesse le métal. Au bout des années, une barre de fer est coupée par la rouille. On l'empêche de se former, en recouvrant le fer d'une couche d'huile ou de peinture.

144. Fonte. — La fonte n'est pas du fer pur, mais un composé de fer et de charbon. Elle fond à un bon feu de forge; et, si on la coule dans des moules de sable, on fabrique une multitude d'objets tels que des marmites, des balcons, des colonnes de soutien, etc. La fonte est plus cassante que le fer. C'est pourquoi on ne peut marteler la fonte ni la laminer; mais on la travaille à la lime et au tour.

145. Acier. — L'acier est encore un composé de fer et de charbon; il renferme moins de charbon que la fonte. Il ne fond qu'à une température très élevée. L'acier qui a été chauffé au rouge, se laisse travailler au marteau et à la lime, comme le fer.

Si on le chauffe au rouge et qu'on le refroidisse brusquement en le plongeant dans l'eau froide, on a *l'acier trempé*. Il est devenu très dur, la lime ne l'attaque plus; il est très élastique et très cassant. Une lame de canif en acier trempé se brise si on cherche à la courber.

L'acier est un métal blanc qui peut prendre un beau poli. Sa dureté le fait rechercher pour la fabrication des rails de chemins de fer.

L'acier trempé sert à fabriquer les limes, les rasoirs, et en général tous les outils avec lesquels on travaille le bois et les

QUESTIONNAIRE

Qu'est-ce que la rouille? Comment préserve-t-on le fer de la rouille (143)?
En quoi la fonte diffère-t-elle du fer? — A quoi sert-elle (144)?
Qu'est-ce que l'acier (145)?
Qu'appelle-t-on *tremper* l'acier?
Quelle différence existe-il entre l'acier trempé et celui qui ne l'est pas?
— A quoi sert l'acier?

métaux. Sa grande élasticité le fait employer à la fabrication des ressorts.

146. Zinc. — Le zinc est un métal d'un blanc bleuâtre, qui se ternit à l'air en se recouvrant d'une couche d'oxyde de zinc (composé d'oxygène et de zinc). On le lamine, et les ferblantiers font un grand usage des lames de zinc. C'est un métal cassant, qui n'a pas beaucoup de dureté. Il fond à un feu de forge et même il peut bouillir comme l'eau, en produisant d'abondantes vapeurs. Il brûle alors avec éclat, en se transformant en une poussière blanche (*oxyde de zinc*).

Le zinc est dissous par tous les acides, même par le vinaigre. Les composés qu'il forme alors sont vénéneux.

Il ne faut donc pas se servir d'ustensiles de zinc pour préparer les aliments, ou conserver le lait, le vin, le cidre, qui deviennent acides à l'air.

147. Étain. — L'étain est un métal blanc, flexible, peu altérable à l'air. Il a, si on le frotte, une odeur particulière.

Il fond si facilement qu'on peut le liquéfier, en le mettant sur un carton mince et le chauffant au-dessus d'un fourneau. Il fond avant que le carton ait été détruit par la chaleur. Une fois fondu, il se recouvre d'une crasse qui est de l'oxyde d'étain. On fabrique les tuyaux d'orgues avec de l'étain pur. La poterie d'étain est faite avec un composé ou *alliage* d'étain et de plomb. Les feuilles d'étain dont on recouvre le chocolat, pour le préserver de l'humidité, sont obtenues en frappant des lames d'étain avec un marteau.

148. Plomb. — On reconnaît le plomb à son poids relatif; à volume égal, il pèse onze fois plus que l'eau. Il est dénué d'élasticité, assez mou pour être rayé avec l'ongle.

QUESTIONNAIRE

Indiquer les propriétés du zinc (146); — celles de l'étain (147).

Est-il facile de distinguer ces deux métaux l'un de l'autre; se comportent-ils de la même manière si on les chauffe? — A quoi servent-ils?

Pourquoi ne fait-on pas de casseroles, de gobelets en zinc?

Est-il bon de laisser crémer le lait dans des bassins de zinc?

Il a un vif éclat, s'il est fraîchement coupé, mais il se ternit à l'air. Il fond facilement et se recouvre alors d'une crasse qui est un composé de plomb et d'oxygène. Si on l'enlève, il s'en forme de nouvelle et le plomb se trouve entièrement changé en oxyde.

Tous ses composés sont des poisons. Il faut le proscrire des cuisines, et ne pas conserver le vin, le cidre, la bière dans des vases ou des tuyaux de plomb.

Les peintres emploient, comme couleurs, beaucoup de composés de plomb, par exemple : la *céruse* qui est blanche, le *minium* de couleur rouge, et qui s'applique souvent sur les objets en fonte ou en fer. Le maniement continuel de ces couleurs leur donne des coliques. Ils ne peuvent les éviter que par une extrême propreté.

Le plomb métallique sert à fabriquer le plomb de chasse, et les tuyaux qui amènent dans nos maisons l'eau et le gaz. On couvre les terrasses avec des lames de plomb. La soudure des ferblantiers est une composition ou alliage de plomb et d'étain.

149. Cuivre. — Ce métal, de couleur rouge, s'emploie à l'état de lames ou de fils. Les lames servent à fabriquer des ustensiles de cuisine, des chaudières. Le cuivre se ternit à l'air en se couvrant d'oxyde. Il se forme à sa surface des taches vertes de *vert-de-gris*, s'il est dans l'air humide. Il fond à une température élevée.

Presque tous les acides l'attaquent et le dissolvent; ils forment avec lui des composés bleus ou verts, appelés des *sels* de cuivre. Beaucoup de ces composés de cuivre sont des poisons.

Le *sulfate de cuivre* est un composé d'acide sulfurique et

d'oxyde de cuivre. Il est d'une belle couleur bleue, ainsi que sa dissolution. On s'en sert pour laver les semences de froment, afin de détruire les germes de petits champignons qui, en se développant, altèrent ensuite la plante.

Le cuivre rouge s'emploie rarement.

Le *bronze* qui sert à la fabrication des cloches, des statues, des canons, s'obtient en fondant ensemble du cuivre et de l'étain. C'est un *alliage* de ces deux métaux. Il est beaucoup plus dur que chacun d'eux. Il est moins altérable à l'air et se laisse facilement travailler.

La plupart des objets usuels se fabriquent avec le *cuivre jaune* ou *laiton*. On l'obtient en fondant ensemble le cuivre et le zinc. Il se laisse laminer et étirer en fil. On le travaille plus facilement que le cuivre pur. De là son usage général.

150. Mercure. — Le mercure est le seul métal qui soit liquide à la température ordinaire. Tous ses composés sont extrêmement vénéneux. Il dissout l'or, l'argent, l'étain, le zinc, le cuivre, comme l'eau dissout le sel. Le cuivre et l'or frottés avec du mercure deviennent blancs, parce qu'ils se recouvrent d'une couche de ce liquide qui les mouille. Le mercure ne s'attache pas au fer, au doigt qu'il ne mouille pas.

151. Argent. — L'argent est un métal blanc, inaltérable à l'air. Quand on le frappe, il rend un son très pur qui le fait reconnaître. Il pèse dix fois plus que l'eau. Il se trouve dans le commerce, en fils et en lames très minces. Il sert à fabriquer les monnaies et les objets d'orfèvrerie. Mais, comme il est trop mou pour être employé seul, on le fond avec du cuivre qui lui donne de la dureté.

Certains composés d'argent, qui sont blancs, noircissent à la lumière et sont employés par les photographes.

152. Or. — L'or est le métal, non le plus utile, mais le plus cher. Il fond vers 1 300°. On le recherche pour sa rareté, et parce qu'il est inaltérable à l'air. Il se laisse réduire en fils, en lames d'une minceur extrême. Ces fils, enroulés sur un fil de soie, servent aux passementiers pour faire des broderies, des épaulettes. Les lames servent à dorer les livres, les cadres de bois, etc.

L'or n'est pas pur dans la monnaie et les bijoux. Il a été fondu avec du cuivre, afin d'acquérir un peu de dureté.

QUESTIONNAIRE

Qu'est-ce que le bronze et le laiton ? — Quels sont leurs usages (149) ? Donner les caractères distinctifs du mercure, de l'argent et de l'or (150-152). — Quels sont les métaux que le mercure dissout ? — Quels sont ceux qu'il ne mouille pas ? — A quoi servent l'or et l'argent (151-152) ?

RÉSUMÉ

Les métaux se reconnaissent à leur éclat, lorsqu'ils sont polis. Ils sont, en général, durs et difficiles à briser.

On fabrique des fils métalliques, en faisant passer à la filière des métaux tels que le fer, le cuivre, l'or et l'argent.

Les mêmes métaux, auxquels nous ajouterons le zinc et le plomb, se laissent travailler au laminoir et s'étendent en lames.

Le fer se reconnaît à sa couleur blanche, quand il est poli. Il devient noir, quand on le chauffe, parce qu'il s'oxyde. Il se couvre de rouille dans l'air humide, en s'oxydant également. On le façonne au marteau quand il est rouge ; et on peut le souder à un autre morceau de fer. C'est le métal le plus difficile à rompre ; qualité qui le rend fort utile.

La fonte est plus fusible que le fer ; on peut la mouler, la travailler à la lime, mais elle est cassante. — Elle est formée de fer et de charbon combinés entre eux.

L'acier, qui est formé des deux mêmes corps, est moins fusible que la fonte. Il devient très dur, très cassant, très élastique quand on l'a *trempé*.

Le *zinc* est un métal blanc, cassant, assez mou. Il fond assez facilement et répand des vapeurs qui brûlent à l'air. Ses composés sont vénéneux.

L'*étain* est un métal blanc, flexible, très fusible. Ses composés sont inoffensifs. De là l'usage d'étamer les ustensiles de cuisine.

Le *plomb* se reconnaît à sa grande densité. Il est mou, flexible, sans élasticité. Ses composés sont de violents poisons.

Le *cuivre*, reconnaissable à sa couleur rouge, s'emploie rarement pur. On se sert de ses *alliages*. L'alliage obtenu en fondant du cuivre et de l'étain est le *bronze*. Celui que l'on fabrique en fondant le cuivre et le zinc est le *laiton* ou cuivre jaune.

Le *mercure* est un métal liquide aux températures ordinaires. Il dissout presque tous les autres métaux, sauf le fer et le platine.

L'*argent* est un métal précieux, blanc, assez mou, très sonore. L'air ne l'altère pas. On ne l'emploie pas pur, mais on le fond avec une certaine quantité de cuivre pour lui donner la dureté qui lui manque. On en fabrique des monnaies et des objets d'orfèvrerie.

L'*or*, métal précieux, est inaltérable à l'air. Il sert encore en orfèvrerie et pour la fabrication des monnaies; il est toujours allié au cuivre, ce qui lui donne de la dureté.

V. — COMPOSÉS MÉTALLIQUES

153. Sels. — Les corps composés peuvent se combiner entre eux comme le font les corps simples.

Les acides se combinent avec les oxydes métalliques et forment de nouveaux composés nommés *sels*.

L'acide carbonique combiné avec la chaux forme un sel : le *carbonate de chaux*.

L'acide azotique forme avec la potasse de l'*azotate de potasse*.

La formation de ces noms est facile. On change la terminaison *ique* de l'acide en *ate;* on supprime le mot *acide*. On ajoute le nom du second corps combiné avec l'acide. Ce second corps s'appelle la *base* du sel.

La potasse, la soude, l'ammoniaque, les oxydes d'argent, de plomb, de fer, de cuivre, de zinc..., sont des *bases*.

La *potasse* est un composé d'oxygène et d'un métal rare, le *potassium;* la *soude* est de même un *oxyde de sodium;* la *chaux*, un *oxyde de calcium*.

Les composés des métaux avec le chlore sont des chlorures ; chlore et fer combinés forment un *chlorure de fer*.

QUESTIONNAIRE

Qu'est-ce qu'un sel? — Nommez les corps composés qui sont combinés dans l'azotate de chaux, les corps simples qui s'y trouvent (153).

Quels sont les corps simples combinés dans le sulfure de plomb ?

Quel nom donnerez-vous à un composé de chlore et d'argent ?

Les composés des métaux avec le soufre sont des *sulfures ;* avec le phosphore, des *phosphures ;* avec le carbone, des *carbures :* la fonte est un *carbure de fer.*

154. Les cendres. — Les cendres des végétaux renferment les matières minérales que les plantes puisent dans le sol : c'est ce qui reste du végétal après qu'on l'a brûlé. Le charbon qu'il renfermait s'en est allé dans la fumée sous forme d'acide carbonique ; l'hydrogène, qui est un de ses éléments, est encore dans la fumée sous forme d'eau.

Si on fait une lessive de *cendres*, en les mettant avec de l'eau dans une chaudière que l'on chauffe, l'eau bouillante dissout certains corps qui s'y trouvent. Ce qui reste est la *charrée*, que l'on vend pour amender les terres.

La lessive de cendres de bois renferme un corps appelé *carbonate de potasse.* Les droguistes vendent ce corps sous le nom de *potasse.* Cette potasse, dissoute dans l'eau, sert à nettoyer le linge tout aussi bien que la lessive de cendres.

Les cendres des plantes marines renferment du *carbonate de soude* (composé d'acide carbonique et de soude). Elles peuvent servir également à faire des lessives. On trouve, dans le commerce, le carbonate de soude sous forme de gros cristaux. On le vend sous le nom de *cristaux de soude* ou simplement de *cristaux ;* ils servent aux lessivages. Les verres se fabriquent en chauffant fortement avec du sable la potasse et la soude du commerce.

155. Sel marin. — Le sel de cuisine se trouve dans des mines que l'on exploite comme la houille. Il y a, en Franche-Comté et en Lorraine, des sources d'eau salée que l'on fait évaporer pour en retirer le sel. Sur les côtes de l'Océan et de la Méditerranée, on amène l'eau de mer dans des bassins peu profonds appelés *marais salants (fig.* 95). Elle y forme une couche mince qui s'évapore sous l'action du vent et de la chaleur solaire ; le sel que renferme l'eau de mer se dépose au fond du bassin, et on le recueille.

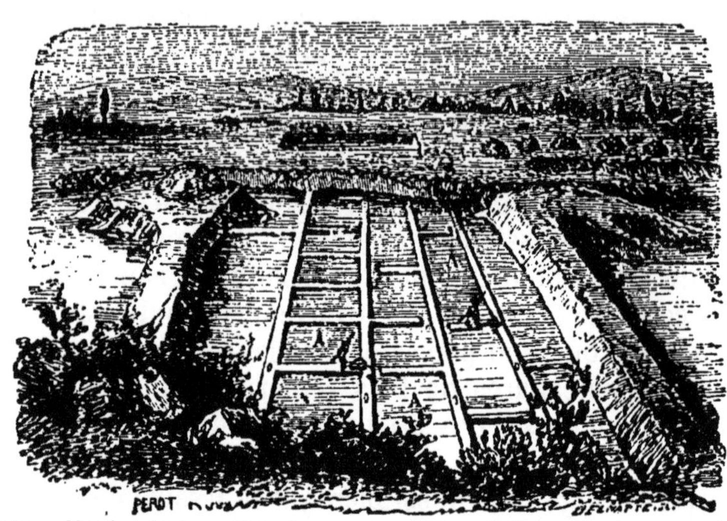

Fig. 93. — **Marais salants.** — L'eau de mer amenée dans de larges bassins peu profonds s'évapore et laisse déposer le sel qu'elle tient en dissolution.

Le sel entre dans notre alimentation. On le donne également aux bestiaux, qui en sont très friands. Il empêche la putréfaction des viandes ; aussi conserve-t-on entre des couches de sel, le lard, le bœuf, les poissons.

Le sel est formé d'un métal, le *sodium*, et de *chlore ;* c'est un *chlorure de sodium*. Il sert, dans l'industrie, à préparer le chlore, l'acide chlorhydrique et les cristaux de soude.

156. Chaux. — Si nous versons un acide, tel que l'acide chlorhydrique, sur du marbre et des pierres analogues formées de *carbonate de chaux*, on voit un bouillonnement qui indique le dégagement d'un gaz ; ce gaz est l'acide carbonique. Ces pierres peuvent servir à préparer la chaux ; pour cela, il suffit de les chauffer au rouge.

QUESTIONNAIRE

D'où retire-t-on le sel marin ; quels sont ses éléments (155) ?
Qu'est-ce que la pierre à chaux (156) ?

157. Four à chaux. — La pierre est entassée dans de grands fours (*fig.* 96). On a soin de laisser, au bas du four, un espace vide dans lequel on brûle des fagots. Le carbonate de chaux, porté au rouge par la chaleur du foyer, se décompose. L'acide carbonique se dégage dans l'atmosphère; la chaux reste. On lui donne le nom de *chaux vive*.

Fig. 96. — Four à chaux.

Versons de l'eau sur un morceau de chaux vive : il s'échauffe, l'eau se volatilise et forme une fumée. La chaux se fendille, elle augmente de volume et se transforme en une poussière blanche. Les maçons appellent ce que nous venons de faire, *éteindre de la chaux*. La *chaux éteinte* est un composé de chaux vive et d'eau.

On peut la délayer dans l'eau ; elle forme un *lait de chaux*, qui sert à blanchir les plafonds et les murs. La couche blanche que l'on répand ainsi sur un mur ne reste pas longtemps à l'état de chaux. Elle se combine avec l'acide carbonique qui est dans l'air, et durcit en devenant du carbonate de chaux. Les mortiers sont des mélanges de chaux délayée et de sable. La chaux, en durcissant à l'air, comme nous venons de le dire, soude ensemble les grains de sable et, par suite, les pierres entre lesquelles on a mis le mortier.

158. Plâtre. — La *pierre à plâtre* se trouve abondamment aux environs de Paris. C'est un composé de chaux et d'acide sulfurique (*sulfate de chaux*) combiné avec l'eau. On transforme cette pierre en plâtre en la chauffant, mais moins fortement que la pierre à chaux. Elle perd alors l'eau qu'elle renfermait.

Un four à plâtre est construit en briques et ressemble assez au four à chaux (*fig*. 96). Il est moins élevé. On le remplit de pierres à plâtre et on brûle des broussailles dans le foyer que l'on a laissé libre en dessous. La pierre cuite est ensuite pulvérisée et livrée au commerce.

Les plâtriers mêlent cette poudre à l'eau ; ils en forment une bouillie épaisse. Le plâtre ainsi *gâché* est étendu en couche sur les murs, les plafonds. Il durcit promptement.

Les *mouleurs* coulent une bouillie liquide de plâtre dans un moule creux ; le plâtre fait *prise*, c'est-à-dire durcit et prend la forme du moule. Ainsi se fabriquent les rosaces des plafonds, les statues.

Le plâtre se dissout dans l'eau. Il la rend indigeste et impropre à dissoudre le savon, à cuire les légumes.

QUESTIONNAIRE

Plâtre. — Qu'est-ce que la pierre à plâtre (158) ?
Comment fabrique-t-on le plâtre ? — À quoi sert-il ? — Citer la propriété du plâtre qui le fait employer par le plafonneur ?
L'eau d'un puits creusé dans la pierre à plâtre est-elle bonne à boire ; peut-elle servir au blanchissage du linge ?

RÉSUMÉ

Les composés obtenus avec un métal combiné au chlore, ou au soufre, ou au carbone portent les noms de *chlorure-sulfure-carbure* de ce métal.

Un sel résulte de la combinaison d'un acide avec une *base*.

Les *bases* sont : la potasse, la soude, la chaux, l'ammoniaque et les oxydes métalliques qui peuvent se combiner avec les acides pour former des sels.

Les cendres que l'on obtient en brûlant des végétaux renferment des matières terreuses ou minérales, parmi lesquelles se trouvent le *carbonate de potasse*, ou *potasse* du commerce, si on a affaire à une plante terrestre ; et le *carbonate de soude*, ou *soude* du commerce, si on a brûlé des plantes marines.

Ces deux carbonates servent journellement au lessivage des tissus. C'est pour cela que pendant longtemps on s'est servi presque exclusivement de cendres pour faire la lessive.

Sel marin. — Le sel de cuisine se retire des eaux de la mer ou des sources salées de la Lorraine, que l'on fait évaporer. Il sert à assaisonner nos aliments. Les viandes se conservent dans le sel sans se corrompre.

Chaux. — La chaux se fabrique en chauffant au rouge la *pierre à chaux* composée de chaux et d'acide carbonique.

La *chaux vive* ainsi préparée s'échauffe beaucoup quand on verse de l'eau dessus. Elle se combine avec ce liquide et prend le nom de *chaux éteinte.*

La chaux sert à amender les terres et à faire des mortiers qui durcissent à l'air, parce que la chaux s'unit à l'acide carbonique de l'air pour devenir du carbonate de chaux.

Plâtre. — On emploie dans l'industrie du bâtiment le plâtre pour faire des revêtements de murs et des plafonds.

Le plâtre se fabrique en chauffant modérément la pierre à plâtre qui est un sulfate de chaux combiné à l'eau. La chaleur chasse l'eau et le plâtre est formé de sulfate de chaux. Ce corps délayé dans l'eau a la propriété de durcir, en se combinant de nouveau avec ce liquide.

DEVOIRS

Qu'est-ce qu'un mélange, une combinaison ; — un corps simple, composé ?

Quels sont les corps simples que l'on trouve dans l'oxyde de fer, dans l'acide carbonique, dans le carbonate d'oxyde de fer ?

Démontrer que l'eau est un corps composé. — Quels sont ses éléments? — Quelles sont les qualités d'une eau potable? — Comment se procure-t-on de l'eau pure?

Qu'est-ce que l'air? — Quels sont les gaz qui le composent? — Montrer le rôle de l'air dans la combustion.

Établir la nécessité d'une ventilation dans les maisons habitées.

Donner la préparation, les propriétés, les usages de l'acide carbonique.

Qu'est-ce que la chaux? — Comment la prépare-t-on? — Quels sont ses usages.

NOTIONS ÉLÉMENTAIRES D'HISTOIRE NATURELLE

I. — ZOOLOGIE

I. — L'HOMME

159. — L'histoire naturelle s'occupe de la structure des corps qui forment la masse de la terre ou qui sont répandus à sa surface, des phénomènes dont ces corps sont le siège, des caractères propres à les faire distinguer entre eux et du rôle qu'ils jouent dans l'ensemble de la création. (MILNE-EDWARDS.)

160. — Tous les corps terrestres sont rangés en trois groupes ou *règnes*.

Les êtres vivants, *végétaux* ou *animaux*, sont répartis dans le *règne végétal* et le *règne animal;*

Les pierres, l'eau, l'air, qui sont dépourvus de la vie, forment le *règne minéral*.

161. Différences entre les êtres bruts et les êtres vivants. — L'être vivant naît d'un autre être vivant auquel il ressemble. Il prend, en dehors de lui, des aliments qui lui permettent de se développer, de grandir, d'augmenter de poids. Au bout d'un temps plus ou moins long, la vie devient en lui moins active, elle s'affaiblit et cesse; l'être vivant est mort.

162. — Le *minéral* peut se former dans le laboratoire d'un chimiste, par la combinaison de deux corps dissemblables ; il ne ressemble pas à ses éléments. Il existe, mais il ne vit pas. Ses diverses parties ne se renouvellent pas. Si un cristal de sel marin grossit dans les marais salants, c'est que d'autres cristaux qui lui ressemblent se déposent à sa surface et le recouvrent. Son existence n'est pas limitée : voyez les pierres des pyramides d'Égypte.

163. Animaux et végétaux. — *Le végétal est un être vivant, qui ne peut ni se mouvoir volontairement, ni sentir ; il peut, comme l'animal, se nourrir et se reproduire.*

Les animaux sont des êtres vivants qui sentent, se meuvent, se nourrissent et se reproduisent.

Ces expressions de sentir, se mouvoir, se nourrir, qui servent à caractériser les êtres vivants, se comprennent d'elles-mêmes. Nous en donnerons dans ce livre une définition exacte.

164. — Nous étudierons d'abord le corps de l'homme et les phénomènes vitaux dont il est le siège ; nous les retrouverons dans le corps des animaux, avec des modifications nombreuses dont l'étude appartient au *Cours supérieur*.

Nous tracerons ensuite les grandes lignes de la classification des animaux.

165. Organes. — Le corps des êtres vivants est composé de parties qui, le plus souvent, ne se ressemblent pas. Voyez dans une plante la racine, les feuilles, la fleur, le fruit. On les appelle des *organes*.

166. Fonctions. — Chacun d'eux a un travail particulier à remplir, pour assurer l'existence de l'être vivant ou celle de l'espèce à laquelle il appartient : les feuilles servent à nourrir la plante ; les graines, à la reproduire. Ce travail a été appelé une *fonction*. Nous voyons que dans les êtres vivants il y aura des fonctions de nutrition et des fonctions de reproduction.

Les animaux en ont d'autres : car ils peuvent se mouvoir, dans un but déterminé, sous l'action de la *volonté*. Ils peuvent prendre connaissance des corps qui les entourent ; ils voient, ils entendent, ils sentent la douleur. Outre la volonté, ils ont une faculté qui manque aux végétaux : la *sensibilité*. Les fonctions qui se rapportent à ces deux facultés sont dites fonctions de *relation*.

167. Nutrition. — Un être vivant puise sans cesse, dans le monde extérieur, des substances qui, entrant dans son corps, y sont transformées et font partie intégrante de ses organes. En fait, ce sont des substances minérales simples, telles que l'oxygène, l'hydrogène, le carbone, l'azote, qui participent à la vie de l'être, en devenant du sang, des os, etc. Mais elles ne sont vivantes que pour un temps, et le corps de l'animal en perd continuellement une partie qui se trouve rejetée dans le monde extérieur. Une ville est bien entretenue et vivante, lorsque les cultivateurs viennent encombrer ses marchés de leurs denrées, et qu'un groupe de gens de peine la débarrassent de ses immondices ; c'est une image de ce qui se passe dans le corps de l'animal. Ce renouvellement constant des substances qui le forment est une condition essentielle de la vie, et dure autant qu'elle. C'est la *nutrition*.

168. — Les fonctions de nutrition sont : 1° la *digestion*, qui fait subir aux aliments une préparation spéciale, nécessaire pour qu'ils puissent pénétrer dans le sang ; 2° la *circulation*, qui charrie le sang dans tous les organes, enlevant les parties qui ont cessé de vivre, et les remplaçant par des substances fraîches de même nature ; 3° la *respiration*, qui épure le sang ; 4° la *sécrétion*, qui prépare certains liquides nécessaires à la vie ; 5° l'*assimilation*, fonction peu connue, mais la plus importante de toutes, qui fait que chaque organe puise dans le sang les éléments qui lui conviennent, pour les substituer aux éléments de même espèce qui doivent être rejetés, ou pour aider à l'accroissement de l'organe.

Qu'appelle-t-on fonctions de relation? — Les trouve-t-on dans tous les êtres vivants? — Qu'est-ce que l'on nomme fonctions de nutrition, de reproduction? — En quoi consiste la nutrition (167). — Nommer et caractériser les fonctions de nutrition (168).

1. Digestion.

169. Aliments. — Les végétaux prennent dans le sol et dans l'air des substances minérales, et ils leur donnent dans leurs tissus une forme qui les rend aptes à nourrir certains animaux (*les herbivores*). La chair des herbivores forme l'aliment de l'homme et des animaux carnassiers.

L'eau est la boisson naturelle des animaux; l'homme y ajoute du lait et les liqueurs fermentées.

Au point de vue de la digestion, nous partageons les aliments comme il suit :

1° Les aliments *azotés* sont : la *chair*, le *gluten* du pain, le *lait caillé* et les *fromages*, le blanc d'œuf ou *albumine ;* toutes substances renfermant de l'azote, de l'oxygène, de l'hydrogène, du carbone.

2° Les aliments *féculents*, dont le type est l'*amidon* du blé, la *fécule* de pomme de terre. Ce groupe comprend la plupart des aliments végétaux.

3° Les aliments *gras*, tels que les *huiles*, les *graisses*, le *suif*, le *beurre*.

Les fécules, comme les graisses, sont formées d'oxygène, d'hydrogène et de carbone seulement.

170. Appareil de la digestion. — L'organe ou *appareil* de la digestion est un long tube qui commence à la *bouche*. Cette cavité est fermée en avant par les *lèvres ;* sur les côtés, par les *joues;* en haut, par le *palais;* en bas, par la *mâchoire inférieure.*

On y trouve la *langue,* les *glandes salivaires* et les *dents.*

171. Dents. — Les dents sont des os implantés dans les deux mâchoires. Elles servent à couper ou à broyer nos aliments.

L'os de la dent ou *ivoire* est de structure poreuse ; les liquides peuvent y pénétrer. Il est préservé du contact de l'air par une enveloppe très dure, *l'émail,* qui empêche la *carie* des dents ; les racines en sont dépourvues. Si l'émail se brise, l'air désagrège l'ivoire : la dent se creuse et devient douloureuse. Il est d'une bonne hygiène de maintenir les dents très propres par de fréquents lavages, pour en conserver l'émail.

L'enfant a *vingt* dents dites *dents de lait.* Chaque mâchoire porte *quatre* incisives, *deux* canines, *quatre* molaires. Elles tombent, de sept à huit ans, et sont remplacées par *quatre* incisives, *deux* canines et *dix* molaires. L'homme adulte a, en tout, *trente-deux* dents.

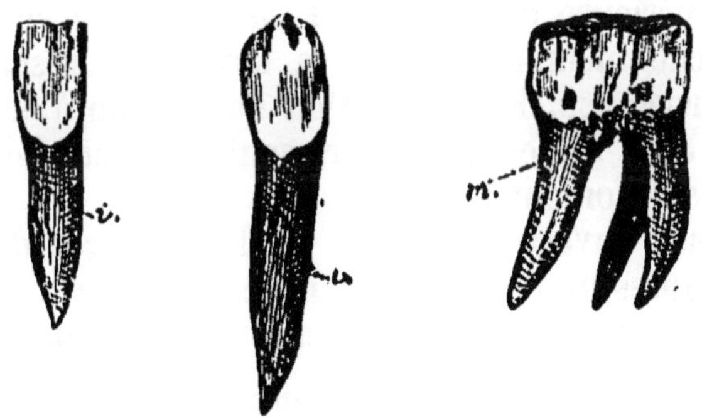

Fig. 97. — Dents de l'homme : *i,* incisives; *c,* canines; *m,* molaires.

Les *incisives* (*i, fig.* 97), placées sur le devant de la bouche, sont plates et amincies, elles servent à couper. Elles sont très importantes chez les mammifères rongeurs : le lapin, le rat.

Les *canines* (*c*), très développées chez les animaux carnassiers, sont des crocs redoutables avec lesquels le lion, le loup tuent leur proie. Ce sont, chez l'homme, des dents pointues sans importance.

Les *molaires* (*m*) sont élargies et ont une surface plate, bosselée par places. Elles servent à broyer. Les petites molaires ont une racine ; les grosses en ont deux ou trois ; on trouve, à chaque mâchoire, quatre petites molaires et six grosses. Ce sont les dents principales des herbivores : le *cheval*, le *bœuf*.

172. Arrière-bouche. — Le *voile* du palais ou *luette* est une membrane fixée au palais, qui sépare la bouche de l'*arrière-bouche*.

Cette nouvelle cavité communique avec les fosses nasales, les oreilles et avec la trachée-artère et les poumons par un orifice appelé la *glotte*.

Elle aboutit, en arrière, à un tube membraneux, qui traverse la poitrine et se rend à l'estomac ; il porte le nom d'*œsophage*.

173. Estomac. — L'estomac (*fig*. 98) est situé à la partie supérieure du ventre ou *abdomen*, du côté gauche. Cette poche membraneuse a la forme du réservoir d'air d'une cornemuse. Elle se rétrécit de gauche à droite et se continue avec l'intestin. Ce sac, contracté quand il est vide, se dilate au moment des repas.

Ses deux ouvertures : celle de l'œsophage, d'une part, celle de l'intestin, de l'autre, sont fermées par la contraction des fibres musculaires qui les entourent, et, dans l'état de santé, les aliments introduits dans l'estomac ne peuvent ni remonter dans l'œsophage, ni pénétrer dans l'intestin.

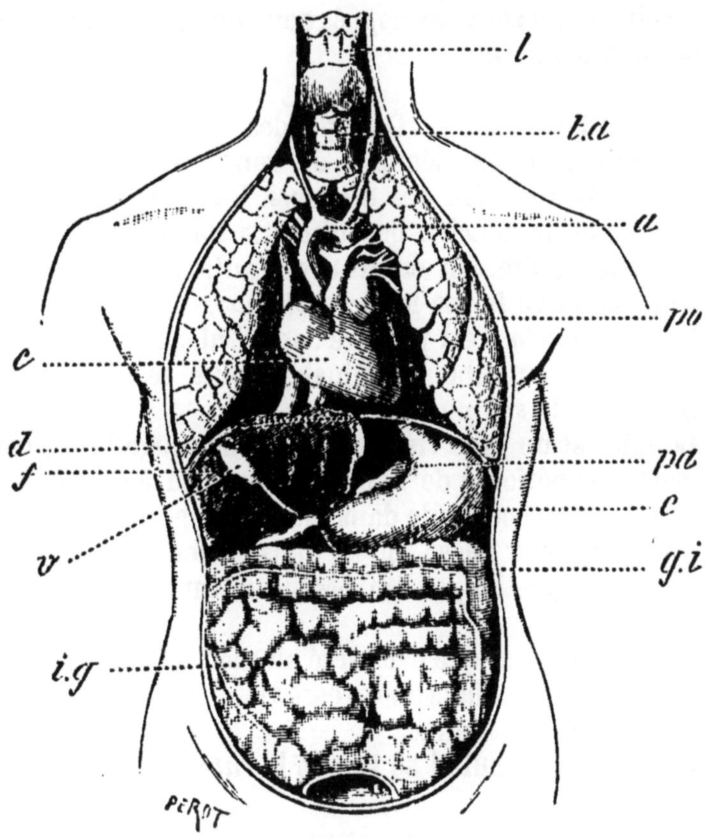

Fig. 98.

Organes de la digestion contenus dans le ventre : e, estomac ; pa, pancréas ; f et v, foie et vésicule du fiel ; i. g, intestin grêle ; g. i, gros intestin.
Organes placés dans la poitrine. — *Respiration* : po, poumons ; t, trachée-artère ; l, larynx — *Circulation* : c, cœur ; a, aorte.

174. Intestin. — La cavité de l'abdomen est remplie en grande partie par l'intestin. C'est un tube long, membraneux, qui est d'abord d'un petit diamètre ; il est en quelque sorte pelotonné sur lui-même. Cette partie porte le nom d'*intestin grêle*. Elle débouche dans un tube d'un plus grand diamètre, boursouflé : le *gros intestin*. Celui-ci commence à droite, en bas de l'abdomen. Il monte vers le haut, passe de droite à gauche en formant, en avant du ventre, une ceinture qui se trouve au-dessous du foie et de l'estomac. Il descend à gauche jusqu'à l'*anus*, où il se termine.

Les intestins sont enveloppés dans une peau ou membrane appelée le *péritoine*.

175. Glandes. — Des glandes sécrètent, c'est-à-dire préparent, avec les éléments du sang *certains liquides qui servent à la digestion des aliments.* Les glandes salivaires, situées dans la bouche, produisent la *salive* qu'elles versent dans cette cavité. On en trouve d'autres dans la peau de l'estomac, où se forme le *suc gastrique.*

Le *suc intestinal* est préparé dans l'intestin grêle.

En dehors du tube intestinal, le *foie* sécrète la *bile ;* et le *pancréas*, le *suc pancréatique.*

Le foie est un gros viscère de couleur rouge brun, placé à la partie supérieure de l'abdomen, un peu à droite. La bile qui s'y forme s'accumule dans une petite poche appelée *vésicule du fiel ;* elle passe, de là, dans l'intestin grêle, au moment de la digestion, en traversant un canal qui s'ouvre près de l'estomac.

Le suc pancréatique est versé au même endroit dans l'intestin. Il se forme dans une grosse glande d'un blanc grisâtre, placée derrière l'estomac.

A gauche de celui-ci se trouve la *rate.*

176. Phénomènes généraux de la digestion. — Les aliments subissent, dans la bouche, une préparation qui aide à la digestion. Ils sont coupés par les dents incisives, broyés par les molaires. Les glandes salivaires versent, en même temps, dans la bouche la salive qui aide à goûter les aliments; elle les imbibe et forme avec eux une pâte grossière. La salive renferme une substance particulière qui, par son action prolongée sur la fécule, la transformerait en sucre, substance soluble dans l'eau.

La *mastication* achevée, cette pâte est recueillie par la langue et poussée par elle dans l'arrière-bouche. Le voile du palais qui se relève ferme l'ouverture des fosses nasales ; une autre membrane, l'*épiglotte*, s'abaisse sur la *glotte*, la pâte alimentaire traverse rapidement l'arrière-bouche et arrive dans l'œsophage, sans pénétrer dans la trachée-artère. Les contractions de l'œsophage la font nécessairement descendre dans l'estomac, sans que nous puissions la faire revenir dans la bouche. Ce que nous venons de dire s'applique également aux boissons.

Il y a deux digestions successives : la *digestion stomacale* et la *digestion intestinale*.

177. Digestion stomacale. — Lorsque les aliments arrivent dans l'estomac, ils s'y trouvent mêlés au *suc gastrique*. C'est un liquide acide, qui renferme une substance particulière, la *pepsine*, très importante pour la digestion. Elle donne au suc gastrique le pouvoir de désagréger la viande, le gluten du pain, le blanc d'œuf, en un mot, tous les aliments azotés. Les aliments féculents, les corps gras n'éprouvent aucune altération dans l'estomac. Les boissons sont absorbées par de très petits canaux logés dans la peau de l'estomac, et ils sont versés par eux dans le sang.

Lorsque la digestion stomacale est achevée, la pâte alimentaire est devenue molle, grisâtre; c'est le *chyme*.

Il passe dans l'intestin grêle avec les débris d'aliments non digérés. Il y est poussé par les contractions de l'estomac.

178. Digestion intestinale. — Les aliments, digérés ou non, sont mêlés dans l'intestin grêle à la bile et au suc pancréatique.

Ils cheminent lentement dans l'intestin, entraînés par un mouvement particulier de l'intestin qui ressemble à celui d'un ver, arrêté par les replis que forme sa membrane intérieure.

La digestion se poursuit et s'achève. Les matières féculentes sont liquéfiées par l'action de la salive et du suc intestinal.

Les matières grasses sont *émulsionnées* par le suc pancréatique et aussi par la bile ; elles sont divisées en globules très petits, analogues aux globules de beurre qui flottent dans le lait et qui forment la crème quand ils se rassemblent à sa surface.

La partie utile des aliments est donc devenue liquide par ce long travail : les matières azotées dans l'estomac, les fécules et les graisses, dans l'intestin.

Les matières digérées forment un liquide blanc, opaque, appelé *chyle*, qui est absorbé par de très petits vaisseaux logés en grand nombre dans la peau de l'intestin. Les uns amènent le liquide qui les remplit dans la *veine porte*, qui aboutit au foie ; les autres se réunissent en un gros canal qui verse le chyle dans la veine *sous-clavière* gauche (placée sous la clavicule), où il se mélange avec le sang.

Les substances qui n'ont pas été digérées, mêlées avec la bile, arrivent seules dans le gros intestin et sont rejetées au dehors.

179. Conseils hygiéniques. — Pour vivre, le manger et le boire sont nécessaires, mais ; pour se conserver la santé, il ne faut abuser ni de l'un ni de l'autre. Bien des maladies, la *goutte*, par exemple, sont engendrées par les excès de table. L'estomac, surmené par une nourriture trop abondante, se fatigue et refuse ensuite de fonctionner: de là, des *gastrites* difficiles ou impossibles à guérir.

Les excès de boissons sont plus dangereux encore. Les liqueurs fermentées, telles que le vin, le cidre, la bière, sont toniques si on les prend avec modération ; on peut même en dire autant de l'eau-de-vie: mais, si on se laisse aller au plaisir de boire, l'ivresse arrive avec tous ses désordres. L'ivrognerie est un fléau pour nos ouvriers, et on ne saurait combattre trop énergiquement cette détestable habitude ; elle est dégradante pour l'homme qui s'y livre, elle cause le déshonneur et la ruine des familles, elle abâtardit la race, à tel point que dans une nation civilisée l'on devrait proscrire l'alcool comme un poison des plus violents.

QUESTIONNAIRE

Décrire les modifications éprouvées par les aliments dans la bouche. — Pourquoi les aliments ne pénètrent-ils pas dans les fosses nasales, — dans la trachée-artère ? — Cela n'arrive-t-il jamais ? — Comment parviennent-ils à l'estomac (176) ? — Décrire la digestion stomacale. — Que deviennent les boissons ? — Quels sont les aliments digérés, — ceux qui ne le sont pas ? — Quel est le liquide qui opère cette digestion ? — Comment s'appelle la matière alimentaire au sortir de l'estomac (177) ? — Décrire la digestion intestinale. — Indiquer ce que deviennent les matières féculentes, — les matières grasses. — Quels sont les liquides qui agissent sur elles ? — Qu'est-ce qui fait progresser le chyme dans l'intestin ? — Qu'est-ce que le chyle ? — Comment les matières digérées sortent-elles de l'intestin ; où se rendent-elles ? — Que deviennent les parties des aliments non di. gérées (187) ?

RÉSUMÉ

La digestion est la fonction qui transforme les aliments que nous prenons en un liquide pouvant se mêler au sang.

Les aliments sont empruntés directement ou indirectement au règne végétal.

L'organe de la digestion ou le *tube digestif* commence à la *bouche*, séparée de l'*arrière-bouche* par le *voile du palais*. Il se continue par l'*œsophage*, qui réunit l'arrière-bouche à l'*estomac*. On trouve à la suite de l'estomac l'*intestin grêle*, et enfin le *gros intestin*, qui se termine à l'*anus*. L'estomac et les intestins sont logés dans la cavité du ventre.

Les aliments sont broyés dans la bouche par les dents, humectés de *salive*, et ils arrivent ensuite dans l'estomac, avec nos boissons. Celles-ci ne vont pas plus loin et passent directement de l'estomac dans le sang.

Les aliments d'origine animale, *la chair*, *le fromage*, *le blanc d'œuf...*, sont mélangés dans l'estomac avec un liquide particulier (le suc gastrique) qui les transforme en liquide. C'est la première partie de la digestion. Les aliments végétaux, *la fécule*, *les légumes*, *les fruits*, de même que les aliments gras, *la graisse*, *l'huile*, *le beurre*, ne sont digérés que dans l'intestin grêle, principalement par l'action de la bile et du suc pancréatique.

La bile se forme dans le *foie;* et l'autre liquide, dans une glande appelée le *pancréas;* l'un et l'autre sont dans la cavité du ventre.

C'est dans l'intestin grêle que se fait le partage des matières digérées et de celles qui ne le sont pas. Les premières passent dans le sang; les secondes sont versées dans le gros intestin et sont rejetées au dehors.

---

2. Circulation.

180. — Le sang est le liquide nourricier du corps. Il pénètre dans toutes ses parties; il apporte à chacune d'elles la nourriture qui lui convient, et enlève les matières qui, ayant cessé de vivre, sont désormais inutiles ou nuisibles.

Un tel travail suppose un mouvement continuel du sang; on le nomme la *circulation.*

Le sang ne baigne pas directement les organes qu'il traverse; il en est séparé par des peaux ou membranes qui ont la forme de tubes et qu'on appelle les *vaisseaux sanguins : artères* ou *veines.*

181. Cœur. — Un organe spécial, je ne puis mieux le comparer qu'à une pompe, entretient le mouvement du sang qui ne saurait cesser, sans amener la mort.

Le cœur est placé entre les poumons, au milieu de la poitrine (*fig.* 98). Il est attaché à la colonne vertébrale. et sa pointe est un peu inclinée vers la gauche. Sa forme, qui est celle d'un cœur de veau, est arrondie, s'effilant de haut en bas ; sa couleur, rouge-brun. Il est, comme nos muscles, formé de fibres qui ont la propriété de diminuer de longueur, de se *contracter* sous l'influence des nerfs. Le cœur est donc un *muscle.* Il est enveloppé dans un sac membraneux, nommé *péricarde.*

182. Cavités du cœur. — Il y a dans le cœur quatre cavités distinctes (*fig.* 99) : deux *oreillettes* et deux *ventricules*. L'oreillette et le ventricule droits forment un organe complet, nommé *cœur droit*. Le *cœur gauche* est composé également de l'oreillette et du ventricule gauches.

Le sang est amené au cœur par des veines, et l'on pourrait considérer l'oreillette comme une dilatation des veines qui y aboutissent. Le sang passe de l'oreillette dans le ventricule. Ce dernier est véritablement l'organe moteur. Il se contracte dès que le sang l'a rempli, et il le lance dans les artères. Une fois vide, il se dilate et il est apte à recevoir une nouvelle quantité de sang. Tout ce qui précède est commun aux deux cœurs. Ajoutons qu'ils se contractent en même temps et se dilatent de même.

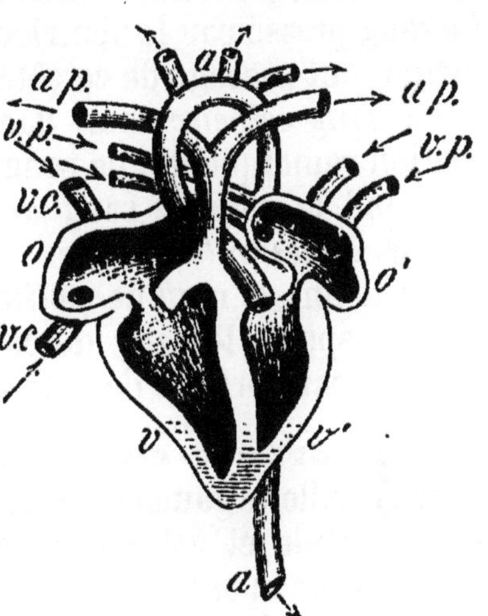

Fig. 99. — Cavités du cœur.

Cœur droit : o, oreillette droite; v, ventricule droit; v c, veines caves versant le sang dans l'oreillette; a p, artères pulmonaires conduisant le sang aux poumons.

Cœur gauche : o', oreillette recevant le sang des veines pulmonaires vp; v', ventricule lançant le sang dans l'artère aorte a; cette artère est recourbée en crosse.

183. Petite circulation.

— Les veines ont recueilli le sang de tout le corps, elles le ramènent vers le cœur; et, se réunissant les unes aux autres, elles forment deux gros vaisseaux, les *veines caves*, qui s'ouvrent dans l'*oreillette droite*. Le sang la remplit et passe de là dans le ventricule, lorsqu'il se dilate. Celui-ci, en se contractant, le lance dans les *artères pulmonaires*. Leur nom indique qu'elles se distribuent dans les poumons.

Qu'entend-on par circulation du sang; — grande circulation; — petite circulation? — Quelle en est l'utilité (180)?

Quelle est la place, la forme, la nature du cœur? — Quelle est sa fonction (181)? — Nommez les cavités du cœur. — Qu'est-ce que le cœur droit, le cœur gauche? — Par quelles dispositions le sens du mouvement du sang est-il réglé (182)? — Quelles sont les veines et les artères qui aboutissent au cœur (183)?

Le sang ne peut revenir dans l'oreillette. L'ouverture qui la fait communiquer avec le ventricule est bordée de petites membranes qui fonctionnent comme de véritables soupapes. Le sang pressé par le ventricule les soulève et se ferme lui-même tout passage de ce côté.

Le sang *veineux* subit dans les poumons une transformation remarquable ; de rouge noir il devient rouge vermeil et prend le nom de sang *artériel*. Il est ramené au cœur par les *veines pulmonaires*.

On donne le nom de *petite circulation* à ce mouvement qui transporte le sang du cœur droit au cœur gauche, en passant par l'organe de la respiration.

184. Grande circulation. — Le sang artériel versé dans l'oreillette gauche par les veines pulmonaires entre dans le ventricule et est lancé par lui dans l'*artère aorte*. Des membranes ou *valvules* placées à l'entrée du ventricule d'une part, à l'entrée de l'aorte de l'autre, règlent encore le mouvement du sang et l'empêchent de rétrograder.

Aorte. — L'aorte, seule artère qui sorte du cœur gauche, se recourbe en crosse (*fig.* 100), puis redescend le long de la colonne vertébrale. Elle laisse échapper de gros vaisseaux qui vont les uns à la tête, les autres le long des côtes, en un mot, dans toutes les parties du corps. On peut comparer l'aorte à un tronc d'arbre qui émet des branches. Celles-ci se subdivisent à leur tour en rameaux et, de divisions en divisions, elles se distribuent partout.

Les dernières subdivisions sont des tubes d'un très petit diamètre nommés *vaisseaux capillaires*. Leur nombre est tel, que l'on ne peut se piquer la peau avec une aiguille, sans en rencontrer un et sans faire sortir une goutte de sang.

Les vaisseaux capillaires unissent l'ensemble des artères à celui des veines. On peut les considérer, d'une part, comme les ramifications des artères ; d'autre part, comme les radicelles des veines. Le groupement des radicelles forme de petits vaisseaux, ceux-ci se réunissent en vaisseaux plus gros, et on arrive ainsi aux veines caves.

La *grande circulation* fait donc passer le sang du cœur

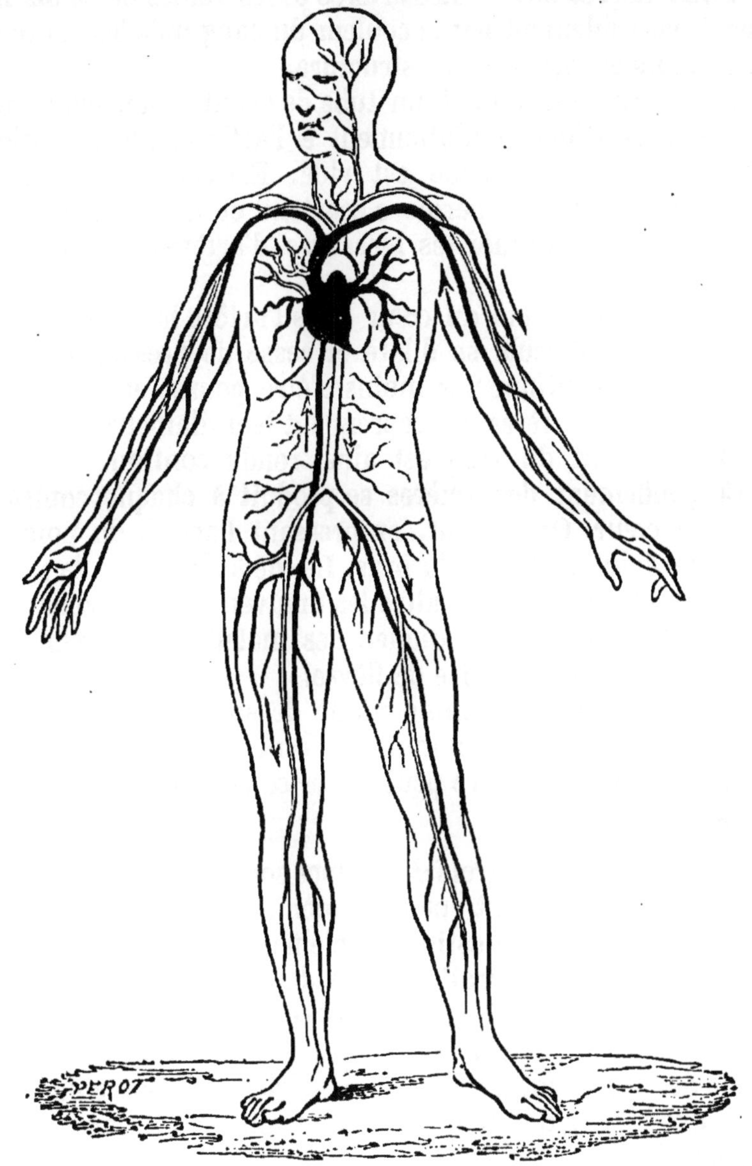

Fig. 100. — Disposition générale des artères et des veines. (Les premières sont dessinées en blanc, les autres en noir. — Le sens du mouvement du sang est indiqué par des flèches.)

gauche au cœur droit en traversant toutes les parties du corps.

185. Artères. — Les artères et les veines ne se distinguent pas seulement par la couleur du sang qu'elles contiennent, mais encore par leur structure.

Une *artère* ressemble à un tube de caoutchouc, ses parois épaisses, élastiques maintiennent à l'artère sa forme tubulaire, lors même qu'elle est vide. Est-elle ouverte d'un coup de bistouri, les parois s'écartent et la blessure reste béante. C'est pourquoi les blessures d'artères sont dangereuses.

Le sang qui afflue du cœur dans l'artère la gonfle; puis, lorsque le ventricule se dilate et cesse de presser le sang, celui-ci n'en continue pas moins d'être poussé en avant par l'élasticité des artères qui reprennent leur diamètre primitif. Le mouvement du sang est ainsi rendu continu.

Ce gonflement des artères se produit à chaque contraction du cœur. On le sent, en pressant l'artère du poignet entre le doigt et les os du bras. Le médecin étudie le *pouls* de son malade pour connaître les mouvements du cœur; un pouls irrégulier peut indiquer des maladies de cœur, un pouls rapide est un indice de fièvre.

On compte dans l'homme adulte de soixante à soixantequinze pulsations par minute, et cent vingt dans les très jeunes enfants. La fièvre peut élever ce nombre à cent quarante.

Veines. — Les parois des veines sont minces, sans élasticité; elles s'affaissent sur elles-mêmes si la veine se vide, comme le ferait un intestin qui, plein d'eau, aurait la forme cylindrique et s'aplatirait en se vidant. Les blessures des veines se guérissent facilement parce que les deux bords de la plaie se rejoignent d'eux-mêmes et se soudent. La membrane des veines forme des replis intérieurs disposés de telle sorte que le sang doit toujours se mouvoir vers le cœur, sans rétrograder.

186. Sang. — Le sang est un liquide incolore d'une saveur salée, qui doit sa couleur rouge à de nombreux globules microscopiques.

Cent vingt-six de ces globules, rangés en file, forment une longueur d'un millimètre. Ils ont l'apparence de disques circulaires (*fig.* 101).

Le sang tiré de la veine se partage en un liquide incolore, le *sérum*, et une sorte de gelée rouge, le *caillot.*

Celui-ci est formé de filaments qui ont la même composition que les fibres de la chair : c'est la *fibrine.* Tenue en suspension ou en dissolution dans le li-

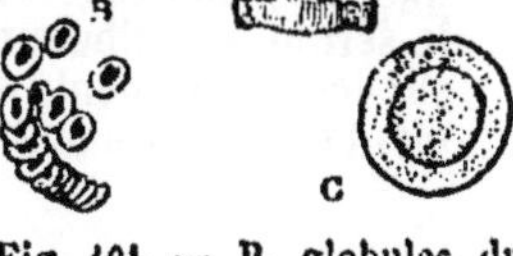

Fig. 101. — B, globules du sang; C, globules grossis vus de face et de côté.

quide du sang vivant, la fibrine se dépose hors de la veine et entraîne avec elle les globules.

Le *sérum* est formé d'*albumine* (matière du blanc d'œuf), d'eau et de sels divers.

Les globules sont nécessaires à l'entretien de la vie; ils jouent un rôle important dans la respiration et dans l'excitation nerveuse. Les personnes *anémiques*, pâles, faibles, ont un sang appauvri dans lequel les globules ne sont pas assez nombreux.

Ces globules restent toujours dans les vaisseaux sanguins. La partie liquide du sang peut seule traverser les parois des vaisseaux capillaires pour aller baigner les membranes, les fibres musculaires, etc. Ce liquide incolore est repris par d'autres vaisseaux, qui portent le nom de *vaisseaux lympha-tiques*, et il rentre ensuite dans le sang.

187. Conseils hygiéniques. — Les mouvements du cœur ne sont pas soumis à notre volonté. Elle est impuissante à en changer le rythme. Les émotions de l'âme ont bien plus d'influence, et dans les joies, la peur, la douleur, le cœur bat plus vite. Cet état de surexcitation pourrait, en se prolongeant, amener des maladies de cœur. Tout le monde sait que les courses, les exercices gymnastiques hâtent les pulsations du cœur.

Il faut éviter de fumer. La nicotine que renferme la fumée de tabac est un poison pour le cœur; elle en paralyse les mouvements.

Comment distingue-t-on les artères des veines? — Expliquez le phénomène du pouls (185). — Qu'appelle-t-on vaisseaux capillaires, — vaisseaux lymphatiques? — Donnez la composition du sang. — Qu'est-ce que les globules? — Leur utilité. — Qu'est-ce que le caillot, — la fibrine,— le sérum, — l'albumine (186)? — Quelles sont les circonstances qui influent sur les mouvements du cœur? — La volonté intervient-elle dans ce mouvement? — Quelle action la fumée de tabac exerce-t-elle sur le cœur (187)?

RÉSUMÉ

La *circulation* met le sang en mouvement et lui fait parcourir, toujours dans le même sens et d'une manière continue, l'ensemble des tubes ou vaisseaux dans lesquels il est contenu.

Le sang est mis en mouvement par le *cœur*. C'est un organe placé dans la poitrine. Il est creusé de quatre cavités : deux *oreillettes* et deux *ventricules*.

Le cœur agit comme une véritable pompe.

Il reçoit le sang des *veines* et il le lance dans les *artères*. Ces vaisseaux se ramifient de plus en plus, à mesure qu'ils s'éloignent du cœur. Les dernières ramifications des artères sont réunies à celles des veines par un réseau de *vaisseaux capillaires*.

Le cœur *droit* reçoit dans son oreillette le sang qui revient de tout le corps ; le ventricule droit le lance dans les poumons où il se purifie par son contact avec l'air.

Le sang revient à l'oreillette du cœur *gauche*. Le ventricule correspondant le lance dans l'artère *aorte* qui le distribue dans tout le corps.

Les artères sont élastiques, et le sang les gonfle lorsque le cœur se contracte. On sent ce gonflement, en pressant avec le doigt une artère au-dessus d'un os; ainsi s'explique le phénomène du *pouls*.

Le sang est un liquide incolore dans lequel nagent des *globules* de couleur rouge. Quand il est sorti de la veine, il se sépare en deux parties : une portion liquide qui a la nature du blanc d'œuf, et un *caillot* rouge formé de fibres analogues à celles de la chair, et des globules rouges.

Ceux-ci ne quittent pas les vaisseaux sanguins, tandis que le liquide du sang s'extravase dans les divers organes qu'il nourrit.

3. Respiration.

188. — La poitrine renferme les *poumons*, organes de la respiration. Elle est limitée par les *côtes*, os mobiles qui s'appuient, à l'arrière, sur la *colonne vertébrale;* en avant, sur le *sternum* (*fig.* 104). Une membrane musculaire, le *diaphragme*, s'étend comme une cloison entre la poitrine et l'abdomen.

Les poumons forment une masse spongieuse comme le *mou* (poumon) de veau (*fig.* 102). Cette espèce d'éponge,

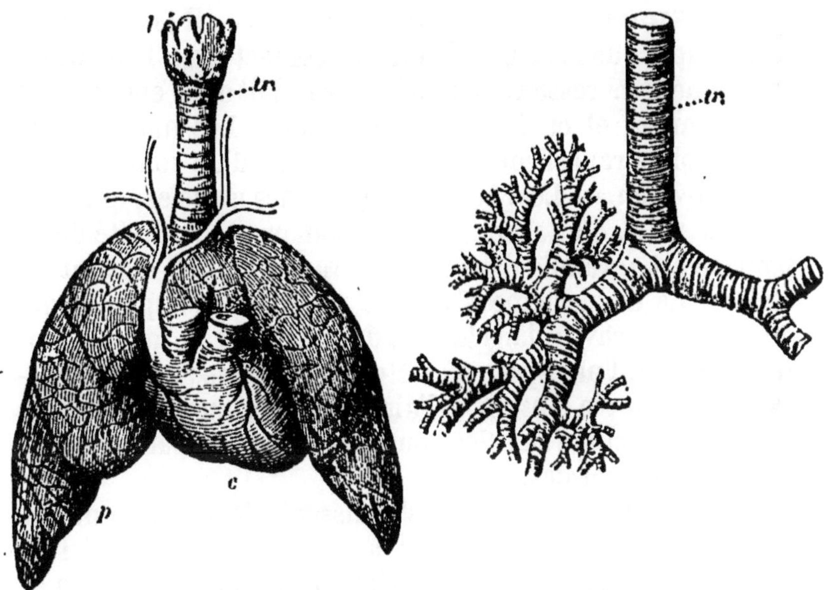

Fig. 102. — Poumons de l'homme : *l*, larynx; *tr*, trachée-artère; *p*, poumons; *c*, cœur.

Fig. 103. Trachée-artère et ramifications des bronches.

creusée d'un grand nombre de cellules pleines d'air, communique avec l'atmosphère par la *trachée-artère*. C'est un canal membraneux renforcé, de distance en distance, par des anneaux cartilagineux. Sa partie supérieure ou *larynx* renferme l'organe de la voix et s'ouvre dans l'arrière-bouche; son orifice est la *glotte*.

La trachée-artère se bifurque, à la hauteur des poumons (*fig.* 163), en deux canaux ou *bronches* qui se subdivisent à leur tour. Les dernières ramifications aboutissent aux *cellules pulmonaires*. Ce sont de petits sacs pleins d'air, formés par une peau mince et délicate, que recouvrent les vaisseaux capillaires des poumons. Le sang qu'ils renferment est donc en contact avec l'air sur une très large surface. Ses globules qui passent en file dans les vaisseaux capillaires n'en sont séparés que par la peau très mince des poumons et celle des vaisseaux.

Les poumons sont enveloppés par une membrane particulière nommée la *plèvre*.

189. Mouvements respiratoires. — Il faut, pour la respiration, que le sang soit mis en contact avec l'air atmosphérique sans cesse renouvelé. Le gaz doit donc entrer dans les poumons et en être ensuite expulsé. Les mouvements respiratoires rappellent exactement le jeu d'un soufflet.

Inspiration. — Les côtes, tirées par des muscles, tournent sur leur point d'attache; elles se soulèvent; la cavité de la poitrine est agrandie dans le sens transversal et d'avant en arrière. Le diaphragme s'abaisse en même temps; ce qui augmente la cavité dans le sens de sa hauteur. L'air des poumons trouvant un espace où s'étendre se dilate : sa force élastique diminue; la tension de l'air atmosphérique l'emporte, et cet air se précipite dans les poumons en entrant par la bouche ou les fosses nasales.

Expiration. — Les côtes s'abaissent; le diaphragme se relève; la poitrine se rétrécit; ses parois compriment l'air des poumons, son élasticité devient plus grande que celle de l'atmosphère, et il sort en partie par la trachée-artère.

QUESTIONNAIRE

Quel est le but de la respiration? — Quels en sont les organes? — Où sont-ils situés? — Nommez la membrane qui les protège. — Qu'est-ce que la trachée-artère, — les bronches, — le larynx, — les cellules pulmonaires (188)?

Décrivez le mécanisme de l'inspiration, de l'expiration. — Expliquez les mouvements de l'air dans la poitrine (189).

190. Mécanisme de la respiration. — L'air qui séjourne dans les poumons traverse leurs membranes, passe dans le sang et s'y dissout. Son oxygène agit immédiatement sur les globules; il en change la couleur rouge noir en rouge vermeil. Le sang, de veineux qu'il était, devient artériel.

Le sang artériel charrie par tout le corps l'air qu'il a dissous. Il pénètre avec lui dans nos organes et les brûle; c'est-à-dire se combine avec le carbone qu'il y trouve pour former de l'acide carbonique; avec l'hydrogène, pour former de l'eau.

L'acide carbonique dissous dans le sang veineux donne aux globules la couleur rouge sombre. Il est ramené par lui dans les poumons. Il passe au travers des membranes dans les cellules pulmonaires et, lors de l'expiration, il est entraîné par l'air avec une certaine quantité de vapeur d'eau. Le but essentiel de la respiration est de faire sortir du corps l'hydrogène et le carbone qui, comme tous les éléments, doivent se renouveler constamment.

191. Chaleur animale. — Cette combustion, qui a lieu dans toutes les parties du corps, produit de la chaleur; et c'est pourquoi notre corps se maintient à une température constante de 39°, plus élevée que celle de l'air qui nous entoure.

L'évaporation qui se fait à la surface du corps modère l'échauffement et maintient la température invariable, quels que soient les individus, quels que soient les climats.

192. Asphyxie. — La respiration est indispensable à la vie; elle ne peut cesser sans déterminer des syncopes et promptement la mort. La pendaison, les asphyxies le démontrent amplement. On est asphyxié lorsque l'air manque; dans une cave pleine d'acide carbonique, sous l'eau. Dans les ascensions, si on s'élève à 8000 mètres, l'air trop raréfié de ces grandes altitudes ne suffit plus pour entretenir la respiration.

Conseils hygiéniques. — Il ne faut rien négliger pour entretenir une respiration normale.

A ce compte, on devrait fuir les villes, car l'homme est un poison pour l'homme; l'air des campagnes est plus sain et plus pur que celui de nos grandes agglomérations d'hommes. Les salles mal ventilées, renfermant un grand nombre de personnes, sont très malsaines. Il en peut être de même de nos chambres à coucher si on ne prend soin de les aérer en ouvrant les fenêtres le matin.

Evitez de conserver dans les chambres des réchauds où l'on brûle du charbon. Évitez les bouquets de fleurs trop odorantes et encore plus les immondices qui vicient l'air. Faites des promenades, des exercices gymnastiques qui fortifient la poitrine, qui font pénétrer l'air dans toutes les cellules du poumon et qui peuvent prévenir cette terrible phtisie devant laquelle la médecine est impuissante.

193. Sécrétions. — Nous ne pouvons, dans ce cours, traiter longuement des sécrétions; je me borne à parler de la *sécrétion urinaire*.

Les *reins* (pour les animaux, on dirait les *rognons*) sont des glandes placées dans l'abdomen, à la hauteur de ce qu'on appelle vulgairement les reins. Ces glandes sécrètent l'*urine* et la versent dans la *vessie*, sac membraneux situé en bas du ventre.

L'*urine* est en grande partie formée de l'eau de nos boissons. Cette eau dissout l'*urée*, corps formé d'oxygène, d'hydrogène, de carbone et d'azote. C'est une substance azotée qui se décompose en *carbonate d'ammoniaque*, lorsque l'urine est exposée à l'air. De là l'odeur d'ammoniaque des fumiers d'étable et des urinoirs

On trouve dans l'urine le carbonate, le phosphate de chaux qui entrent dans la composition des os.

La sécrétion urinaire complète donc le travail de la respiration, en expulsant du corps l'azote et les matières minérales qui s'y trouvent.

QUESTIONNAIRE

Qu'entend-on par asphyxie? — Citer des cas d'asphyxie (192).
Quelles sont les précautions hygiéniques qu'il faut prendre relativement à la respiration (192)?
Où sont placés les reins? — Quelle est leur forme, — leur fonction? — Qu'est-ce que l'urine? — Quelle substance particulière renferme-t-elle? — Que devient l'urée au contact de l'air? — A quoi sert la sécrétion urinaire (193)?

RÉSUMÉ

La respiration est une fonction importante qui ne cesse qu'avec la vie. On la retrouve dans tous les animaux.

Elle a pour organes les *poumons;* ils sont renfermés dans la *poitrine,* sorte de cage osseuse formée par les *côtes,* et séparée du ventre par le *diaphragme.*

L'air pénètre dans les poumons par la bouche ou par les narines. Il traverse l'*arrière-bouche,* la *trachée-artère,* les *bronches* qui ne sont que des ramifications de la trachée. Il se trouve ainsi en contact avec la peau intérieure des poumons, qui se replie de façon à former une multitude de petits sacs pleins d'air. Les poumons ont la consistance d'une éponge.

L'air se renouvelle dans les poumons par les mouvements des côtes et du diaphragme. Ils augmentent ou resserrent alternativement la capacité de la poitrine. Dans le premier cas, l'air entre dans les poumons et les gonfle; dans le second, les côtes et le diaphragme compriment les poumons et en font sortir l'air.

Les poumons reçoivent du cœur le sang *veineux* ou *noir.* L'air qu'ils renferment se dissout dans le sang en traversant la peau intérieure des poumons. Les gaz dissous dans le sang passent en sens inverse dans les petits sacs qui terminent les bronches; après cet échange de gaz, le sang redevient *vermeil.*

Il charrie dans tout le corps l'air qu'il a dissous. L'oxygène de l'air brûle le carbone qui se trouve dans le corps humain et il forme de l'acide carbonique; il brûle l'hydrogène et forme de l'eau.

L'acide carbonique et la vapeur d'eau se mêlent dans les poumons à l'air qui s'y trouve et ils sont emportés par lui au dehors.

La respiration ne peut s'arrêter sans que la mort s'ensuive. Elle ne s'accomplit bien que dans un air pur, et on doit renouveler l'air des salles qui sont habitées par un grand nombre de personnes.

La chaleur de notre corps est due à la respiration. La température de l'homme est de 39°; elle se retrouve la même dans tous les pays, qu'ils soient froids ou chauds.

La sécrétion urinaire se fait dans les reins; elle expulse du corps des substances azotées et minérales.

---

4. Fonctions de relation. Des mouvements.

194. — L'homme et les animaux sont mis en relation avec le monde extérieur par les sens, sur lesquels nous reviendrons bientôt et par les mouvements qui leur permettent de se déplacer, d'agir sur les objets extérieurs et souvent d'exprimer d'une manière plus ou moins précise leurs sentiments ou leurs idées.

Les organes du mouvement sont principalement les *os*, que font mouvoir les *muscles*, sous l'influence des *nerfs*.

195. Os. — Dans les premiers temps de la vie, les os sont à l'état de *cartilages*, substance blanche, compacte, résistante et élastique. Ils restent tels dans certains poissons : le *requin* et la *raie*. La cloison du nez, le pavillon de l'oreille sont formés de cartilages.

Chez l'homme, les os se chargent de matières minérales : *phosphate* et *carbonate de chaux*. Ils deviennent durs, raides et cassants. Les matières cartilagineuses des os servent, dans l'industrie, à préparer la *gélatine*, la colle forte des menuisiers.

Les os sont enveloppés dans une membrane, le *périoste*, qui joue un rôle important dans leur conservation et leur nutrition.

Les os servent à protéger des organes très importants,

comme le cerveau, le cœur, les poumons. Ils forment, en outre, la charpente du corps humain.

Ils s'attachent ou *s'articulent* les uns aux autres. L'articulation est fixe pour les os du crâne, du bassin : deux os ainsi réunis forment un assemblage très solide, comme les pièces d'une charpente.

L'articulation est *mobile*, si l'un des os peut tourner sur celui qui le soutient ; l'os du coude fléchit sur l'os du bras.

Les surfaces articulaires sont arrondies et s'emboîtent l'une dans l'autre. Elles sont recouvertes de cartilages, ce qui les rend très lisses. Un sac membraneux, sans ouverture, est collé sur les deux surfaces ; dans le mouvement des os, ses deux feuillets glissent l'un sur l'autre, le sérum qui les humecte facilite le mouvement, comme l'huile que le mécanicien verse sur les surfaces frottantes de ses machines.

Des cordons très résistants, les *tendons*, réunissent les os, les maintiennent en contact, sans gêner leurs mouvements, et assurent la solidité de l'articulation.

Les os destinés à protéger les organes ont un tissu serré ; ils sont très durs ; voyez les os du crâne. Ceux des membres sont longs ; cette forme tubulaire leur donne de la légèreté et une grande résistance. La cavité intérieure est remplie par la *moelle*, matière grasse qui sert à la nutrition de l'os.

196. Squelette. — Nous distinguerons dans le squelette : la *tête*, le *tronc*, les *membres*.

Os de la tête. — Le crâne est une boîte arrondie en dessus, plate en dessous, qui renferme et protège l'*encéphale*.

On y trouve l'os du *front*, les os des *tempes* en avant ; les os des *côtés*, l'os *occipital* en arrière ; deux os complètent le crâne en dessous.

QUESTIONNAIRE

Quel est le premier état des os ? — En quoi un os diffère-t-il d'un cartilage ? — Qu'est-ce que le périoste, — la moelle ? — Qu'est-ce qu'une articulation fixe ? donner un exemple. — Décrivez une articulation mobile (195).

Quelles sont les diverses parties du squelette ? — Nommez les os du crâne, — les os de la face. — Indiquez leur place. — Quel est l'os mobile de la tête (196) ?

11.

Le crâne soutient les os de la face. Les principaux sont : les os des *joues*, qui font saillie ; les os du *nez ;* ceux de la *mâchoire supérieure* et du *palais*. Tous ces os sont à articulation fixe.

La *mâchoire inférieure* est le seul os mobile. Sa forme est celle d'un fer à cheval, dont les extrémités sont recourbées de bas en haut. Il s'articule sur les os des tempes.

197. Os du tronc. — La *colonne vertébrale* ou *épine dorsale* soutient la tête. Elle est composée de *trente-trois* petits os appelés *vertèbres*, placés bout à bout et réunis solidement par des cartilages.

Chaque vertèbre est percée d'un trou, et, lorsqu'elles sont en place, ces trous forment un canal dans lequel est logée la moelle épinière ; ce canal communique au dehors par des ouvertures latérales qui livrent passage aux nerfs issus de cette moelle.

On compte sept vertèbres du cou, douze du dos, cinq des reins. Les cinq vertèbres qui suivent sont soudées et forment un os appelé *sacrum ;* enfin, quatre vertèbres rudimentaires représentent chez l'homme la queue des animaux.

La poitrine est formée de douze paires de *côtes ;* ce sont des os courbes, pleins, articulés sur les vertèbres dorsales et pouvant tourner sur leur articulation. Des cordons cartilagineux, de plus en plus longs à mesure qu'on

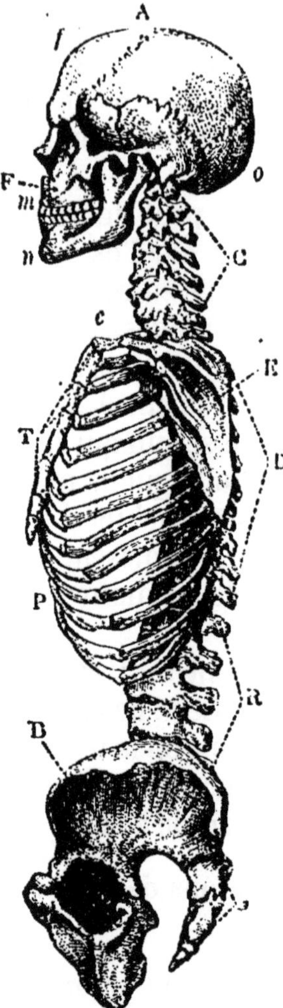

Fig. 104. — Os de la tête et du tronc.— *Tête :* A, os du crâne; F, os de la face. *Tronc :* C,R,S, colonne vertébrale ou *épine dorsale ;* C, vertèbres du cou ; D, vertèbres du dos ; R, vertèbres des reins ; S, vertèbres de la queue ; P, poitrine formée de douze paires de côtes ; T, os plat de la poitrine ; E, os de l'épaule ; B, os des hanches.

s'abaisse, réunissent les côtes au *sternum*, os plat situé en avant de la poitrine.

198. Membre supérieur. — Ce membre est com-posé de quatre parties : l'*épaule*, le *bras*, l'*avant-bras*, la *main*.

L'*épaule* comprend l'*omoplate* et la *clavicule*, qui sont portées par la poitrine. L'*omoplate* E est un os plat qui repose sur la partie postérieure des côtes. La *clavicule*, *c*, os court, s'articule d'un côté sur l'omoplate, de l'autre sur le sternum. Il donne de la fixité à l'épaule et la maintient écartée de la poitrine.

Le *bras* (*fig.* 103) est formé d'un os articulé sur l'épaule par une tête ronde qui lui permet de tourner dans tous les sens.

L'*avant-bras*, porté par le bras, est composé de deux os.

L'os du *coude* s'articule seul sur l'os du bras. Il n'a qu'un mouve-ment. Il fléchit d'avant en arrière, et s'arrête quand il est en ligne droite avec le bras.

L'os *tournant* est porté par celui du coude, il peut tourner autour de ce dernier ; seul, il porte la main qu'il entraîne dans son mouvement.

La main se divise en trois parties. Le *poignet* (*carpe*) présente huit pe-tits os courts ayant peu de mobilité les uns sur les autres.

La *paume* de la main (*métacarpe*) a cinq os assez longs, presque parallèles, articulés sur le poignet. Chacun d'eux porte un doigt.

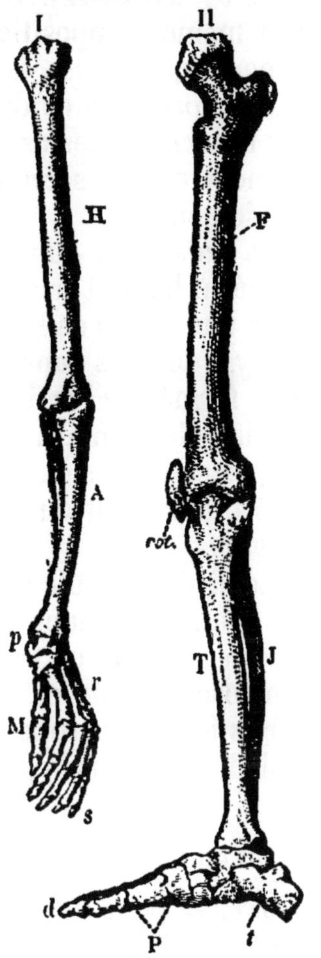

Fig. 103. — I. Membre supérieur de l'homme : H, os du bras ; A, os de l'avant-bras ; M, main. II. Membre inférieur : F, os de la cuisse ; rot., rotule ; J, os de la jambe ; P, pied ; t, talon.

Le pouce a deux *phalanges* et il peut s'opposer aux autres doigts ; ceux-ci sont composés de trois phalanges.

199. Membre inférieur. — Le membre inférieur a la même composition que le précédent. On y distingue la *hanche*, la *cuisse*, la *jambe* et le *pied*.

La *hanche* ou os du *bassin* est un grand os plat articulé sur le *sacrum*. Les os des hanches se réunissent en avant et forment avec le sacrum une ceinture qui soutient et protège l'abdomen.

La *cuisse* n'a qu'un os (*fémur*) long, élargi à sa base, coudé en haut et terminé par une tête arrondie qui s'articule dans une cavité de la hanche.

Il y a deux os dans la jambe (le *péroné*, le *tibia*). Le genou, formé par l'articulation du fémur et du tibia, a un os spécial, placé en avant, la *rotule*. Les extrémités inférieures un peu saillantes du péroné et du tibia se sentent de chaque côté à la hauteur du pied, et forment ce que l'on nomme la *cheville*.

Le pied s'articule là sur les os de la jambe ; il ne tourne pas comme la main. Les os, analogues au poignet, forment le *tarse ;* parmi eux se trouve l'os du *talon*. Le *métatarse* se compose de cinq os comme le métacarpe. Ils portent les doigts formés de trois phalanges. Le pouce n'en a que deux, mais il n'est plus opposable aux autres doigts.

QUESTIONNAIRE

Quel est le nombre des vertèbres, en combien de groupes les partage-t-on ? — Comment sont-elles articulées ? — Combien l'homme a-t-il de côtes ? — Qu'est-ce que le sternum (197) ?

Quelles sont les parties du membre supérieur ? — Décrivez-les et indiquez les mouvements que chaque os peut faire (198).

Comparez os par os la composition du membre inférieur à celle du membre supérieur (199).

RÉSUMÉ

Les os sont des organes destinés à donner au corps sa forme générale ; à protéger les parties du corps qui ne pourraient être blessées sans mettre la vie en danger. Les os donnent de la précision aux mouvements des membres.

Ils sont dans l'enfant à l'état de *cartilages*, plus tard ils deviennent durs et résistants ; ils renferment alors des substances minérales : le *phosphate* et le *carbonate de chaux* et la matière des cartilages.

Les os destinés à protéger d'autres organes sont pleins, très durs et plats (os du *crâne*). Ils tiennent solidement les uns aux autres, leur articulation est fixe ou immobile.

Les os des membres sont creux ; ils sont à la fois résistants et légers.

Deux os qui se touchent peuvent tourner l'un sur l'autre ; leur articulation est mobile. Ils sont maintenus en contact par des *tendons*.

La *tête* est formée par les os du *crâne*, qui protègent le cerveau, et les os de la *face*, qui donnent au visage sa forme générale. Un seul os est mobile, c'est celui de la *mâchoire inférieure*.

La colonne vertébrale est formée de trente-deux petits os peu mobiles appelés *vertèbres*. Elle est creusée d'un canal occupé par la moelle épinière. Elle porte la tête, les *côtes* qui forment la poitrine et les os des *hanches* qui soutiennent le ventre. Les côtes sont réunies en avant à un os plat (os de la poitrine, *sternum*). Elles sont mobiles sur leurs articulations.

L'épaule est composée de l'*omoplate* et de la *clavicule*.

Le membre supérieur et le membre inférieur ont la même composition On trouve dans le premier l'os du *bras*, les deux os de l'*avant-bras*, les os du *poignet*, les cinq os du milieu de la main, les cinq doigts, composés de trois *phalanges*. Le pouce n'en a que deux et on peut l'opposer aux autres doigts ; c'est le caractère de la *main :* ce qui lui permet de saisir les objets.

Le membre inférieur est formé de l'os de la *cuisse*, de l'os du *genou* et des deux os de la *jambe ;* des os du *talon* et du *cou-de-pied*, les cinq os du milieu du pied et des cinq doigts composés de phalanges. Ils ne diffèrent des os de la main que parce qu'ils sont plus courts. Le pouce n'est pas opposable aux autres doigts.

---

5. Des muscles.

200. Muscles. — Les *muscles* forment ce qu'on appelle la *chair* de l'homme et des animaux.

Un muscle est formé de fibres accolées comme les fils d'un écheveau. Il s'amincit souvent en fuseau vers ses extrémités ; ses fibres s'enchevêtrent avec des fibres blanches, d'une tout autre nature, qui forment les *tendons*, qu'on appelle à tort des *nerfs*.

Les fibres musculaires ont la singulière propriété de se raccourcir sous l'influence mystérieuse des nerfs. Le muscle se raccourcit, il grossit et devient plus dur. On dit qu'il *se contracte*. Il met alors en mouvement les organes auxquels il est attaché.

On trouve dans le corps de l'homme des muscles partout où il y a mouvement.

Les contractions de l'œsophage, celles de l'estomac, le mouvement vermiculaire de l'intestin, sont dus à des fibres musculaires logées dans les membranes qui composent chacun de ces organes. Le cœur est un muscle. Il est à remarquer que, dans tous les muscles que je viens de citer, les mouvements sont soustraits à l'action de la volonté; leurs muscles, leurs nerfs ont une structure toute spéciale.

Nous trouvons dans les membres les muscles que la volonté fait contracter à son gré.

Prenons, par exemple, un des muscles du bras : celui qui fait fléchir l'avant-bras sur le bras.

Ce muscle *a* (*fig.* 106) s'attache près de la tête de l'os du bras dont il recouvre la face supérieure. Son tendon aboutit à l'os du coude et s'attache solidement sur le périoste, très près de l'articulation. Lorsque le bras est étendu, le muscle a toute sa longueur et est flasque. Nous voulons plier le bras. Notre volonté agit sur le cerveau, qui agit à son tour sur le nerf spécialement destiné au muscle *a* ; celui-ci se contracte ; ses deux extrémités se rapprochent ; l'os est forcé de

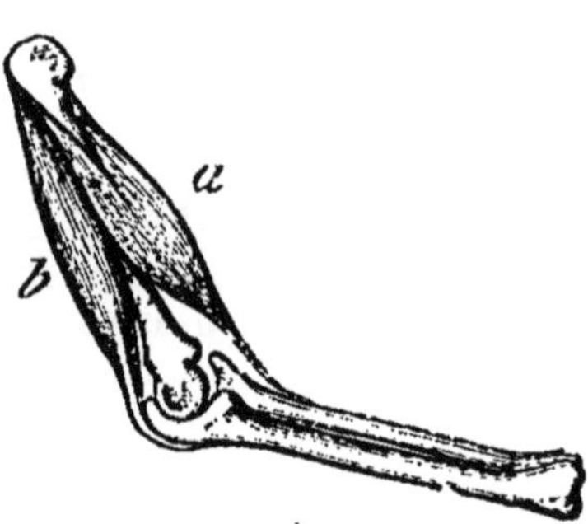

Fig. 106. — Muscles du bras attachés d'un côté à l'os du bras, de l'autre à l'os du coude : *a*, muscle *fléchisseur ;* il fait tourner d'arrière en avant l'os du coude sur son articulation ; *b*, muscle *extenseur*, il détermine le mouvement inverse d'avant en arrière.

tourner sur son articulation. Il soulève la main et le poids qu'elle tient, s'il n'est pas trop lourd. La contraction du muscle est la force que l'homme utilise, soit pour soulever son corps, soit pour faire un travail. Cette force agit sur les corps extérieurs par l'intermédiaire de l'os, qui est un véritable levier.

Pour ramener l'avant-bras dans le prolongement du bras, il ne suffit pas que le muscle *fléchisseur*, *a*, cesse de se contracter, il faut qu'un autre muscle dit *extenseur*, *b*, se contracte à son tour et donne au bras un mouvement de sens inverse.

Ce que nous disons pour ce cas particulier peut être généralisé. Dans une foule de cas, il y a deux muscles antagonistes qui agissent successivement, et qui donnent à l'os deux mouvements de sens opposés.

201. — La puissance musculaire est très variable d'un individu à l'autre, d'un muscle à l'autre. Une surexcitation double parfois la force d'un homme. D'un autre côté, les muscles ne peuvent rester, sans fatigue, constamment contractés.

C'est pourquoi la station verticale, immobile, devient très fatigante; parce que les muscles extenseurs des cuisses, des jambes, du pied sont seuls en action.

La marche est moins pénible, les muscles fléchisseurs et les extenseurs agissent alternativement; les uns se reposent quand les autres travaillent. Malgré cela, la fatigue arrive; après une longue étape, les muscles refusent le service, et le repos devient nécessaire.

Les muscles sont tous en repos quand on est couché.

Conseils hygiéniques. — L'exercice développe les muscles, les fortifie et donne aux membres une agilité, une adresse surprenantes. Les années d'apprentissage sont employées à obtenir cette adresse. La marche développe les muscles des jambes; les forgerons ont les muscles du bras très gros, saillants et fermes; l'agilité des doigts d'un pianiste est merveilleuse.

Les exercices de gymnastique servent surtout à développer les muscles, et, à cet égard, ils sont nécessaires et doivent avoir une place importante dans l'éducation des jeunes gens.

Décrire la structure d'un muscle, — sa forme, — sa couleur, — son mode d'attache. — Citez des mouvements volontaires et des mouvements sous-traits à la volonté. — Indiquer comment un muscle peut mettre un os en mouvement. — Quelle est la propriété caractéristique des fibres muscu-laires ? — Qu'appelle-t-on muscles antagonistes (200) ?

Pourquoi se fatigue-t-on moins à marcher qu'à rester debout, immobile. — Peut-on faire l'éducation d'un muscle ? — Comment peut-on le forti-fier (201) ?

RÉSUMÉ

Les *muscles* forment la chair. Ils sont composés de fibres qui se raccourcissent en se contractant. Ils mettent en mouvement les par-ties mobiles du corps. Ils ne peuvent se contracter que sous l'in-fluence des nerfs.

Un muscle s'attache à deux os par des *tendons*. Au moment de sa contraction il fait tourner l'un des os sur son articulation. Un second muscle est nécessaire pour produire le mouvement inverse, lorsque le premier cesse d'agir.

La contraction d'un muscle ne peut durer qu'un temps ; elle doit être suivie d'un autre temps de repos.

L'exercice développe les muscles. On ne fait bien un mouvement que si on l'a répété un certain nombre de fois.

---

6. Système nerveux.

202. — Nous avons réservé pour la fin de notre étude de l'homme le *système nerveux*, l'organe le plus important de son corps.

Comme nous venons de le dire, c'est sous son influence que les muscles se contractent. Il entre donc pour une part dans l'exécution de nos mouvements, qu'ils soient volon-taires ou non.

C'est, de plus, le seul organe de la *sensibilité*, précieuse faculté que l'homme possède, ainsi que l'animal, et qui lui fait connaître le monde extérieur par l'intermédiaire des sens. Enfin, et cela achèvera de faire comprendre l'importance du système nerveux, les plus belles facultés de notre âme ne s'exercent et ne se manifestent que par l'intermédiaire du système nerveux. Si la maladie l'atteint, ces facultés semblent s'éteindre et souvent l'homme descend au-dessous de la brute.

Nous appelons système nerveux l'ensemble de l'*encéphale*, de la *moelle épinière* et des *nerfs*.

203. Encéphale. — La masse nerveuse logée dans le crâne est l'*encéphale*, qui se divise en *cerveau, cervelet, moelle allongée*. Ce sont des *centres nerveux* d'où partent les excitations nerveuses qui font mouvoir les muscles et où arrivent celles qui proviennent des sens.

Une cervelle de mouton donnera une idée de la forme, de la consistance molle et délicate de l'encéphale. Nous ne parlerons que de la forme extérieure.

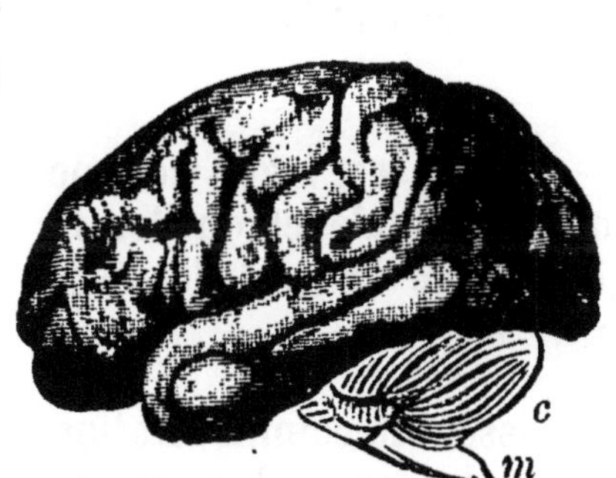

Fig. 107. — Cerveau vu de côté:
h, hémisphère du cerveau; *c*, cervelet;
m, moelle épinière.

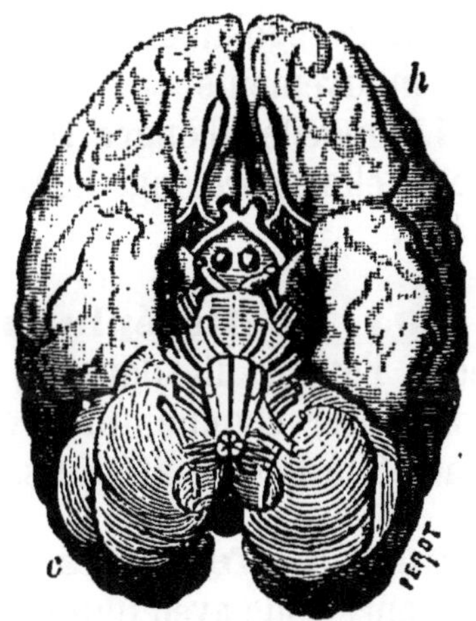

Fig. 108. — Cerveau vu en dessous :
h, hémisphère du cerveau; *c*, cervelet;
m, moelle épinière.

Cerveau. — Si on ouvre un crâne et si on écarte les membranes protectrices, on met à nu le *cerveau*. Il est arrondi en dessus, un sillon profond le partage en deux parties distinctes, nommées les *hémisphères* du cerveau; elles sont réunies à la base. La surface des hémisphères présente de nombreux sillons qui leur donnent l'apparence d'un intestin replié sur lui-même (*fig.* 107 et 108). C'est ce qu'on appelle les *circonvolutions du cerveau.*

Il doit y avoir une relation entre ces circonvolutions et l'intelligence; elles s'effacent peu à peu dans les animaux, à mesure que l'on s'éloigne de l'homme. Les oiseaux, les reptiles, les poissons ont un cerveau lisse, et les deux derniers groupes ne sont pas renommés pour leurs facultés intellectuelles. Les maladies qui affectent les hémisphères apportent un grand trouble dans les nôtres; nous perdons la mémoire et parfois la raison.

Le *cervelet* se trouve au-dessous et en arrière du cerveau. Les nombreux sillons de sa surface sont parallèles.

Il paraît servir à la coordination des mouvements. Pour prendre un objet, il nous faut nous lever, étendre le bras, ouvrir la main. Chaque mouvement met en jeu un muscle, chaque muscle nécessite l'intervention d'un nerf. Le cervelet serait le régulateur qui ferait exécuter en temps utile tous ces mouvements.

La moelle allongée tient à la fois au cerveau et au cervelet, elle se prolonge hors du crâne et devient la *moelle épinière.*

204. Moelle épinière. — Celle-ci est logée, comme nous l'avons dit, dans la colonne vertébrale et on doit la considérer comme un prolongement de l'encéphale. Elle s'arrête à l'extrémité du sacrum.

205. Nerfs. — Les nerfs établissent la communication de l'encéphale avec toutes les parties du corps. Ils vont par paires; douze paires naissent de la partie inférieure de l'en-

QUESTIONNAIRE

Quelles sont les principales fonctions du système nerveux ? — Nommez-en les diverses parties (202).

Qu'est-ce que l'encéphale? — Que trouve-t-on dans le crâne ? — Quelle est la forme générale du cerveau ? — Qu'appelle-t-on circonvolutions ? — Dans quels animaux manquent-elles ? — Qu'est-ce que le cervelet ? — A quoi sert-il ? — Qu'est-ce que la moelle allongée (203) ?

céphale et sortent du crâne pour se distribuer principalement dans la tête. La moelle épinière envoie dans le corps trente et une paires de nerfs.

Un nerf a l'aspect d'un cordon blanc, recouvert d'une membrane qui renferme un grand nombre de fibres d'une ténuité extrême, les *fibres nerveuses.* Elles sont parallèles, et vont du centre nerveux à l'organe auquel elles sont destinées, sans se diviser ni se réunir. Elles se partagent en groupes de plus en plus nombreux, à mesure qu'on s'éloigne du point de naissance du nerf, et celui-ci semble se diviser en rameaux et en ramuscules. Les nerfs ont parfois plusieurs racines; ceux qui sortent de la moelle en ont deux : l'une sort de la partie antérieure; l'autre, de la partie postérieure.

206. — Nous ne pouvons commander à l'estomac de digérer, de hâter ou retarder son travail; notre volonté n'a, de même, aucune action sur celui du foie et des reins.

La portion du système nerveux qui anime les organes de nutrition est donc soustraite à notre volonté. Elle se compose d'amas de matière nerveuse, ou *ganglions*, disséminés dans le cou, la poitrine, l'abdomen, et d'où partent les nerfs qui les relient entre eux, avec l'encéphale et avec les organes de nutrition.

207. Fonction des nerfs. — Le cerveau est en communication par la moelle et les nerfs avec chaque muscle, avec chaque point du corps intérieur ou extérieur; et cela, par des fibres individuelles qui unissent ce point à une des cellules du cerveau. La volonté, qui a pour organe le cerveau, peut agir sur telle ou telle cellule, par suite, sur la fibre correspondante, et déterminer la contraction d'un muscle particulier. Le mouvement qu'elle a décidé se produit alors. Les fibres nerveuses mises ici en jeu sont les fibres du mouvement, et elles forment la racine antérieure des nerfs qui sortent de la moelle.

Les corps extérieurs agissent sur nous ou plutôt sur nos nerfs et y produisent une *impression* qui, conduite par eux au cerveau, se change en une *sensation* particulière que l'âme perçoit. Nous voyons, nous entendons, nous ressentons la douleur d'une brûlure, le plaisir d'une chaleur modérée. Les filets nerveux affectés au service de la *sensibilité* ne sont pas les mêmes que les précédents. Ils sortent de la moelle par la racine postérieure du nerf. D'autres nerfs, d'une nature toute spéciale, se rendent dans les organes des sens. Nous en parlerons plus loin.

En résumé, dans un membre tel que le bras, nous trouvons un nerf qui renferme des fibres du mouvement et des fibres sensibles. Si les premières sont malades, le bras ne peut plus se mouvoir, mais il est encore sensible au froid, au chaud, etc. Si la maladie n'atteint que les fibres de la seconde espèce, le bras perd toute sensibilité, mais il exécute des mouvements. D'ordinaire, tout le nerf est malade, et le bras est complètement paralysé.

208. Conseils hygiéniques. — Le cerveau est l'organe par lequel notre âme agit directement sur le corps; les maladies qui l'affectent n'apportent pas seulement un grand désordre dans notre vie animale, elles déterminent souvent un trouble profond dans nos facultés intellectuelles : le délire de la fièvre, la folie furieuse, l'hébétement de la paralysie en sont de tristes exemples. Il faut donc éviter avec grand soin ce qui peut fatiguer le cerveau, l'user, car il s'use comme nos autres organes, ou le rendre malade.

Un travail continu poursuivi pendant longtemps amène souvent une fatigue qui dégénère en mal. Combien sont devenus fous par l'amour des grandeurs, la croyance aux persécutions et aussi à la suite d'une grande joie ou d'un grand malheur.

Il faut éviter avec soin l'abus des plaisirs, l'usage des liqueurs fortes; l'alcool fait à notre époque de grands ravages dans la classe ouvrière; l'ivrognerie invétérée conduit fatalement à la folie.

L'usage du tabac est également funeste au système nerveux, et il faut surtout l'interdire aux enfants.

Nous ne parlons pas de la morphine, de l'opium, poisons plus violents encore et qui désorganisent promptement le cerveau. Ménagez votre cerveau : la vieillesse viendra toujours assez tôt avec son cortège de misères et de tristesses dues souvent à un cerveau affaibli par l'âge.

QUESTIONNAIRE

Où se trouve la moelle épinière (204)?— Combien y a-t-il de paires de nerfs?— Combien partent du cerveau?— D'où sortent les autres? — Quelle est la constitution d'un nerf? — Qu'appelle-t-on fibres nerveuses et quel est leur caractère important (205)?

Qu'appelez-vous nerfs du mouvement, — nerfs de la sensibilité?— Qu'entend-on par la paralysie d'un membre? — Indiquer les diverses variétés de paralysie (207).

Montrer l'importance du cerveau. — Indiquer les causes qui peuvent l'affaiblir ou le rendre malade. — Montrer le danger des maladies cérébrales (208).

RÉSUMÉ

Le système nerveux est formé de grands amas de matière nerveuse; on les appelle des *centres nerveux*. Il s'en détache des cordons ou *nerfs* qui se répandent dans tout le corps. Le *cerveau*, le *cervelet*, la *moelle épinière* sont les centres nerveux. Les deux premiers sont enfermés dans le crâne; la troisième, dans la colonne vertébrale.

Les nerfs naissent les uns du cerveau, les autres de la moelle; chaque membre, chaque organe a un nerf qui s'y ramifie, en sorte que l'on trouve partout des filets nerveux.

Les nerfs du *mouvement* aboutissent aux muscles. Ils reçoivent du cerveau, sous l'action de la volonté, une impression qui se transmet à leur extrémité et qui détermine la contraction du muscle et la production d'un mouvement.

Les nerfs de la *sensibilité* s'épanouissent surtout à la surface de la peau. L'impression que reçoivent leurs extrémités remonte au cerveau et y fait naître une sensation agréable ou douloureuse.

Les organes de nutrition sont animés par des nerfs spéciaux, soustraits à l'action de la volonté.

Le cerveau est l'organe de notre intelligence. Les facultés de l'âme ne se manifestent au dehors que si le cerveau est sain et bien conformé.

7. Organes des sens.

209. — Les nerfs des sens ont une structure particulière qui ne les rend sensibles qu'à un certain ordre d'impressions. Le nerf de la vue (*nerf optique*) n'est impressionné que par la lumière. Si l'œil reçoit un coup violent, ressenti par le nerf, on croit apercevoir des lueurs soudaines illuminer cet organe. Ces lueurs n'existent pas réellement, mais l'impression transmise au cerveau par le nerf optique se transforme en une sensation de lumière.

On compte *cinq* sens : le *toucher*, le *goût*, l'*odorat*, l'*audition*, la *vue*.

210. Toucher. — La *peau* du corps est l'organe du toucher. C'est une membrane épaisse qui enveloppe le corps et protège les membres. Cette peau, appelée *cuir* dans les animaux, est recouverte de l'*épiderme*, membrane mince et insensible. Des poils, sécrétés par de petites glandes logées dans la peau, couvrent celle-ci par places. D'autres glandes sécrètent la sueur. La peau est percée de petits trous par lesquels se fait une évaporation active de l'eau qui est dans le sang. L'épiderme est chargé de la modérer; c'est pourquoi il manque sur la peau qui tapisse les organes intérieurs du corps : tube intestinal, poumons.

La peau reçoit un si grand nombre de filets nerveux sensibles que l'on ne peut la piquer sans que le cerveau en soit averti.

Le *tact* est un toucher perfectionné qui nous fait connaître la forme des objets. Son organe est la *main*. Ses doigts longs et flexibles, opposables au pouce, la délicatesse de la peau qui la recouvre, le grand nombre de nerfs qui s'épanouissent à la surface des doigts, la rendent très apte à exécuter le travail que nécessite le tact.

211. Goût. — Les nerfs sensibles qui se rendent à la *langue* et dans le *palais* sont impressionnés par les saveurs

et nous permettent de distinguer celles qui sont salées, su-
crées, amères, etc. C'est un toucher d'une nature spéciale.

212. Odorat. — Les odeurs impressionnent le nerf du
nez (*nerf olfactif*). Elles nous sont apportées par l'air qui se
rend aux poumons et qui traverse les *fosses nasales*, siège
du sens de l'odorat. Nous avons ainsi des sensations
agréables (*odeur de la rose, de la violette*), ou désagréables
(*acide sulfhydrique, pétrole, essence de térébenthine*).

Souvent nous confondons les impressions des nerfs du
goût et de l'odorat. On dira qu'un chocolat a goût de vanille,
tandis qu'il n'en a que l'odeur. Bouchez-vous le nez en le
mangeant, et le goût de vanille disparaît. Une personne en-
rhumée ne trouve plus de goût aux mets qu'elle mange, parce
que la membrane du nez est malade et qu'elle ne perçoit plus
les odeurs.

213. Audition. — Le nerf auditif nous permet d'entendre et de comparer les sons. Il part du cerveau et se rend
à l'oreille.

Je ne ferai pas une description complète de l'oreille; c'est
un organe très compliqué. Je me borne à insérer une figure
représentant une coupe de l'appareil auditif. Il est logé dans
l'os des tempes.

On ne voit au dehors que le *pavillon de l'oreille* ou *oreille
externe*, sorte d'entonnoir qui aboutit au *conduit auditif* A
(*fig.* 109). Celui-ci est bouché par la membrane du tympan,
B, tendue comme une peau de tambour. Derrière celle-ci est
la cavité de l'*oreille moyenne;* elle est pleine d'air; elle communique avec l'arrière-bouche par un tuyau E (*trompe
d'Eustache*). Il y a dans cette *caisse du tympan* une chaîne

d'os très petits **M, N, P,** qui s'appuient sur la membrane du tympan et sur celle qui ferme l'oreille interne. L'*oreille interne* communique avec la caisse par des ouvertures *o* fermées chacune par une membrane ; elle est pleine de liquide. Une portion S a la forme d'une coquille de limaçon ; c'est à son intérieur que s'étalent les fibres du nerf auditif R.

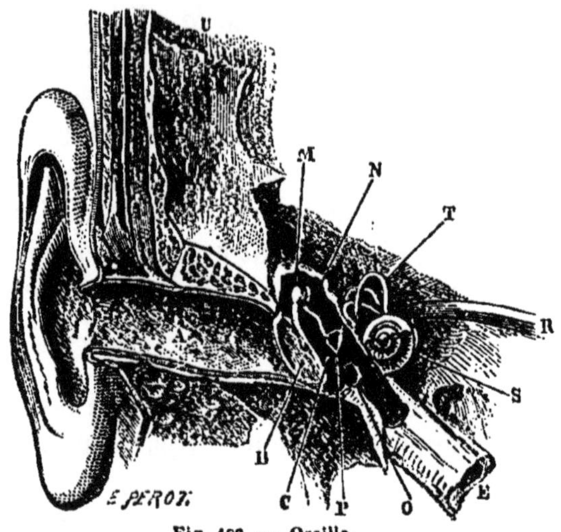

Fig. 109. — Oreille.

La théorie de l'audition ne peut trouver sa place ici. Tout ce que nous pouvons dire, c'est que le mouvement qui rend les corps sonores se communique à l'air et fait vibrer les diverses parties de l'oreille et finalement le nerf acoustique, comme les roulements du tonnerre font vibrer les vitres de nos fenêtres.

214. Vue. — L'organe de la vue, l'*œil*, n'est pas plus simple que le précédent. Il est logé dans les cavités du crâne appelées *orbites*. Les *paupières* le protègent ; les glandes lacrymales, placées du côté du nez, versent continuellement sur l'œil le liquide des *larmes ;* il y est étendu par le mouvement des paupières. Les *cils* et les *sourcils* sont des organes de protection. Des muscles placés dans l'orbite font tourner l'œil en divers sens. Nous donnons (*fig.* 110) une coupe verticale de l'œil.

C'est un globe formé par une membrane blanche, très résistante (la *cornée opaque, d*). La partie antérieure est transparente (*cornée transparente, b*). Derrière celle-ci se voit le cercle coloré de l'œil (*iris, i*), percé d'un trou central (la *pupille, f*).

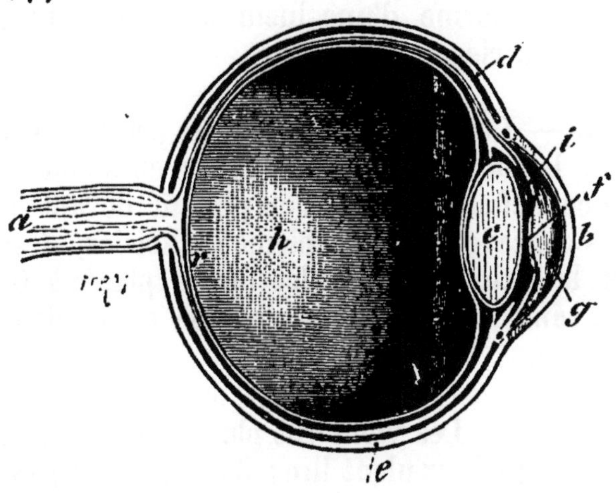

Fig. 110. — Coupe de l'œil : *b*, cornée transparente ; *d*, cornée opaque ; *i*, iris ; *f*, pupille : *c*, cristallin ; *a*, nerf optique ; *r*, rétine ; *e*, membrane noire ; *g*, partie antérieure de l'œil remplie d'eau ; *h*, partie postérieure remplie d'une gelée transparente.

Le *cristallin, c,* est une lentille transparente placée derrière la pupille. Il partage l'œil en deux compartiments : la *chambre antérieure, g,* pleine d'un liquide ressemblant à l'eau, et la *chambre postérieure, h,* pleine d'une gelée transparente.

Le fond de l'œil est recouvert d'une membrane noire (*choroïde, e*), sur laquelle le nerf optique s'étale en forme de membrane (*rétine, r*). C'est la partie sensible de l'œil.

Si un objet lumineux, la flamme d'une bougie, est placé à quelque distance devant l'œil, une portion de la lumière qu'elle envoie pénètre dans la pupille, traverse le cristallin et va former sur la rétine une image renversée de la flamme. Le nerf optique est impressionné à la place de cette image et nous donne la sensation de la bougie.

La vision ne sera nette que si l'image se forme sur la rétine, ce qui dépend de la distance de la bougie à l'œil. Il y a une distance déterminée (0^m,33) qui convient à la *vision distincte*. Rapprochez la bougie, l'image ne peut se former qu'au delà de la rétine ; elle se forme en avant si vous éloignez le corps lumineux. Alors l'image reçue sur la rétine n'est plus qu'une tache confuse. On voit la bougie au travers d'un nuage sous forme d'une lueur aux contours vagues ; on ne distingue rien.

Myopes. — Certaines personnes ne peuvent lire qu'en rapprochant beaucoup le livre de l'œil ; elles sont *myopes*. On corrige ce défaut de la vue en plaçant devant les yeux des lentilles concaves, convenablement choisies, destinées à rejeter sur la rétine l'image des objets placés à 0^m,33 de l'œil et qui, sans cela, se formeraient en avant de la membrane nerveuse.

Presbytes. — Les vieillards placent à 0^m,60 ou 0^m,80 de l'œil le livre qu'ils veulent lire ; ils sont *presbytes*. Il leur faut des lentilles convexes. Ils doivent les choisir telles que la vue soit nette lorsque le livre est, à peu près, à 0^m,33 de l'œil. Elles ramènent sur la rétine l'image qui ne pourrait se former qu'à une plus grande distance du cristallin.

215. Races humaines. — Le corps de l'homme est celui d'un animal. On retrouverait dans le corps du singe les mêmes organes, le même arrangement des parties, les mêmes fonctions. Et cependant nous ne croyons pas que l'homme ne soit qu'un singe perfectionné. A côté du corps il y a l'*âme* qui a *conscience* des sensations qu'elle éprouve, l'âme douée de la faculté de raisonner, de juger, de se décider ; l'âme qui peut admirer l'ordre, l'harmonie répandus à profusion dans l'univers, et qui peut seule concevoir la puissance et la sagesse du Créateur.

Avec beaucoup de naturalistes, nous faisons de l'homme un groupe à part dans la classification du règne animal. Il ne renfermera qu'une *espèce*, l'espèce humaine, que l'on subdivisera en trois ou quatre *races*.

La *race blanche* ou *caucasique*, à laquelle nous appartenons, se reconnaît à la beauté de l'ovale de la tête : le front est développé, les yeux sont dirigés horizontalement dans le sens de leur longueur. Les joues sont peu saillantes, la peau est de teinte blanche plus ou moins brune.

Les Européens, les Arabes, les Indiens sont de race blanche.

La *race jaune* ou *mongolique* a la peau jaune, la face aplatie, les pommettes saillantes, le front bas et oblique, les paupières fendues obliquement (*fig.* 111).

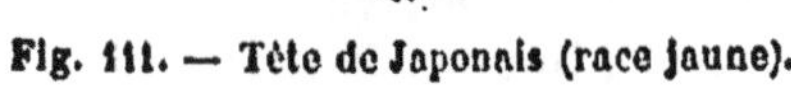

Fig. 111. — Tête de Japonais (race jaune).   Fig. 112.— Tête de nègre (race noire.)

Les Chinois, les habitants de la Laponie et de la Finlande, les Esquimaux forment cette race.

La *race noire* ou *éthiopienne* a la peau noire, les cheveux crépus, le crâne long et étroit, le front fuyant ; la mâchoire supérieure est saillante et les lèvres sont épaisses (*fig.* 112).

Les nègres d'Afrique, les indigènes de l'Australie et de certaines îles de la Polynésie appartiennent à cette race.

Les Indiens d'Amérique sont les restes d'une *race rouge* qui tend à disparaître.

QUESTIONNAIRE

Décrivez l'œil. — Quels sont les organes qui le protègent, — ceux qui le font mouvoir ? — Quelles sont les parties les plus importantes de l'œil ?

Indiquez quel est le mécanisme de la vision. — Dans quel cas est-elle nette ? — Qu'appelle-t-on distance de la vision distincte, — quelle est-elle ? — Qu'est-ce que la myopie et comment peut-on la corriger ? — Qu'est-ce que la presbytie et quel en est le remède (214) ?

Nommez les grandes races humaines et donnez le caractère de chacune d'elles (215).

RÉSUMÉ

La *peau* recouvre tous les organes ; elle tapisse toutes les cavités intérieures, elle enveloppe le corps à l'extérieur. Elle est criblée de trous qui laissent passer la sueur et les poils.

Elle est sensible, car les nerfs de la sensibilité générale se terminent dans la peau. Nous reconnaissons l'existence des corps à l'impression qu'ils font sur les nerfs de la peau. Nous ne jugeons de leur forme qu'en les palpant avec les mains ; ce sont les organes du *tact*, qui est un toucher perfectionné.

La *langue* et le *palais* reçoivent des nerfs d'une nature spéciale, aptes à nous donner la sensation des *saveurs*.

Le *nez* est l'organe de l'*odorat*. Le nerf qui s'y rend est impressionné par les odeurs.

L'*oreille* est l'organe de l'*audition*. Le nerf auditif est impressionné par les vibrations de l'air, et, seul, il nous donne la sensation des sons.

L'*œil* est l'organe de la *vision*. Le nerf de la vision n'est sensible qu'à la lumière.

L'œil est une enceinte limitée par des membranes opaques. La lumière n'y pénètre que par le trou de la *pupille*. Elle traverse le *cristallin*, qui est une lentille transparente, et arrive à la *rétine* ; on appelle ainsi l'épanouissement du nerf optique et la partie sensible de l'œil. Nous voyons les objets lumineux qui sont devant l'œil, lorsque le cristallin en forme sur la rétine une image nette.

Nous lisons un livre sans fatigue, s'il est à 0^m,33 de l'œil. Les *myopes* le placent à une distance plus faible ; les *presbytes*, à une distance plus grande. Leurs yeux ne sont pas bien conformés et il faut corriger par des lunettes les défauts qu'ils présentent.

Le genre humain ne renferme qu'une espèce que l'on subdivise en quatre *races* distinctes.

DEVOIRS

Énumérer et caractériser les fonctions de nutrition ; les fonctions de relation d'un animal.

Décrire l'appareil digestif de l'homme, sans s'occuper du mécanisme de la digestion.

L'appareil étant supposé connu, indiquer les transformations que subissent les aliments dans la bouche, dans l'estomac, dans l'intestin.

Décrire les organes de la circulation. — Comment se fait la circulation du sang chez l'homme?

Décrire l'organe de la respiration. — Comment s'accomplit cette fonction?

Description générale du squelette de l'homme.

Description générale du système nerveux. — Rôles des nerfs.

Description de l'œil; donner une idée du mécanisme de la vision.

II. — LES ANIMAUX

Le nombre des animaux est immense. On ne peut les étudier qu'en les classant dans un certain ordre, ce qui permet de les nommer et de les retrouver sans trop de travail. Ce besoin de *classer* est en quelque sorte inné chez l'homme; l'enfant appellera *oie* ou *poule* tous les oiseaux qu'il aperçoit. Il les rapproche de ceux qu'il connaît et ne les confond pas avec son chien ou son chat.

216. — Une classification consiste à ranger les animaux en groupes nombreux auxquels on donne un nom. Les animaux d'un même groupe doivent avoir un ou plusieurs caractères communs. Ainsi on pourra former un groupe de tous les animaux à quatre pattes; on y rangera le lion, le lézard, la grenouille. Un autre groupe comprendra tous ceux qui se soutiennent en l'air par le jeu de leurs ailes : tels sont la chauve-souris, le merle, le papillon,... etc.

Une telle classification est incomplète, *artificielle*, parce qu'elle ne porte que sur un caractère qui n'est pas souvent le plus important. Il suffit d'avoir comparé un oiseau et une mouche pour voir que ces animaux ne sauraient être groupés ensemble bien que l'un et l'autre puissent voler.

217. — On doit à Cuvier une *classification naturelle* des animaux. Pour la fonder, il a établi un ordre de prééminence dans les caractères qui distinguent un animal d'un autre; les uns sont très importants, les autres secondaires. Il en est qui ne peuvent se modifier sans que toute l'organisation de l'animal s'en ressente. On les mettra en première ligne. D'autres, tels que la taille, la couleur du poil, sont tout à fait secondaires.

218. — Tous les chevaux se ressemblent tellement qu'ils se rangent naturellement dans un même groupe. On dit qu'ils sont d'une même *espèce*. Les animaux d'une même espèce produisent d'autres animaux qui leur ressemblent et qui appartiennent à l'espèce de leurs parents.

Quand on a un certain nombre d'espèces bien définies, on en choisit quelques-unes qui ont des caractères communs. L'espèce du *lapin* est bien voisine de celle du *lièvre;* ce groupe d'espèces forme un *genre* que l'on désigne par un nom : ici ce serait le genre des *léporides*. On classera de la même manière les genres voisins; on a un groupe plus étendu, l'*ordre*. Le genre des *léporides* et celui des *rats* seront de l'ordre des *rongeurs*. Groupons ensemble les ordres; les *rongeurs* avec les *carnivores*, comme le *loup*, ou les *ruminants* (le *mouton*), nous formerons une *classe :* celle des *mammifères*.

Enfin le groupement des classes donne l'*embranchement :* c'est la division la plus large du règne animal.

On aura donné la plupart des caractères importants du *lièvre* en disant que c'est un *animal* de l'embranchement des *vertébrés*, de la classe des *mammifères*, de l'ordre des *rongeurs*, du genre des *léporides*.

Il est ainsi distingué de presque tous les animaux de la création. Il n'y a plus qu'à le chercher dans le genre auquel il appartient.

---

1. Division des animaux en embranchements et des embranchements en classes.

210. — On range les animaux en quatre *embranchements*, d'après la disposition de leur système nerveux et aussi d'après l'organisation, la forme extérieure de leur corps.

Dans ces notions élémentaires, je m'attacherai à indiquer les caractères extérieurs.

Embranchement des vertébrés. — Les vertébrés ont, comme l'homme, un squelette osseux plus ou moins complet, recouvert par les muscles et finalement par la peau. Leur sang est rouge. Ils ont un encéphale, une moelle épinière donnant naissance aux nerfs. Leurs organes vont par paires et sont placés symétriquement par rapport à un plan qui passe par le milieu du corps. Tels sont : le *cheval*, l'*aigle*, le *brochet*. (Voy. *fig.* 113 à 152.)

Embranchement des articulés. — Les articulés n'ont pas, à proprement parler, de squelette osseux. Parfois, comme dans le *homard*, la peau s'encroûte de substances calcaires et semble ossifiée ; elle forme une sorte de squelette creux qui renferme et protège les muscles et les autres organes ; d'autres fois, dans les *vers*, la peau reste molle. Le corps est formé de tronçons ou anneaux plus ou moins semblables entre eux ; ils sont *articulés* les uns à la suite des autres. Souvent un grand nombre de membres sont distribués par paires symétriques à un plan. Il n'y a plus rien qui ressemble à la moelle épinière. Elle est remplacée par un chapelet de ganglions, amas de matière nerveuse, réunis par des nerfs, et qui s'étend le long du corps. Ils ont des organes des sens. Le sang est le plus souvent incolore. Les *insectes*, les *araignées*, l'*écrevisse* sont des *articulés* (*fig.* 153).

Embranchement des mollusques. — Les organes sont encore pairs et symétriques, disposés le long d'une ligne courbe ou spirale. Les ganglions du système nerveux sont peu nombreux et ne sont plus rangés en file au milieu du corps. La peau n'est plus divisée en anneaux, et l'on ne trouve plus trace de squelette soit extérieur, soit intérieur. Dans beaucoup de mollusques, la peau s'encroûte de matières calcaires, et l'animal se trouve ainsi logé dans une coquille qui le protège : la *limace*, tous les *coquillages* (*fig.* 166).

Embranchement des rayonnés. — Le dernier groupe est difficile à définir. Il renferme des animaux d'une organisation très simple, ayant peu d'organes distincts; ils sont parfois microscopiques.

Les parties du corps sont, dans les plus gros, disposées avec symétrie autour d'un point, comme les pétales d'une fleur ou les branches d'une étoile. Le *corail*, l'*étoile de mer*, les *infusoires*... sont des animaux rayonnés (*fig.* 169).

220. Division de l'embranchement des vertébrés en classes. — La division des vertébrés en classes est fondée sur la forme des organes de respiration et de circulation, et sur le mode de reproduction.

Les *mammifères* sont vivipares; les petits se nourrissent du lait de la mère; ces animaux ont des mamelles. Leur corps est couvert de poils; ils respirent l'air gazeux par des poumons. Leur cœur a quatre cavités : deux oreillettes et deux ventricules; ce sont des animaux à sang chaud. Exemples : le *lion*, le *phoque*, le *marsouin*.

Les *oiseaux* sont ovipares; le petit naît d'un œuf pondu par la femelle. Leur corps est couvert de plumes; ils sont organisés pour voler. Ils respirent par des poumons; leur cœur est à quatre cavités; ce sont des animaux à sang chaud. Exemples : le *hibou*, le *rossignol*, le *canard.*

Les *reptiles* sont ovipares. Leur corps est couvert d'écailles formées par des replis de la peau. Ils respirent par des poumons. Leur cœur n'a que trois cavités : deux oreillettes et un ventricule ; ce sont des animaux à sang froid. Exemples : la *tortue*, le *lézard*, la *couleuvre*.

Les *batraciens* sont ovipares. Au sortir de l'œuf le petit ne ressemble pas à l'animal adulte, il subit une *métamorphose*. Ils respirent d'abord par des branchies, plus tard par des poumons. Le cœur est à trois cavités, comme celui des reptiles. La peau est nue ; ce sont des animaux à sang froid. Exemple : la *grenouille*.

Les *poissons* sont ovipares et destinés à vivre dans l'eau. Leur corps est couvert d'écailles qui recouvrent la peau. Ils respirent par des branchies l'air dissous dans l'eau. Leur cœur n'a que deux cavités : une oreillette et un ventricule. Ils ne subissent pas de métamorphoses ; ce sont des animaux à sang froid. Exemple : la *carpe*.

TABLEAU SYNOPTIQUE DES VERTÉBRÉS

ANIMAUX			
Vivipares		Pulmonaire.	Peau couverte de poils. *Mammifères.*
			Peau couverte de plumes. *Oiseaux.*
			Peau écailleuse......... *Reptiles.*
Ovipares.	Respiration	Branchiale dans le jeune âge.	Peau nue............ *Batraciens.*
		Toujours branchiale.	Peau couverte d'écailles.. *Poissons.*

QUESTIONNAIRE

En combien d'embranchements partage-t-on le règne animal ?

Nommez ces embranchements et donnez les caractères généraux de chacun d'eux (219).

En combien de classes partage-t-on l'embranchement des vertébrés ? — Donnez le nom et les caractères généraux de chaque classe (220).

2. Embranchement des vertébrés.

1. — CLASSE DES MAMMIFÈRES

221. Caractères généraux. — Les mammifères se distinguent, au premier coup d'œil, de tous les vertébrés ; seuls, ils ont le corps couvert de *poils*.

Poils. — Les poils, sécrétés par des glandes qui sont dans la peau, peuvent être plus ou moins fins : ils sont fins et contournés dans la *laine*, raides et longs comme le *crin*, plus résistants dans la *soie* du sanglier. Enfin, en se collant ensemble, ils forment les baguettes pointues du *porc-épic*, les écailles du *tatou*, le *sabot* du cheval, les *griffes* et les *ongles* des doigts. L'ongle n'entoure qu'une partie du doigt. Le sabot est un ongle qui enveloppe le doigt en entier.

Mamelles. — Les mamelles, rudimentaires chez le mâle, sécrètent le lait chez la femelle. Ce liquide est blanc, opaque, composé d'eau tenant en dissolution du sucre de lait.

Les globules du beurre nagent dans ce liquide ; ils se rassemblent à sa surface et forment la *crème*. Dans le lait se trouve la matière qui, en se coagulant, forme le *caillé* dont on se sert pour fabriquer les fromages.

Tous les petits naissent les yeux ouverts et peuvent courir. Certains d'entre eux sont tellement faibles qu'ils se meuvent à peine. Ils se logent, après leur naissance, dans une poche qui enveloppe les mamelles, et passent là les premiers mois de leur vie. C'est ce que l'on trouve dans les *sarigues*.

Nous donnons (*fig.* 113) la figure du squelette d'un mammifère. On y reconnaîtra facilement les os que l'on trouve dans le squelette de l'homme, modifiés nécessairement, suivant le mode de locomotion de l'animal. La tête est formée d'un crâne qui s'amoindrit, ainsi que le cerveau qu'il renferme, à mesure qu'on s'éloigne de l'homme. Les os de la face prennent plus d'importance et donnent à la tête une forme souvent allongée dans la direction de la colonne vertébrale. L'animal appuie presque toujours sur ses quatre membres. La clavicule manque très souvent dans l'épaule, le bassin est étroit, la queue prend un grand développement.

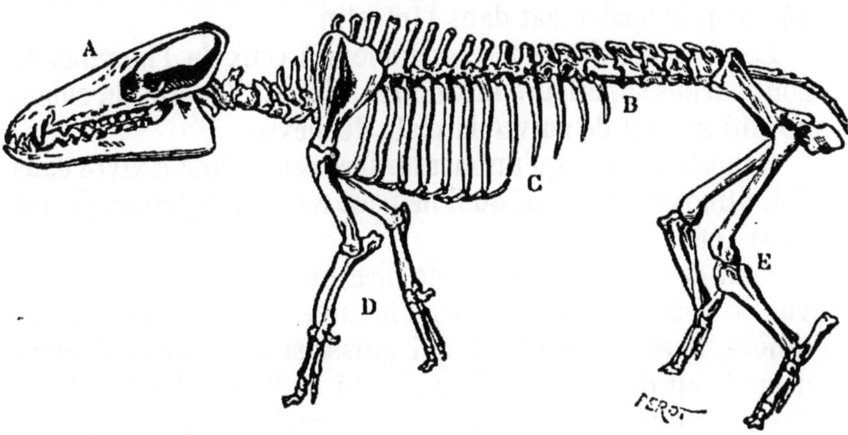

Fig. 113. — Squelette d'un vertébré (*mammifère*). — A, tête ; B, colonne vertébrale ; C, côtes ; D, membres antérieurs ; E, membres postérieurs. L'animal n'appuie sur le sol que par l'extrémité des doigts.

Les organes de nutrition de l'homme se retrouvent dans les mammifères (*fig.* 114). La poitrine est séparée de l'abdomen par un *diaphragme*. Les poumons, le cœur à quatre

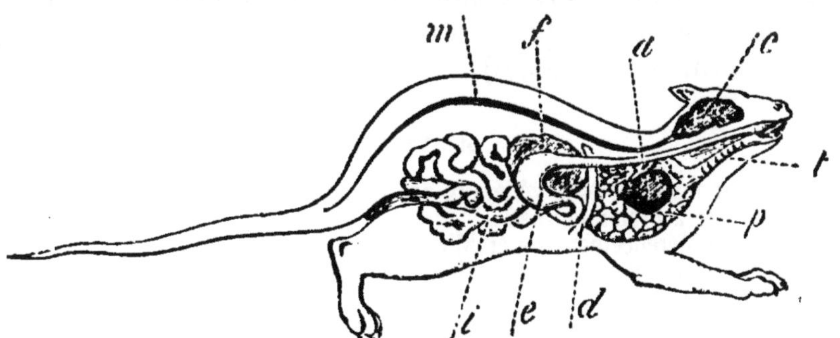

Fig. 114. — Organes intérieurs d'un mammifère : c, cerveau ; m, moelle épinière ; a, cœur ; p, poumons ; d, diaphragme ; e, estomac ; f, foie ; i, intestin.

cavités remplissent la poitrine ; l'organe vocal est à l'extrémité de la trachée-artère. On trouve des dents, un canal intestinal, un estomac, un foie, et ce que nous avons dit de la digestion chez l'homme est applicable aux animaux. Les uns, le lion, sont carnivores ; la digestion stomacale prédomine, l'intestin grêle devient très court. Il est très long, au contraire, chez le mouton. Les herbes dont il se nourrit se digèrent principalement dans l'intestin.

Les organes des sens ressemblent à ceux de l'homme, et sont parfois supérieurs aux nôtres. Tel est l'odorat du chien, qui lui permet de suivre la piste du lièvre.

Rappelons-nous qu'un mammifère est destiné à vivre dans l'air atmosphérique, et qu'il ne peut rester longtemps plongé dans l'eau.

Tout ce que nous venons de dire montre que, au point de vue de la structure du corps, l'homme est un animal mammifère, le seul, il est vrai, qui puisse se tenir naturellement debout sur deux pieds, le seul qui n'ait que deux mains à l'extrémité des membres supérieurs ; seul, il possède une voix articulée qui lui sert à exprimer ses idées.

Certains naturalistes font de l'homme le premier des mammifères, et le rangent dans l'ordre des *bimanes*.

222. — La classification des mammifères repose sur la conformation générale du corps, sur la forme des ongles et sur la dentition. Nous résumons, dans un tableau, les caractères généraux de quatorze ordres de mammifères (en omettant l'ordre des *bimanes*).

QUESTIONNAIRE

Donnez les caractères généraux des mammifères. — Qu'est-ce qui les fait reconnaître à première vue ?

Quelle différence peut-on établir entre un ongle et un sabot ?

Quel est l'organe de respiration d'un mammifère ? — Comment le cœur est-il constitué (221) ?

En combien d'ordres divise-t-on la classe des mammifères ?

Quelle est la base de cette classification (222) ?

MAMMIFÈRES	Ordinaires.	Quadrupèdes.	Animaux à ongles. *(Dents de formes diverses.)*	Trois sortes de dents.	Pouce du pied opposable..........	*Quadrumanes.*	Singes
					Membres antérieurs en forme d'ailes..	*Chéiroptères.*	Chauve-souris.
					Molaires hérissées de pointes..........	*Insectivores.*	Hérisson.
					Molaires tranchantes.........	*Carnivores.*	Tigre.
					Vivent sur l'eau et sur la terre......	*Amphibies.*	Morse.
			Animaux à sabots.	Absence de canines........		*Rongeurs.*	Ecureuil.
				Cinq doigts...............		*Proboscidiens*	Eléphant.
				2 ou 4 doigts.	ruminent.......	*Ruminants.*	Cerf.
					ne ruminent pas.	*Porcins.*	Sanglier.
				1 ou 3 doigts.............		*Jumentés.*	Ane.
			Dents de même forme............			*Edentés.*	Tatou.
		Pisciformes...........................				*Cétacés.*	Marsouin.
	A poche.					*Marsupiaux.*	Kanguroo.
		Ont certains détails de l'organisation de l'oiseau......				*Monotrèmes.*	Ornythorinque.

Nous allons passer rapidement en revue ces divers ordres, en indiquant les espèces utiles et les espèces nuisibles qui s'y trouvent.

---

§ 1. *Animaux à ongles.*

223. Quadrumanes. — Les singes se rapprochent de l'homme par la forme du corps. Ce sont des animaux *grimpeurs*. La station verticale sur deux pieds les fatigue, tout aussi bien que la marche à quatre pattes. Ils ne sont agiles que sur un arbre. Leur pied ressemble à une main ; le pouce y est opposable aux autres doigts (*fig.* 115). Dans certaines espèces, les membres supérieurs sont également pourvus de mains. Ils ont alors *quatre mains*. Certains d'entre eux (*ouistitis*) peu-

Fig. 115. — Patte de singe. — Le pouce est opposable aux autres doigts, comme dans la main de l'homme.

vent enrouler leur longue queue autour d'une branche et rester ainsi suspendus entre ciel et terre. C'est un cinquième membre qu'ils ont à leur service.

La conformation de la tête (*fig.* 116), la proéminence des

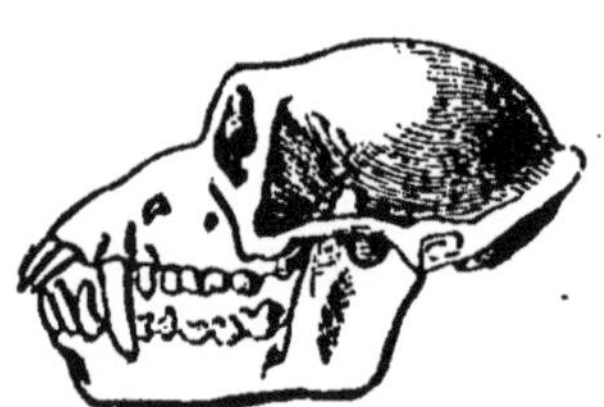

Fig. 116. — Tête de singe. — Le crâne est petit relativement aux os de la face. Les canines sont très longues.

mâchoires, la forme et la longueur des canines, les rapprochent des animaux carnivores. Certaines espèces seules se nourrissent d'oiseaux ou de petits mammifères ; les autres préfèrent les œufs, les fruits, les racines. Les singes ne renferment pas d'espèces utiles. Les grandes espèces : le *gorille* d'Afrique, l'*orang-outang*, sont des animaux redoutables.

224. Chéiroptères. — Nous appelons ainsi les *chauves-souris*, parce que leurs mains sont transformées en ailes (*fig.* 117). Les doigts sont devenus démesurément longs et

Fig. 117. — La chauve-souris. — Les pattes de devant ont de longs doigts qui soutiennent la peau des ailes.

effilés, sauf le pouce ; ils sont réunis par une peau mince qui s'étend jusqu'à la queue, et l'animal possède une aile légère, dont les mouvements le soutiennent dans l'air.

La chauve-souris, dont les petits naissent vivants, qui a

des mamelles, des poils, des dents, est bien un mammifère
et non pas un oiseau.

C'est un animal nocturne *utile*, car il ne se nourrit que d'insectes qui sont nos ennemis. Ses dents molaires, comme celles
de tous les *insectivores*, sont hérissées de pointes, pour broyer
plus facilement la carapace des insectes.

La forte griffe qui termine le pouce leur permet de s'ac-
crocher, pendant le jour, dans un creux de rocher.

225. Insectivores. — Il est des animaux insectivores
qui vivent sur terre. Ce sont encore des animaux *utiles*, en
dépit du sot préjugé qui les poursuit.

Nous citerons le *hérisson* et la *taupe*. Le premier vit sur
terre, son corps est hérissé de piquants. Est-il poursuivi ? il
se roule en boule, et est presque inattaquable. Il serait très
utile dans nos jardins.

118. — La taupe. — Les pattes de devant, élargies en forme de pelles,
lui servent à creuser la terre; les yeux sont très petits.

La *taupe* est un animal *fouisseur* (*fig*. 118). Elle construit
des galeries souterraines savamment distribuées. Ses pattes
de devant, fortes et élargies comme une pelle, lui permettent
de fouiller la terre, comme le ferait un mineur. Elle se nourrit des larves, des vers qui vivent sous terre.

QUESTIONNAIRE

Donnez les caractères des quadrumanes. — Sont-ils nuisibles ou utiles (223)?
Dans quel ordre se place la chauve-souris ? — Est-elle nuisible ? — Pour-
quoi ne la range-t-on pas parmi les oiseaux (224) ?
Nommez des insectivores. — Quelle est la forme des dents molaires ?
A quoi sert la taupe ? — Faut-il la détruire (225) ?

L'agriculteur agirait sagement en la laissant vivre, au lieu de la traquer et de la détruire comme il le fait.

226. Carnivores. — Les carnivores sont organisés pour se nourrir de chair vivante ou morte. Des muscles puissants leur donnent l'agilité nécessaire pour atteindre leur proie et la force pour la maintenir. Des dents canines très développées leur servent à la tuer. Les molaires tranchantes coupent la chair comme des ciseaux (*fig.* 119). Leur vue, leur odorat sont excellents. Leur patience est remarquable, lorsqu'ils sont à l'affût.

Fig. 119. — Tête de carnivore (*panthère*).— Dents incisives petites; canines fortes, en forme de crocs; molaires aplaties, tranchantes, propres à couper la chair.

Fig. 120.
Griffe mobile du lion.

Souvent les doigts sont terminés par des griffes fortes, acérées, mobiles, qu'ils relèvent pendant la marche, mais qui s'enfoncent, comme des harpons, dans la chair de leur victime (*fig.* 120).

Les animaux utiles sont rares dans cet ordre. Nous y trouvons le *chat*, animal à demi domestique, que nous élevons dans nos maisons pour chasser les rats et les souris. Le *chien* est véritablement un animal domestique, un compagnon fidèle de l'homme, moins carnassier que le chat; il n'a pas, comme lui, des griffes mobiles.

Il existe une grande variété de chiens. Les *mâtins* ont la tête allongée, le museau effilé : *lévrier, chien de berger, chien danois.*

L'*épagneul* a la tête et le museau plus courts : *chien d'arrêt, chien courant, chien de Terre-Neuve.*

Les dogues ont le front saillant, le museau court, le corps robuste : *roquet, chien de boucher.*

Le *furet*, dont le corps est allongé comme ceux de la *belette* et de l'*hermine*, nous rend, comme ceux-ci, quelques services : il chasse le lapin, la belette chasse les rats, l'hermine nous donne sa belle fourrure.

Parmi les carnivores qui ne posent à terre que l'extrémité des doigts, nous trouvons des animaux *nuisibles* et dangereux :

Le *loup*, qui dévore nos moutons ; le *renard*, qui dévaste les poulaillers (*fig.* 121); la *loutre*, qui dépeuple les rivières.

Fig. 121. — Le renard (hauteur : 0ᵐ,40).

Viennent ensuite les grands carnassiers, les bêtes de proie, espèces exotiques. Tels sont : le *lion*, le *tigre*, la *panthère*, le *jaguar*, l'*hyène* et le *chacal.*

Les *ours* et le *blaireau* marchent en appuyant sur la plante du pied. On trouve des ours dans les Alpes et les Pyrénées (*fig.* 122). Ils se nourrissent de fruits, de racines, et sont friands de miel ; leur force musculaire les rend redoutables.

Le *blaireau* se cache dans un terrier, il vit de mulots, de reptiles. On pourrait le considérer comme un animal *utile.*

227. Rongeurs. — Les ordres précédents renferment des animaux qui ont une dentition complète : incisives, canines, molaires.

On dirait que les rongeurs ont été créés pour être mangés,

car ils n'ont pas d'instruments de défense bien redoutables. Ils n'ont plus de canines.

Fig. 122. — L'ours brun (longueur du museau à la queue : 1 mètre à 1ᵐ,60).

Voyez la tête du lapin (*fig.* 123) : les molaires *m* sont plates, comme il convient à un herbivore. Elles sont très éloignées des incisives, qui sont fortes. Le mouvement de la mâchoire inférieure se fait d'avant en arrière, ce qui permet à l'animal de ronger : les uns du serpolet, les autres du linge, du papier, du bois, du lard.

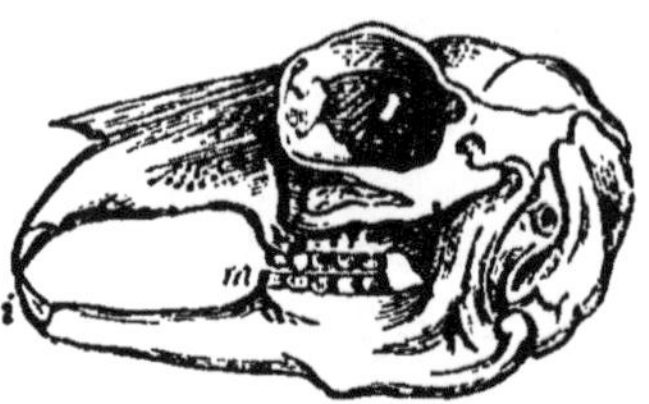

Fig. 123. — Tête de lapin (rongeur).— L'animal n'a pas de dents canines : i, incisives ; m, molaires.

Les animaux utiles sont rares : le *lièvre*, le *lapin* sont des animaux de chasse ; mais le lapin, avec sa fécondité étonnante, ravage nos champs, si on n'y met bon ordre. Il se cache dans les garennes qu'il creuse. Le lièvre gîte dans un buisson. Le *castor* est chassé pour sa fourrure.

L'*écureuil* est un petit animal inoffensif. Il vit sur les arbres.

Les *souris*, les *mulots*, les *rats* sont franchement nuisibles.

228. Amphibies. — Les amphibies sont des carnivores qui se nourrissent de poissons. Ils sont conformés pour vivre à la fois sur terre et sur l'eau. La partie antérieure du corps rappelle celle d'un mammifère. La tête du phoque, par exemple, ressemble à celle d'un chien dont les oreilles sont coupées. Ils ont les trois sortes de dents des carnivores. Les canines du *morse* sont deux longues défenses qui sortent de sa bouche.

Les poils sont rares. Les pattes de devant ont les doigts couverts par la peau, et sont ainsi transformées en nageoires. Les pattes de derrière sont réunies et forment une nageoire horizontale, qui termine un corps effilé comme celui d'un poisson (*fig.* 124).

Fig. 124. — Le phoque moine (*amphibie*). Longueur : 1ᵐ,30 à 2ᵐ,50.

Le phoque vit dans les mers du Nord. Les Esquimaux se nourrissent de sa chair, de son huile, et se font des vêtements avec sa peau.

QUESTIONNAIRE

Quels sont les mammifères amphibies? — Comparez-les aux carnivores et indiquez les ressemblances et les différences (228).

§ 2. *Animaux herbivores à sabots.*

229. Pachydermes. — Les pachydermes ont la peau très épaisse; c'est ce qu'indique leur nom.

Ce groupe renferme les plus gros mammifères :

L'*éléphant* (*fig.* 125), dont la taille peut atteindre 4 à 5 mètres, et dont le poids est de 6 à 7000 kilogrammes. Son corps, gros et trapu, est porté par des membres massifs comme des piliers. Ses pieds, très courts, ont cinq doigts distincts enveloppés par des sabots cornés. Sa grosse tête, aux yeux petits et vifs, est portée par un cou très court. Deux dents énormes, ses *défenses*, sortent de sa bouche; leur poids varie de 12 à 15 kilogrammes; elles nous fournissent l'*ivoire*.

Fig. 125. — Éléphant.

Le nez s'allonge en une trompe flexible, qui peut atteindre le sol. Elle est terminée par un prolongement charnu, une sorte de doigt, dont l'animal se sert pour saisir de menus objets. Avec cette trompe, l'animal arrache l'herbe dont il se nourrit et la porte à sa bouche; avec elle, il peut boire.

Elle lui sert, avec ses grandes dents, d'armes offensives et défensives.

Ce bel animal est réduit, dans l'Inde, à la domesticité ; il sert de bête de somme. Les éléphants vivent par troupes, à l'état sauvage, dans les forêts de l'Inde, de Ceylan et d'Afrique.

Le *rhinocéros* est presque aussi monstrueux que l'éléphant. Sa peau rude forme des replis. Son arme d'attaque est une corne (parfois il y en a deux) qu'il porte sur le nez. C'est un animal redouté et nuisible.

On le trouve en Afrique, à Java et à Sumatra.

Fig. 126. — Hippopotame.— Animal à peau épaisse et à sabots (hauteur : 1^m,C0 ; longueur : 2^m,50).

L'*hippopotame* (*fig.* 126) vit dans les lacs et les rivières d'Afrique. Il y reste plongé tout le jour, et ne laisse sortir de l'eau que l'extrémité de son museau.

Ce monstrueux pachyderme a d'énormes défenses, qui sortent de sa bouche et qui sont recherchées pour la beauté de leur ivoire.

Tous ces animaux ont cinq doigts distincts.

230. Ruminants. — Les ruminants ont, comme les précédents, la peau épaisse. Ils ont, en général, le pied fourchu, et ils appuient sur le sol par l'extrémité de deux doigts enveloppés par des sabots cornés. Ils ont souvent sur le front deux cornes, qui sont le prolongement des os du front.

La tête, dépouillée de sa chair, se reconnaît à ce que les incisives manquent à la mâchoire supérieure ; ces animaux n'ont pas de canines ; leurs molaires plates et couvertes d'aspérités leur servent à broyer l'herbe dont ils se nourrissent (*fig.* 127). Ce qui achève de les caractériser, c'est la *rumination*.

Fig. 127. — Tête d'un ruminant (*mouton*) : *i*, dents incisives de la mâchoire inférieure ; elles manquent à la mâchoire supérieure ; *m*. molaires plates ; il n'y a pas de canines.

Leur estomac présente quatre cavités distinctes (*fig.* 128) : la *panse p*, le *bonnet p'*, le *feuillet f*, ainsi nommé parce que la peau présente de nombreux replis qui ressemblent aux feuillets d'un livre ; la *caillette c*.

L'animal broute l'herbe, et, après une mastication incomplète, elle descend, imprégnée de salive, dans la *panse* et le *bonnet;* elle y séjourne et s'y ramollit.

Sa provision faite, l'animal a la faculté de vomir, en quelque sorte, des pelotes d'herbe, et de les ramener dans sa bouche ; il les mâche à loisir : il *rumine*.

L'herbe est, après cette opération, réduite en petits fragments, et forme une pâte molle qui redescend dans l'estomac, mais qui pénètre dans le feuillet et la caillette. Là, s'opère la digestion stomacale.

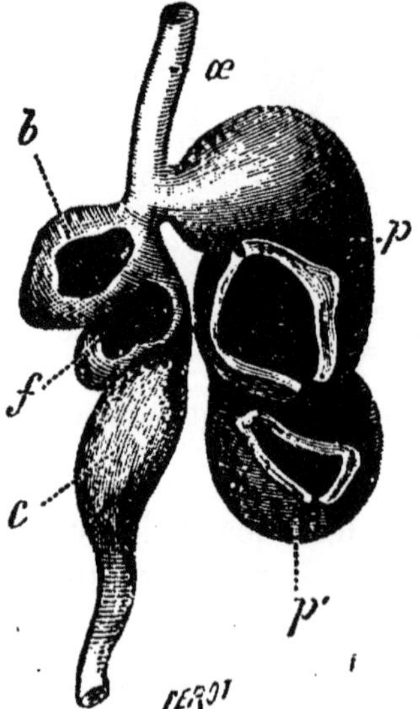

Fig. 128. — Estomac d'un ruminant : *œ*, œsophage ; *p, p'*, panse ; *b*, bonnet ; *f*, feuillet ; *c*, caillette.

C'est dans le long intestin du ruminant que la majeure partie des aliments est digérée.

Cet ordre renferme un grand nombre d'espèces utiles. Il

me suffira de nommer le *bœuf*, le *mouton*, la *chèvre*, qui peuplent nos fermes, et qui sont des animaux de boucherie. Ils sont tous réduits à la domesticité.

Animaux domestiques. — *Bœuf*. L'espèce qui nous occupe, dont le mâle est le *taureau* et la femelle la *vache*, présente des races nombreuses, obtenues par l'élevage. Le bœuf sert, dans certains pays, de bête de somme; on le recherche comme animal de boucherie. La vache nous donne son lait, excellent aliment, qui nous sert, en outre, à préparer le beurre et le fromage.

L'homme a créé des races douées d'une grande force musculaire, pour les travaux des champs; d'autres, remarquables par le poids de viande que fournit un seul animal : elles sont destinées à la boucherie. D'autres encore fournissent des vaches bonnes laitières.

Les veaux entrent, comme on le sait, dans notre alimentation.

Nous utilisons encore la peau de ces animaux pour la préparation du cuir, et l'enveloppe cornée qui recouvre les cornes osseuses du front sert à fabriquer une foule d'objets.

Mouton. — Le mouton, autre animal domestique, est non moins utile; le *bélier* a seul des cornes recourbées. Les brebis, les agneaux entrent dans notre alimentation. Cette espèce nous fournit la laine. Elle est plus ou moins longue, plus ou moins fine, suivant les races. L'homme a besoin de vêtements, et les meilleurs tissus que l'on puisse employer à leur confection sont les tissus de laine.

D'immenses troupeaux de moutons et de bœufs sont élevés, presque en liberté, dans les prairies naturelles de l'Australie et de l'Amérique (Buenos-Ayres, Montévidéo).

Chèvre. — La chèvre est encore un animal domestique.

Le mâle est le *bouc*, dont l'odeur caractéristique est bien connue.

La chèvre nous donne du lait que l'on boit et dont on fait des fromages. On fait des habits avec sa peau et des tissus avec son poil. Ces tissus sont parfois d'une grande finesse (chèvres du Cachemire).

Fig. 129. — Chameau à deux bosses (*ruminant*). Hauteur : 2m,3).

Chameau. — Le chameau est un animal domestique. C'est une bête de somme qui convient aux *déserts*, ces contrées désolées par la sécheresse, que l'on trouve en Afrique et en Asie (*fig.* 129). C'est un animal assez disgracieux. La forme de sa tête, ses lèvres largement fendues, son long cou, les loupes de graisse qui lui font des bosses sur le dos, sa démarche, tout lui donne un aspect bizarre ; mais il est sobre, il broute les herbes dures du désert. Son estomac présente des espèces de sacs qu'il remplit d'eau, ce qui lui permet de rester longtemps sans boire ; le pied est large et enfonce difficilement dans le sable. Il porte de lourdes charges ; il peut faire cinquante lieues par jour. Les Arabes boivent son lait et tissent son poil. C'est donc un animal très utile. Le dromadaire n'a qu'une bosse ; le chameau de Perse en a deux.

Le *lama* remplit, au Pérou, les mêmes offices que le chameau.

Renne. — Le renne, qui ressemble aux cerfs de nos forêts, est le bétail du Lapon et des peuples qui habitent le nord de la Sibérie. C'est un animal sobre, qui fouille la neige pour trouver les lichens dont il se nourrit.

Ses cornes ou *bois* ont de très grandes dimensions. Il court bien et les Lapons l'attellent à leurs traîneaux. Ils se nourrissent de son lait, de sa chair, et se font des vêtements avec sa peau.

Le *chevreuil*, la *gazelle* d'Afrique sont recherchés pour leur chair.

Fig. 130. — Sanglier.— Animal à peau épaisse ; quatre doigts entourés de sabots, longues défenses (hauteur : 1 mètre).

Citons encore, parmi les ruminants qui vivent à l'état sauvage, le *bison* d'Amérique, le *cerf* de nos forêts, la *girafe*.

QUESTIONNAIRE

Quels sont les ruminants domestiques d'Europe, — d'Asie, — d'Amérique, — d'Australie ? — Nommer les ruminants qui vivent à l'état sauvage (230).

La girafe a les cornes recouvertes par la peau ; les bisons, comme le bœuf, les ont enveloppées dans une substance cornée.

Les cornes du *cerf*, du *renne* sont à nu : elles tombent tous les ans et repoussent ensuite l'année suivante.

231. Porcins. — Le *sanglier* (*fig.* 130), qui vit à l'état sauvage dans nos forêts, représente l'espèce nuisible de cet ordre. Le *porc*, qui n'est qu'un sanglier réduit à la domesticité, est l'espèce utile. Le premier ravage les champs cultivés ; le second est élevé dans une ferme, pour sa chair, sa graisse, qui forment souvent la base de l'alimentation des campagnes. On l'élève, en Amérique, par troupeaux immenses.

Fig. 131.
Pied fourchu
d'un ruminant.

Les caractères de l'ordre sont d'avoir le pied fourchu, pourvu de quatre doigts : deux seuls portent à terre (*fig.* 131). Les canines sont fortes, saillantes, et constituent des défenses redoutables.

232. Jumentés. — L'ordre des jumentés renferme le cheval et l'âne, animaux domestiques ; et encore le zèbre, l'hémione, qui vivent à l'état sauvage.

Cheval. — Il est inutile de décrire le cheval. Sa dentition est particulière ; les canines sont peu développées, les molaires plates servent à broyer le foin ou l'avoine dont on le nourrit (*fig.* 132) ; elles sont séparées des incisives par un long espace où se place le mors. Son poil est ras. Le crin n'est long qu'à la queue et à la crinière. Le pied est formé d'un seul doigt enveloppé dans un sabot (*fig.* 133).

On sait quels services cet animal nous rend, soit comme cheval de selle, soit comme cheval de trait. Après sa mort, on mange sa chair ; sa peau donne un cuir estimé ; on utilise les os, la corne du pied, le crin. L'élevage a fourni un grand nombre de races de chevaux : les uns (chevaux du Boulonais) sont destinés au roulage ; le Perche fournit des chevaux de carrosse ; la race anglaise, avec ses formes fines et sa vitesse, donne des chevaux de selle, ainsi que la race arabe.

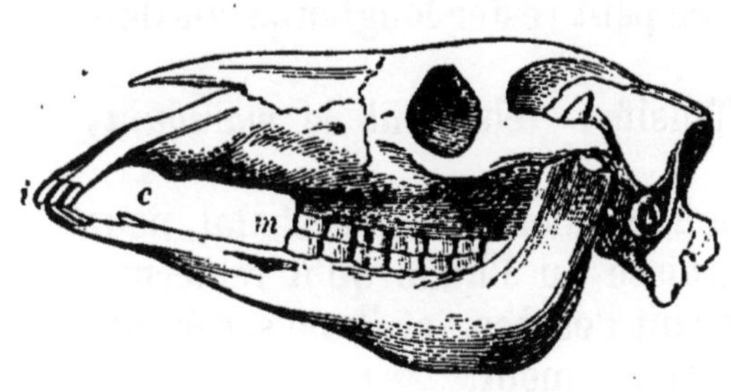

Fig. 132. — Tête de cheval : *i*, incisives ; *c*, canines peu développées ; *m*, molaires.

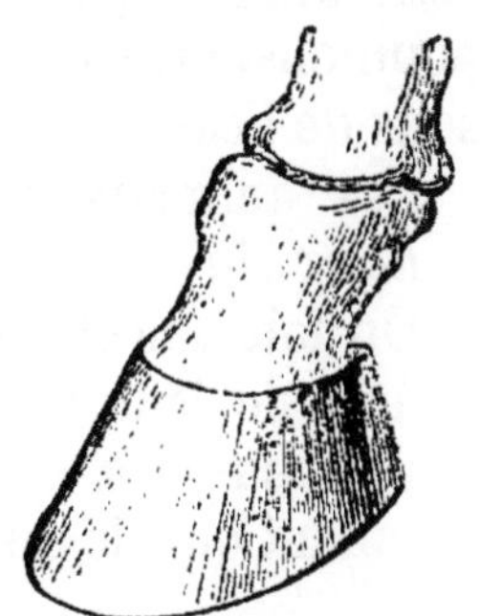

Fig. 133. — Sabot de cheval. — Un seul doigt enveloppé par un sabot.

233. Édentés. — Le *tatou* est un animal d'Amérique, dont le corps est recouvert d'une cuirasse formée de poils agglutinés. Le *pangolin* semble recouvert d'écailles ; ces animaux n'ont que des dents molaires. Le *fourmilier* n'a pas de dents ; il se nourrit de fourmis qu'il happe à l'aide de sa langue.

234. Cétacés. — Les cétacés sont des mammifères destinés à vivre dans l'eau. Ils ne quittent pas la mer, et leur conformation extérieure pourrait les faire confondre avec les poissons.

La tête et le corps sont tout d'une venue ; le corps s'effile de la tête à la queue terminée par une nageoire horizontale (*fig.* 134).

Les membres postérieurs ont disparu ; les membres antérieurs sont complètement enveloppés par la peau et forment une nageoire. On reconnaît qu'un cétacé, un *marsouin*,

QUESTIONNAIRE

Quels sont les types de l'ordre des porcins ? — Renferme-t-il des espèces nuisibles et utiles ? — Quels sont leurs caractères distinctifs (231) ?
Décrire la tête du cheval, — son pied. — Indiquer quelques races de chevaux, — leur utilité (232).
Donner les caractères des édentés. — Citer quelques animaux de ce groupe (233).

est un mammifère, à ce que les petits naissent vivants et sont allaités par la mère; l'animal respire l'air par des poumons, et, s'il plonge, il ne peut rester longtemps au-dessous de l'eau.

Ces animaux sont inoffensifs; tels sont le *marsouin*, le *dauphin*.

On fait une chasse active à la baleine et au cachalot, pour retirer de leur corps la graisse ou l'huile qu'il renferme. Cette chasse a presque détruit l'espèce, et il ne serait pas étonnant qu'elle disparût complètement.

Fig. 134. — La baleine franche (*cétacé*). Longueur : 25 à 30 mètres.

La *baleine* est le plus gros animal du règne. Il est long de 30 mètres, épais de plus de 3 mètres. Sa bouche énorme n'a pas de dents, elle est tapissée de lames cornées qui ont 3 mètres de long : c'est la *baleine* du commerce. L'animal se nourrit de coquillages. Il s'est réfugié dans les mers glaciales où les baleiniers le poursuivent encore.

235. Mammifères à poche. — Nous dirons peu de chose des mammifères qui ont autour des mamelles une poche destinée à recevoir les petits après leur naissance.

Les *marsupiaux* sont représentés, en Amérique, par les *sarigues;* en Australie, par le *kanguroo*, mammifère sauteur. Les membres postérieurs ont une longueur démesurée, si on les compare aux membres antérieurs ; ce sont de vraies pattes de sauterelle. L'animal s'avance par bonds.

Les *monotrèmes*, dernier ordre des mammifères, établissent un passage entre les deux premières classes des vertébrés.

L'*ornythorinque* a un bec de canard et des pattes palmées, c'est-à-dire que les doigts sont réunis par une peau, comme cela se voit dans la patte d'oie.

QUESTIONNAIRE

Pourquoi la baleine est-elle un mammifère et non un poisson. — Quels sont les cétacés que vous connaissez ? — Donnez quelques détails sur la forme de leur corps. — Quelle est la direction de la nageoire caudale (234).
Citez quelques mammifères à poche (235).

RÉSUMÉ

Les *mammifères*, animaux vertébrés couverts de poils, vivipares, portant des mamelles, ont la respiration pulmonaire ; le cœur a quatre cavités.

L'organisation générale est celle de l'homme. La nature, qui sait tirer d'un plan unique la plus grande variété, nous montre les mêmes os appropriés à la marche (*chat*), au vol (*chauve-souris*), à la natation (*phoque*), au saut (*kanguroo*), à la préhension (*singe*).

La dentition indique le régime de l'animal. Le singe, comme l'homme, est omnivore, mangeant la chair et les végétaux, les molaires sont tuberculeuses. Elles sont tranchantes dans les *carnivores*, hérissées de pointes dans les *insectivores*, couvertes de filets d'émail faisant saillie dans les *herbivores* ; elles sont coniques et ne servent qu'à retenir la proie dans certains *cétacés*. Elles manquent chez certains animaux.

Les mammifères se divisent en mammifères ordinaires et mammifères ayant une poche dans laquelle se réfugient les petits, immédiatement après leur naissance.

Nous renvoyons au tableau (page 213) pour le résumé de la classification.

2. — Classe des oiseaux

236. — Nous nous sommes arrêtés longtemps sur les mammifères qui nous intéressent plus spécialement. Notre programme nous fait un devoir de décrire plus rapidement les divers groupes entre lesquels on a divisé le règne animal.

L'oiseau est un animal vertébré ; il a donc un squelette composé des mêmes os que le squelette de l'homme et des mammifères. Mais la forme en est souvent profondément

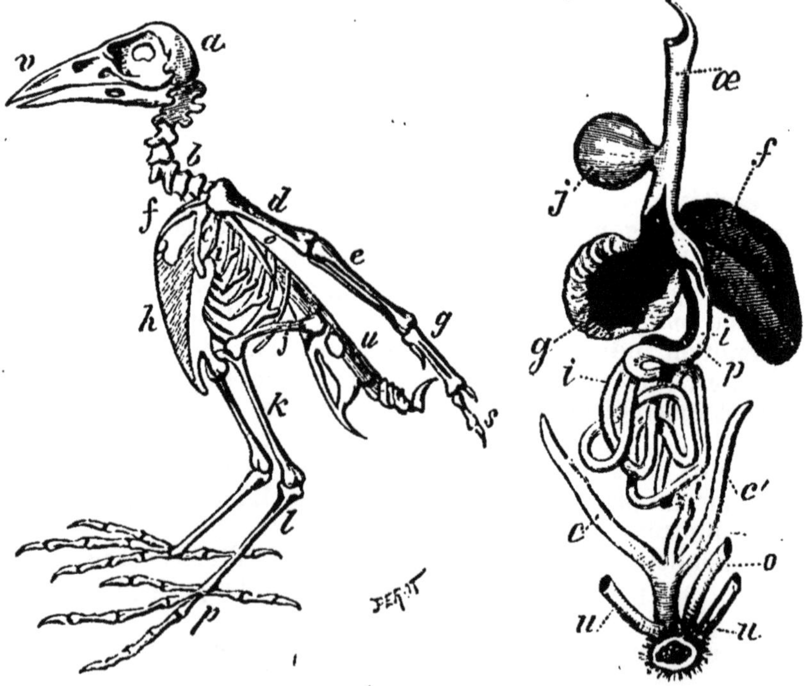

Fig. 135.—Squelette d'oiseau : a, crâne ; v, bec ; b, cou ; i, côtes ; h, bréchet ; f, c, o, os de l'épaule ; d, bras ; e, avant-bras ; g, s, main ; u, os des hanches ; j, os de la cuisse ; k, jambe ; l, tarse (os du pied) ; p, doigts de la patte.

Fig. 136. — Organes intérieurs d'un oiseau (poule) : œ, œsophage ; f, jabot ; g, gésier ; f, foie ; i, intestin.

modifiée ; car l'animal doit être conformé pour le vol (*fig.* 135). Nous n'avons plus affaire à un quadrupède, mais à un animal qui, comme l'homme, est soutenu à terre par les membres inférieurs. Les doigts posent seuls à terre et forment la patte. Les os du pied se réduisent à un seul, le *tarse*. L'animal respire par des poumons ; il a un cœur à quatre cavités ; la poitrine, formée de côtes, renferme ces organes, mais l'os du sternum est élargi et renforcé par une arête saillante afin de donner un point d'appui solide aux muscles puissants qui font mouvoir les ailes. La main se réduit à un ou deux doigts qui portent les plumes de l'aile. La tête s'effile en un *bec* corné dépourvu de dents.

L'abdomen renferme les organes de la digestion. On y trouve : le *foie* avec sa *vésicule du fiel*, l'*estomac*, l'*intestin grêle* et le *gros intestin* (*fig.* 136).

Les organes de la sécrétion urinaire débouchent dans un *cloaque*, portion terminale du gros intestin : les excréments solides et liquides, sont mélangés avant leur expulsion.

L'estomac des oiseaux qui se nourrissent de graines est compliqué. Les graines séjournent d'abord dans un renflement de l'œsophage, appelé *jabot;* elles s'y ramollissent. Elles passent ensuite dans le *gésier*, qui est entouré d'un muscle puissant. Là s'accomplit une mastication intérieure ; les graines y sont broyées, tout en subissant une digestion qui s'achève dans l'intestin grêle. Les oiseaux de proie n'ont pas ce gésier musculeux.

237. Locomotion. — Il est des oiseaux qui ne savent que marcher ou courir, ils ne volent pas; mais ce sont de rares exceptions. Tous les autres se soutiennent en l'air par le mouvement de leurs ailes.

Les plumes qui recouvrent le corps se forment dans la peau, comme les poils des mammifères. Les unes protègent l'oiseau contre le froid; les autres, celles des ailes, sont plus grandes, plus fortes. Leurs barbes délicates s'accrochent les unes aux autres et ne se séparent pas lorsque l'aile frappe l'air. Les gros muscles de la poitrine leur donnent un mouvement rapide de haut en bas. L'air n'a pas le temps de fuir devant l'aile ; il résiste, et l'animal trouve dans cette résistance un point d'appui qui le soutient ou le fait progresser.

Les plumes de la queue font l'office d'un gouvernail qui permet à l'oiseau de changer la direction de son mouvement.

238. Œuf. — L'oiseau naît d'un œuf pondu par la femelle. On distingue dans l'œuf, le blanc, formé d'albumine, que la chaleur coagule; le jaune qui renferme le germe; la coquille qui protège le tout.

La femelle couve ses œufs et maintient leur température à 40 ou 42°, qui est celle de l'oiseau. Cette chaleur est nécessaire pour que le petit oiseau se développe. Il se nourrit à l'aide du blanc et du jaune accumulés autour du germe. Une suite d'opérations mystérieuses et admirables transforme ces substances en chair, en os, en sang.

Le jeune oiseau perce alors sa coquille et reçoit de sa mère les mouches, les graines qui le feront vivre.

Nids. — L'instinct pousse le mâle et la femelle à construire, au printemps, un nid qui doit protéger les œufs d'abord, les petits ensuite. Certains oiseaux, cependant, ne nichent pas. C'est une chose merveilleuse qu'un nid de chardonneret! Il ne faut pas le détruire; car les petits oiseaux nous rendent des services trop souvent méconnus. Ils détruisent un grand nombre d'insectes nuisibles. Leur faire la chasse ou détruire leurs œufs, c'est montrer une grande ignorance et un fond de barbarie.

239. Migration. — Les froideurs de l'hiver sont funestes à beaucoup d'oiseaux; aussi les voit-on abandonner une contrée à la fin de l'automne. Les *cailles*, les *bécasses*, les *hirondelles* quittent alors la France. Les *oies*, les *canards* la traversent, venant des contrées du nord. Toutes ces espèces se rendent dans le midi de l'Europe ou en Afrique pour y trouver la chaleur.

240. Classification. — Bien que la classification des oiseaux en ordres ne soit pas de notre programme, nous insérons ici un tableau qui renferme les caractères généraux de ces ordres. On peut le consulter à titre de renseignement.

Pattes non palmées.	Os du pied médiocrement emplumé.	Deux doigts dirigés en arrière.	Bec à base membraneuse.	*Perroquets.*	Perruche.
			Bec à base cornée......	*Grimpeurs.*	Pic-épeiche.
		Un doigt en arrière / bec membraneux à la base.	Bec à base cornée......	*Passereaux.*	Pie.
			Bec crochu, tranchant ..	*Rapaces.*	Aigle.
			Doigts libres..........	*Pigeons.*	Tourterelle.
			Doigts unis à la base...	*Gallinacés.*	Dindon.
	Os du pied long et nu.		Ailes imparfaites.......	*Coureurs.*	Autruche.
			Ailes propres au vol....	*Échassiers.*	Grue.
Pattes palmées..				*Palmipèdes.*	Cygne.

241. Oiseaux nuisibles et utiles. — Le *perroquet* est le plus intelligent des oiseaux. Il imite la voix humaine, le cri des animaux. Est-il réellement utile?

Grimpeurs. — Le *pic* (*fig.* 137) fait retentir les bois du bruit qu'il fait en creusant avec son bec l'écorce et le tronc des arbres pour y chercher des insectes. — Le *coucou* annonce le printemps par son chant monotone.

Fig. 137. — Pic épeiche (*grimpeur*). Longueur : 0ᵐ,23.

Passereaux. — A côté du *corbeau*, animal vorace, défiant, franchement nuisible, de la *pie* qui ne l'est guère moins, nous trouvons dans ce groupe tous les petits chanteurs du printemps : le *rossignol*, la *fauvette*, le *serin*, le *merle*, le *bouvreuil*.

S'ils pillent les semences et les cerises, ils n'en sont pas moins fort utiles par le grand nombre d'insectes, de vers dont ils nous débarrassent. Il faut les protéger.

Les *colibris*, les *oiseaux-mouches* sont de petites merveilles de coloration, que l'on trouve dans les pays chauds.

242. Rapaces. — Voici les oiseaux de proie : l'*aigle*, l'*épervier*, la *buse*. Leur bec crochu, leurs serres acérées indiquent un tempérament carnassier, tout aussi bien que les canines et les griffes du lion. On peut sans scrupule leur faire la chasse.

Fig. 138.— Aigle royal (*rapace diurne*). Longueur : 1 mètre.

Les *vautours* se nourrissent de cadavres ; ce sont des animaux utiles. Au Caire, par exemple, ils font la police des rues et assainissent la ville en faisant disparaître les corps d'animaux morts et les immondices.

Le *hibou*, la *chouette*, animaux nocturnes, doivent être respectés des chasseurs, car ils détruisent les rats, les mulots, nos ennemis-nés.

243. Pigeons. Gallinacés. —Nous ne trouvons dans ces groupes que des espèces inoffensives, utiles même. Les pigeons domestiques peuplent nos colombiers. Le *pigeon ramier* est recherché des chasseurs. Le *pigeon messager* est élevé pour transporter rapidement des dépêches d'une ville à l'autre.

Les gallinacés sont chassés pour l'excellence de leur chair : *faisans, cailles, perdrix, colins, coqs de bruyère*. Nous y trouvons tous nos oiseaux de basse-cour : la *poule* et le *coq*, dont nous mangeons les œufs et la chair ; les *dindons* et les *pintades* (*fig.* 139).

Fig. 139. — Dindons mâle et femelle (*gallinacés*). Longueur: 1 mètre.

Citons encore le *paon;* son splendide plumage est l'ornement de nos parcs.

244. Coureurs. Echassiers.— L'*autruche* (*fig.* 140) est, avec le *casoar* de l'Australie, le plus gros des oiseaux. Sa taille dépasse deux mètres. Cet oiseau court rapidement, mais ne saurait voler. On l'élève en demi-domesticité, en Afrique, pour recueillir les plumes molles de ses ailes et de sa queue; elles sont recherchées comme parures.

Les *échassiers* peuvent voler, ce qui les distingue des coureurs.

Ces animaux sont utiles parce qu'ils chassent les vers, les limaces, les reptiles.

Fig. 140. — Autruche (*échassier*). Longueur : 1ᵐ,50.

Tels sont : la *cigogne*, le *héron*, la *grue*, l'*ibis d'Egypte*. La *poule d'eau*, la *bécasse* sont recherchées des chasseurs.

Fig. 141. — Mouette à masque brun. Longueur : 0ᵐ,60.

245. Palmipèdes. — Les *palmipèdes*, reconnaissables à leurs pattes palmées, ne renferment pas d'espèces nuisibles.

Nous élevons les *oies* et les *canards* pour notre alimentation. Les *cygnes* font l'ornement de nos pièces d'eau. L'*eider* de Norvège nous fournit le duvet très délicat dont son nid est tapissé (édredon). Les *mouettes*, les *goélands* volent sur nos côtes (*fig.* 141). Le *guano* que l'on trouve en couches épaisses sur certains îlots du Pérou est un puissant engrais, formé par l'accumulation des immondices d'oiseaux marins, qui, depuis des siècles, habitent ces parages.

QUESTIONNAIRE

Citer les oiseaux les plus utiles, — et quelques-uns de ceux qui sont nuisibles. — Quelle différence d'organisation trouvez-vous entre : le *hibou* et le *perroquet*, — le *corbeau* et la *poule*, — le *pigeon* et la *mouette*, — la *bécasse* et la *caille* (241)?

RÉSUMÉ

Les oiseaux, animaux à plumes, à sang chaud, ovipares, ont des poumons, un cœur à quatre cavités, un squelette analogue à celui des mammifères. Ils sont bipèdes et leurs membres antérieurs sont des ailes qui leur permettent de voler.

Ils construisent des nids dans lesquels la femelle pond des œufs d'où sortiront, après l'incubation, des petits vivants.

Certaines espèces changent de pays avec les saisons et font, par troupes, de longs voyages.

Les caractères généraux des neuf ordres d'oiseaux ont été donnés dans un tableau auquel nous renvoyons.

---

3. — CLASSE DES REPTILES

246. Caractères généraux. — Les animaux de cette classe ne peuvent s'avancer sur terre sans que leur ventre frotte sur le sol ; soit qu'ils n'aient pas de membres, comme la couleuvre, soit qu'ils n'aient, comme le lézard, que des membres courts dirigés transversalement au corps. On dit qu'ils *rampent*, de là leur nom. Leur peau fait souvent des replis qui affectent la forme d'écailles. On conçoit que ces écailles ne se détachent pas comme celles des poissons (*lézard, serpent*). D'autres fois, la peau se transforme en plaques cornées, dures, qui se soudent. Elles forment la carapace de la *tortue* et du *crocodile*.

Les tortues ont comme l'oiseau un bec corné ; les autres reptiles ont des dents pointues qui ne servent qu'à retenir leur proie. La circulation est inférieure à celle des mammifères et des oiseaux, car le sang veineux et le sang artériel se mêlent dans le seul ventricule du cœur, avant d'être lancés dans le corps. La respiration est peu active. La température de ces animaux est un peu plus élevée que celle de l'air dans lequel ils vivent, et elle en subit toutes les variations. Ce sont des animaux à sang froid.

Nous ne trouverons guère, dans ce groupe, que des animaux nuisibles.

Fig. 142.— Tortue de mer (*reptile à carapace*). Longueur : 1 à 2 mètres.

247. — Les *tortues* (*chéloniens*) sont inoffensives. Elles sont presque toutes enveloppées dans une carapace. Quelques espèces sont comestibles. Elles vivent sur terre ou dans les marécages.

Les grandes espèces sont conformées pour vivre sur la mer (*fig.* 142), leurs pattes sont palmées ; certaines pèsent 600 kilogrammes. On leur fait la chasse pour recueillir l'*écaille* qui recouvre leur carapace.

Le *crocodile* (*fig.* 143) est un animal redoutable, qui vit dans le Nil, le Gange, les fleuves d'Amérique (*caïmans*). Sa carapace est à l'épreuve de la balle. Sa gueule est garnie de dents coniques, sa voracité est extrême.

Les *sauriens :* les *lézards*, les *caméléons* sont inoffensifs ; ils ont quatre membres comme le crocodile, la peau est écailleuse. Ils se nourrissent d'insectes.

Fig. 143. — Crocodile (*reptile à carapace*). Longueur variable jusqu'à 8 mètres.

248. — Les *serpents* (*ophidiens*) n'ont plus de membres. Leur squelette se réduit à une tête et à une longue file de vertèbres, dont chacune porte une paire de côtes. Ils se nourrissent de proie vivante. Leurs dents sont pointues et ne servent qu'à retenir la proie. Les petits reptiles, comme la *couleuvre*, sont inoffensifs ; mais les grandes espèces : les *pythons* de l'Inde, les *boas* d'Amérique, longs de **8 à 10** mètres, sont redoutables pour l'homme et les animaux, qu'ils avalent sans mâcher, après les avoir étouffés dans leurs anneaux. Les serpents *venimeux* sont plus redoutables encore, leur morsure donne la mort. Tels sont : le *serpent à sonnettes* d'Amérique, la *cobra* des Indes, la *naja* d'Égypte, et chez nous la *vipère*. La vipère atteint parfois un mètre de long. Son nom lui vient de ce qu'elle ne pond pas ses œufs, ils restent dans son corps, s'y développent, et ce sont de petites vipères qui sortent du corps de la mère. Les dents sont pointues ; deux d'entre elles, placées en avant, sont les *crochets venimeux* (*fig.* 144). Elles sont, à l'état de repos, couchées le long du palais. Lorsque l'animal veut mordre, elles se redressent ; une glande placée à leur base sécrète le venin. Au moment de la morsure, les muscles de

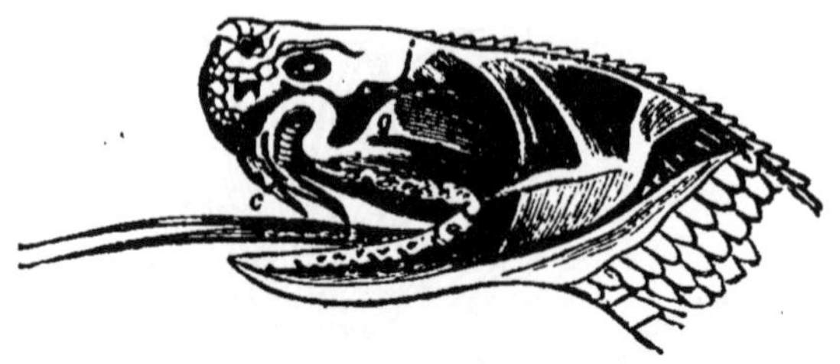

Fig. 144. — Tête de vipère coupée dans le sens de la longueur pour voir la glande du venin *g* et les crochets *c*.

la bouche compriment la glande et en chassent le venin, qui s'écoule par un petit canal creusé dans le crochet et pénètre dans la plaie que celui-ci vient de faire. L'animal mordu ne tarde pas à périr, s'il est de taille moyenne. Les morsures de vipère doivent être cautérisées avec un fer rouge, ou avec l'acide phénique ; sinon, il faut au moins faire saigner la plaie, la sucer, la laver avec soin.

QUESTIONNAIRE

Donner les caractères généraux d'un reptile. — Indiquer la différence qui existe entre le squelette d'une couleuvre et celui d'un lézard, — entre la peau d'un crocodile et celle du lézard. — Qu'est-ce qu'un animal à sang froid (246)? — Combien le cœur d'un reptile a-t-il de cavités? — Existe-t-il des reptiles utiles? — Nommez quelques espèces inoffensives. — Citez des espèces nuisibles (247). — Qu'est-ce qui rend redoutable un boa ou un serpent à sonnettes? — Décrivez l'organe venimeux de la vipère. — Comment peut-on combattre le danger d'une morsure de vipère (248).

RÉSUMÉ

Les *reptiles,* animaux ovipares, à sang froid, ont une respiration aérienne et un cœur à trois cavités : un ventricule et deux oreillettes. Leur sang est un mélange de sang artériel et de sang veineux. — Ils rampent.

Les replis de la peau forment les écailles du serpent et du lézard. L'ossification de la peau donne naissance à la carapace de la tortue et du crocodile.

Les *tortues* ont quatre membres, un bec corné, une carapace. Les espèces aquatiques ont les pattes palmées.

Les *crocodiles* et les *sauriens* ont quatre membres, leur ventre repose sur le sol pendant la marche, leurs mâchoires sont hérissées de dents.

Les *serpents* n'ont plus de membres, ils avancent en rampant, leur corps se recourbe horizontalement de droite à gauche et réciproquement. Les serpents venimeux ont des crochets venimeux à l'aide desquels ils tuent leur proie. Les serpents non venimeux l'étouffent en s'enroulant autour de l'animal qu'ils veulent tuer.

4. — CLASSE DES BATRACIENS

249. — Ce petit groupe a été séparé des reptiles, dont il a l'organisation générale à l'état adulte, parce que les animaux qu'il renferme n'arrivent à cet état que par des transformations successives : ils subissent une *métamorphose*. En outre, la peau est dépourvue d'écailles ; elle est *nue*.

Grenouille. — Il sort de l'œuf de la grenouille un têtard dont le corps arrondi, terminé par une longue queue, rappelle la forme d'un poisson. Il respire, comme celui-ci, par des branchies extérieures et il n'a pas de membres. Il vit plongé dans l'eau (*fig.* 145).

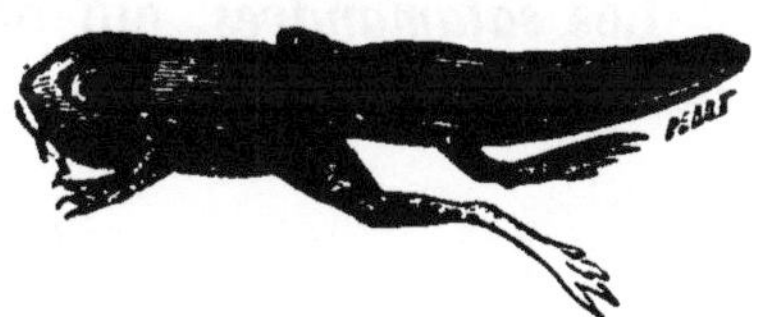

Fig. 145. — Têtard âgé de quelques jours.— Les petits filets que l'on voit sous la tête sont les *branchies*, organes de respiration.

Fig. 146. — Têtard sans branchies et avec des pattes.

Plus tard (*fig.* 146), apparaissent les pattes de devant, puis celles de derrière. Les poumons se développent à l'intérieur, et l'animal ne tarde pas à venir, de temps à autre, avaler une bulle d'air en dehors de l'eau.

Enfin, la queue, les branchies disparaissent : le têtard est devenu une petite grenouille.

14.

Le squelette de cet animal (*fig*. 147) reste toujours imparfait ; il n'a jamais de côtes et l'animal ne peut respirer qu'en avalant de l'air, comme nous avalons l'eau.

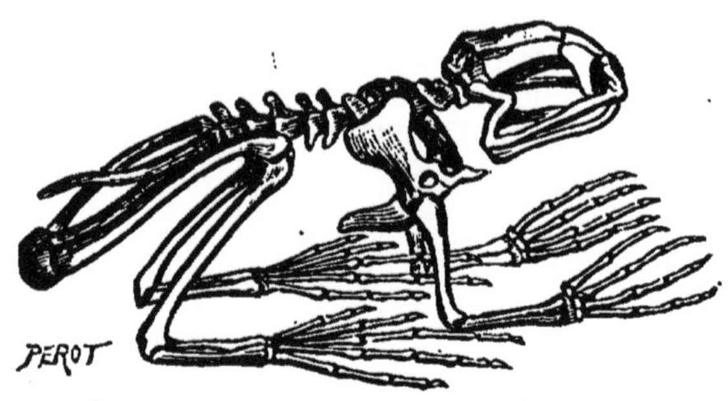

Fig. 147. — Squelette de grenouille (*batracien*).

Ses membres postérieurs annoncent un animal sauteur ; ses pattes palmées indiquent un animal aquatique. En somme, il est *amphibie :* il saute sur la terre, il nage dans l'eau.

La grenouille entre dans notre alimentation.

Le *crapaud* a un aspect repoussant : son corps est couvert de pustules venimeuses ; on doit éviter de le toucher.

Ce n'en est pas moins un animal recherché des maraîchers. Ils le mettent dans leur jardin qu'il purge de limaces.

Les *salamandres*, qui ont la forme de lézards et vivent dans les puits, les mares, sont des batraciens inoffensifs.

QUESTIONNAIRE

Etablir les différences qui existent entre un reptile et un batracien. — Décrivez les métamorphoses d'une grenouille. — Quel est le mode de locomotion d'une grenouille ?— Citez les batraciens utiles (249).

RÉSUMÉ

Les *batraciens* ont, à l'état adulte, l'organisation des reptiles, leur peau est nue. Au sortir de l'œuf, ils ont la forme du poisson et respirent par des branchies.

5. — CLASSE DES POISSONS

250. — Les poissons sont destinés à vivre toujours dans l'eau. De là la conformation générale de leur corps, et une organisation spéciale qui les fait reconnaître sans peine

Caractères généraux. — Considérez la *perche* ou la *carpe* de nos rivières (*fig.* 148) : le corps est aplati, la tête effilée fend l'eau facilement; la queue, également effilée, se termine par une longue nageoire verticale. Des nageoires renforcées par des filets osseux ou cartilagineux sont disposées sur le dos, sous le ventre, sur les côtés : l'animal sera un bon nageur.

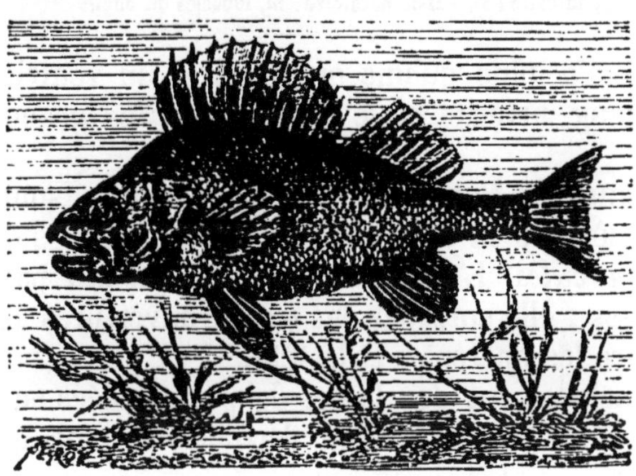

Fig. 148. — La perche de rivière.

Le corps est couvert d'écailles, indépendantes les unes des autres et que nos cuisinières détachent facilement à l'aide d'un couteau.

251. Organes intérieurs. — L'animal a un squelette que connaissent bien ceux qui ont mangé un brochet : une tête, une longue colonne vertébrale envoyant en haut et en bas des os pointus : des *arêtes*. La chair ou les muscles la recouvrent (*fig.* 149).

Nous trouverons bien souvent les lèvres ou le palais tapissés de dents aiguës, une langue, un large œsophage, et, dans l'abdomen, un foie, un estomac suivi de l'intestin.

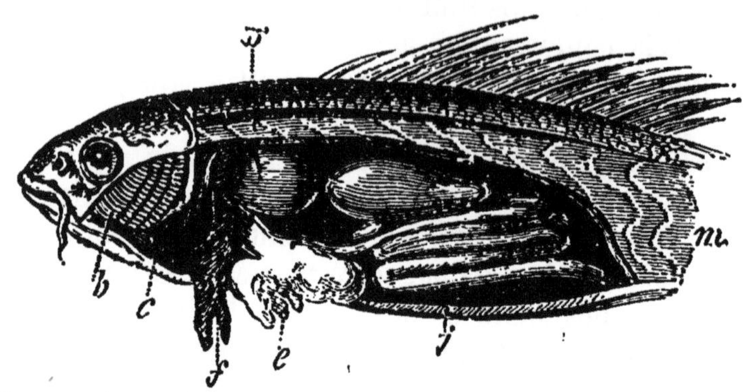

Fig. 149.— Organes intérieurs du poisson : *b*, branchies; *c*, cœur; *e*, estomac; *f*, foie; *j*, intestin; D, vessie natatoire; *m*, muscles ou chair.

Le cœur n'a plus qu'une oreillette et un ventricule ; il reçoit le sang artériel et le lance dans une grande aorte dorsale.

Les organes de la respiration, les *branchies*, sont placés de chaque côté de la tête, sous de larges plaques osseuses appelées *opercules*. L'animal avale l'eau, la fait passer sur les branchies : elle sort par les *ouïes*, ouvertures latérales placées entre les opercules et la tête.

Les branchies sont des lames de peau taillées en arcs de cercle, et dont les bords sont découpés comme les dents d'un peigne.

L'eau, en passant entre les branchies, leur abandonne l'oxygène qu'elle tient en dissolution, et reçoit en échange l'acide carbonique dissous dans le sang. La respiration des poissons ne diffère pas, dans son essence, de celle de l'homme : l'organe seul est changé.

252. Locomotion. — Presque tous les muscles du poisson servent à courber la colonne vertébrale dans deux sens opposés, de droite à gauche et de gauche à droite. L'animal frappe l'eau comme le marin qui *godille* avec sa rame à l'arrière d'un canot, et il avance, comme le fait le bateau. Ce mouvement est régularisé par ceux des nageoires.

La *vessie natatoire*, que certaines espèces possèdent dans l'abdomen, leur permet de monter ou de descendre. Les poissons sont des animaux à sang froid. La femelle pond des œufs, parfois en nombre immense; quelques rares espèces se construisent un nid.

253. — Nous ne pouvons donner la classification complète des poissons. Nous dirons seulement qu'on en fait deux groupes principaux. Les uns, comme le brochet, ont un squelette osseux; dans les autres, comme la raie, le squelette n'est jamais formé que de cartilages.

Nommer les espèces que l'on trouve dans nos poissonneries serait impossible.

Poissons d'eau douce. — Nous ne pouvons que citer les *truites* de nos ruisseaux, l'*anguille* (*fig.* 150), les *carpes*,

Fig. 150. — L'anguille.

les *tanches*, les *goujons* de nos rivières. Le *brochet*, excellent poisson, ne doit pas être mis dans un vivier. Cet animal vorace l'aurait bientôt dépeuplé. Parmi les poissons de mer qui viennent *frayer* dans les fleuves, nous citerons : l'*alose* et le *saumon*.

Poissons de mer. — Nous trouvons parmi les poissons de mer : le *thon*, dont la taille est de 2 mètres, le poids de 500 kilogrammes, et dont la chair est estimée.

Les grandes pêches fournissent nos marchés de *sardines*, de *harengs*, poissons voyageurs, qui descendent par bandes immenses des mers polaires dans nos mers, pour y déposer leur frai.

La *morue* (*fig.* 151), que nous prendrons comme exemple, est un animal vorace qui se nourrit de poissons. On la pêche avec des lignes qui ont 150 mètres de long.

Fig. 151. — La morue.

Cette pêche se fait dans les eaux de Terre-Neuve et d'Islande.

La morue est conservée dans le sel, ou séchée au soleil. On retire de son foie une huile employée en médecine.

Parmi les poissons cartilagineux, nous citerons comme espèces utiles les *raies*, poisson plat qui atteint souvent de grandes dimensions ;

Fig. 152. — Le chien de mer.

La *roussette* ou *chien de mer*, de qualité inférieure, dont la peau rugueuse sert à polir le bois (*fig.* 152).

Le *requin* vient en tête des espèces nuisibles. Sa forme générale est celle du chien de mer. Mais sa longueur atteint 9 à 10 mètres. Sa voracité, sa force prodigieuse en font un animal des plus redoutables.

RÉSUMÉ

Les *poissons* sont des animaux aquatiques, ovipares, respirant par des branchies, ayant un cœur à deux cavités, analogue au cœur droit de l'homme. La peau est recouverte d'écailles.

Les nageoires sont leurs organes de locomotion.

On les divise en poissons à squelette osseux et poissons à squelette cartilagineux.

Les uns vivent dans l'eau douce des lacs et des fleuves, d'autres sont exclusivement marins. Certaines espèces marines remontent les fleuves pour y déposer leurs œufs.

---

3. Embranchement des articulés.

254. — Le corps des articulés présente, à de rares exceptions près, cette division en tronçons ou anneaux distincts que nous avons déjà signalée. Mais, les uns ont des membres, les autres en sont dépourvus. De là, deux groupes bien distincts : les *articulés proprement dits* et les *vers*.

Nous résumons en un tableau la division des articulés en classes.

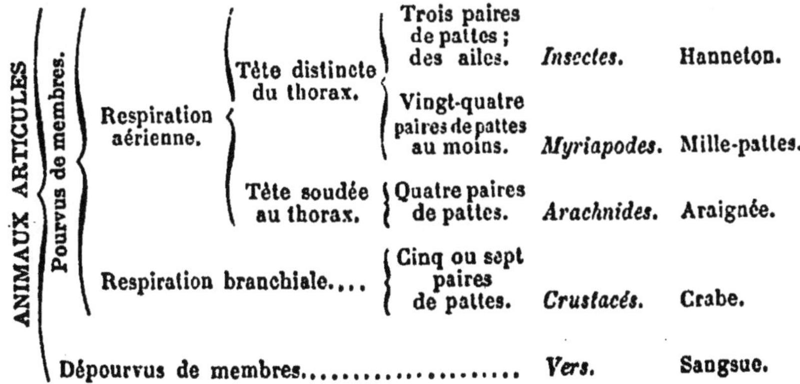

1. — CLASSE DES INSECTES

255. — Le corps de l'insecte est composé de trois parties distinctes :

1° La *tête* porte : deux filets ou *antennes*, a (*fig.* 153), qui sont pour l'animal des organes de tact ; deux gros yeux et les pièces de la bouche.

Fig. 153. — Le faux-bourdon (*hyménoptère*) : *a*, antennes et tête; *b*, corselet; *c*, ventre; *d*, ailes au nombre de quatre; *c1, c2, c3*, trois paires de pattes.

Celle-ci est parfois un simple tube, une sorte de trompe avec laquelle l'insecte suce les liquides (*papillon*). D'autres fois, les lames buccales servent à lécher certaines parties des fleurs, pour en recueillir le liquide sucré qui les recouvre (*abeille*). La bouche du *hanneton*, du *carabe*, est entourée de pièces cornées mobiles qui se croisent comme les branches des ciseaux. Ils s'en servent pour couper, broyer leurs aliments.

2° Le *corselet* ou *thorax* porte trois paires de pattes, formées d'*articles* nombreux, mobiles les uns sur les autres, terminés parfois par des griffes. On y voit une ou deux paires d'ailes (*mouche-papillon*), les unes membraneuses (*abeille*), les autres cornées (*hanneton*). Les *poux*, les *puces* n'ont pas d'ailes.

3° Le *ventre* ou *abdomen* est formé d'anneaux distincts. Il se termine par un aiguillon venimeux (*guêpe*), ou une tarière qui sert à la femelle à percer des trous pour y déposer ses œufs (*sauterelle*).

Les insectes ont pour système nerveux un chapelet de ganglions nerveux disposés tout le long du corps.

Ils n'ont qu'un petit nombre de vaisseaux sanguins. Leur corps est traversé par une multitude de tuyaux pleins d'air appelés *trachées;* ce sont les organes de la respiration. Les aliments sont digérés dans un estomac et un intestin (*fig*. 154).

Ce qui rend cette classe intéressante, ce sont les transformations ou *métamorphoses* que l'insecte subit avant d'atteindre sa forme définitive.

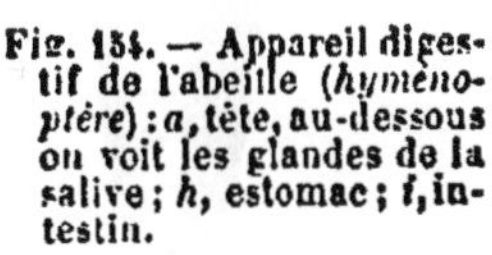

Fig. 154. — Appareil digestif de l'abeille (*hyménoptère*) : *a*, tête, au-dessous on voit les glandes de la salive ; *h*, estomac ; *i*, intestin.

256. Métamorphoses. — Nous citerons comme exemple la métamorphose du *ver à soie.*

L'œuf du ver à soie est très petit. Il en sort, au printemps, un petit ver qui a deux millimètres et demi de long.

On le nourrit avec la feuille du mûrier blanc. Il coupe la feuille avec ses mandibules. L'animal reste pendant trente-quatre jours à l'état de larve ou de *chenille* (*fig.* 155). Il change quatre fois de peau et grossit rapidement. Lorsque le ver à soie atteint sa plus grande longueur (huit centimètres), il cesse de manger et s'enferme dans un *cocon.* Celui-ci est composé d'un fil de soie, qui est pelotonné un grand nombre de fois autour du cocon ; sa longueur est de trois cents mètres.

Le ver ainsi renfermé se transforme en *chrysalide* (*fig.* 156).

Il ressemble à un petit œuf brun, divisé par anneaux à sa partie inférieure.

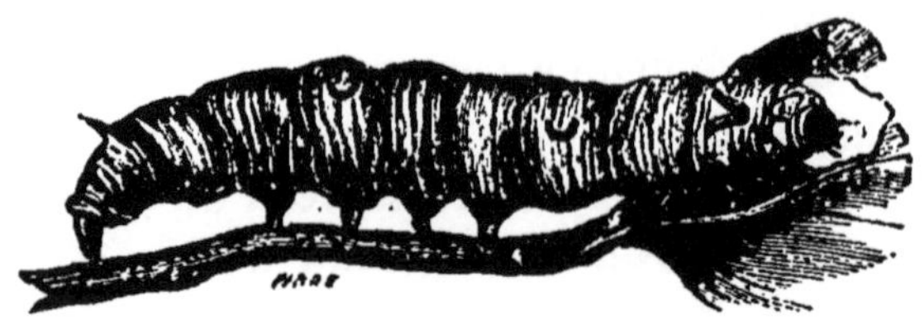

Fig. 155. — Ver à soie sur une feuille de mûrier. — Le corps de cette chenille est formé de neuf anneaux. Remarquez les cinq paires de *fausses pattes* situées au-dessous du corps. Les vraies pattes du papillon se formeront à la place des petits mamelons qui avoisinent la tête.

Au bout de huit à vingt jours, la chrysalide est devenue un papillon blanc (*fig.* 157) qui perce le cocon et s'échappe. Il vit une vingtaine de jours, pendant lesquels la femelle pond 500 œufs ; puis, il meurt.

Fig. 156. — Chrysalide.

Fig. 157. — Papillon du ver à soie (*lépidoptère*).

Certains insectes ont, au sortir de l'œuf, la forme qu'ils auront plus tard ; ils diffèrent de l'insecte par l'absence des ailes, tels sont les *sauterelles :* on dit qu'ils sont à *demi-métamorphoses.*

257. — La classification des insectes est fondée sur la forme de la bouche et la disposition des ailes.

Elle ne fait pas partie de notre programme. J'en donne un tableau résumé, à titre de renseignement.

Lécheurs.	Quatre ailes membraneuses......		*Hyménoptères.*	Abeille.
Broyeurs.	Ailes supérieures dures....	Ailes inférieures pliées en travers..........	*Coléoptères.*	Hanneton.
		Ailes inférieures pliées en long.	*Orthoptères.*	Sauterelle.
	Quatre ailes membraneuses.....		*Névroptères.*	Libellule.
Suceurs.	Quatre ailes couvertes d'écailles.		*Lépidoptères.*	Papillon.
	Quatre ailes nues............		*Hémiptères.*	Punaise.
	Deux ailes...................		*Diptères.*	Mouche.
	Absence d'ailes..............		*Aptères.*	Puce.

258. Insectes utiles ou nuisibles. — Nous trouverons très peu d'insectes utiles : les *abeilles* (*fig.* 158), la *cochenille*, les *cantharides;* et voilà tout.

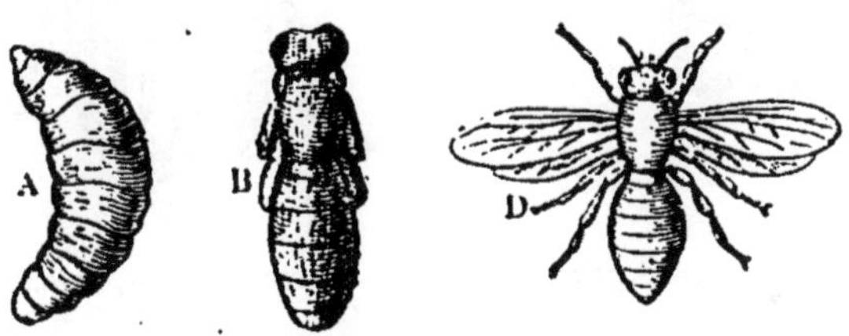

Fig. 158. — Abeille. — A, larve; B, chrysalide; D, insecte parfait.

Quant aux insectes incommodes, comme les mouches et les fourmis, ou réellement nuisibles, leur nombre est immense, et nous ne pouvons qu'en citer quelques-uns.

Hyménoptères. — L'abeille vit par essaim de 20 à 30 000. Une seule femelle est féconde, la *reine.* On trouve dans une ruche de 500 à 3 000 *mâles.* Les *ouvrières* composent le reste de l'essaim.

Ce sont elles qui vont chercher dans les fleurs les éléments de la cire, avec laquelle elles construisent les cellules, et du miel qui les remplit. Chaque cellule reçoit un œuf. Ce miel est destiné à nourrir la *larve* qui en sort.

Les *fourmis* vivent également par troupes. Leurs mœurs

sont bien intéressantes à étudier ; l'espace nous manque pour en parler.

Les *guêpes*, les *bourdons* (*fig.* 158) sont les espèces nuisibles.

259. *Coléoptères.* — Le *hanneton* (*fig.* 159) est nuisible, surtout à l'état de *larve ;* celle-ci, appelée *turc, ver blanc,* vit sous terre pendant trois ans. Elle coupe les racines et cause souvent de vrais désastres, dans les années où elle pullule.

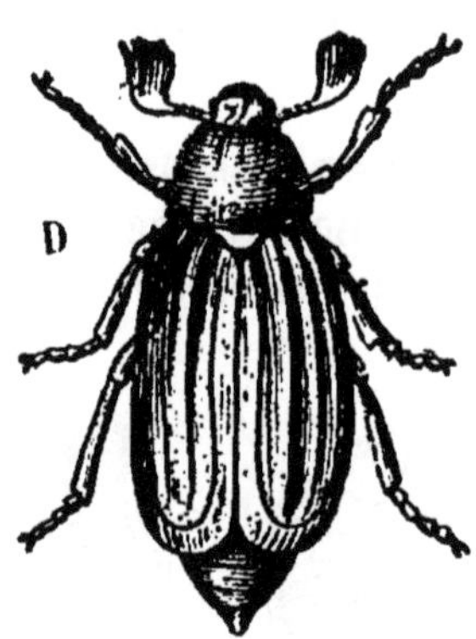

Fig. 159. — Hanneton (*coléoptère*). — A, larve ou ver blanc ; D, insecte parfait.

On voit très bien dans le hanneton le caractère distinctif des coléoptères, ces *élytres* cornées, qui servent à protéger les véritables ailes membraneuses que l'insecte étend quand il veut s'envoler ; il les replie pour les faire rentrer sous les élytres.

Citons les *charançons*, qui dévorent le blé, les pois, les haricots ; les *scolytes*, qui détruisent les arbres de nos forêts, en creusant des galeries entre le bois et l'écorce ; l'*eumolpe de la vigne*, qui détruit les vignobles, en traçant sur les feuilles qu'il dévore des dessins bizarres.

Les *coccinelles*, les jolies *bêtes à bon Dieu*, nous rendent quelques services en nous débarrassant des pucerons.

260. *Orthoptères.* — Les *sauterelles* sont remarquables par la longueur de leurs pattes postérieures (*fig.* 160). Ce sont des insectes sauteurs. Les sauterelles d'Afrique s'abattent par troupes innombrables sur les cultures, qu'elles dévastent.

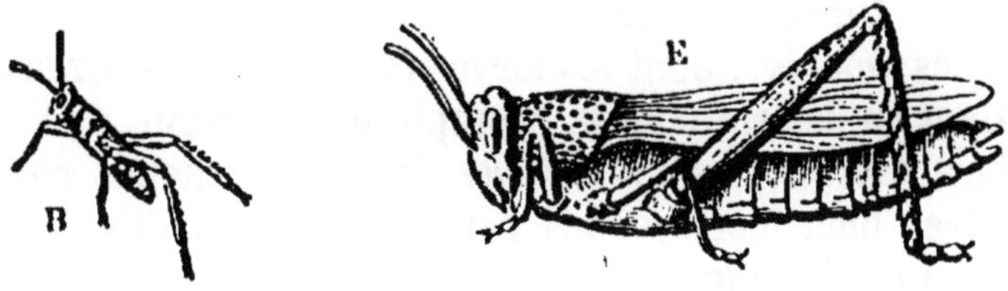

Fig. 160. — Sauterelle (*orthoptère*). — B, larve, elle n'a pas d'ailes ; E, sauterelle adulte

La *courtilière-grillon* est un insecte fouisseur qui ronge les racines ; ses pattes de devant élargies rappellent celles de la taupe. Le *perce-oreille* est un animal inoffensif.

Névroptères. — Nous ne citerons que les jolies *demoiselles* qui volent sur nos ruisseaux.

261. *Lépidoptères.* — Les papillons sont de bien jolis insectes, dont les ailes recouvertes d'écailles colorées sont du plus bel aspect. A l'état adulte, ils sont inoffensifs ; leurs chenilles nous causent, au contraire, de grands désastres ; nous en exceptons le *ver à soie*. Nous citerons la *pyrale* de la vigne, la *chenille processionnaire*, la *teigne*, petit papillon de nuit aux couleurs ternes ; sa larve ronge les pelleteries, les lainages, les fourrures ; les chenilles de l'*hyponomène* du pommier vivent en troupes à l'extrémité des rameaux, enveloppées dans un large cocon formé de fils de soie très lâches ; elles en rongent toutes les feuilles.

262. *Hémiptères.* — Si la *cochenille* du Mexique nous est utile en nous fournissant la belle matière colorante rouge

Fig. 161. — Phylloxera ailé (*hémiptère*).

du *carmin*, les *punaises* sont redoutables dans nos maisons ; les *pucerons* sucent les tiges délicates du poirier, du chèvrefeuille, du colza. Le *phylloxera* (*fig.* 161) a détruit nos vignobles du Midi. Les *cigales* de la Provence ne sont célèbres que par le bruit strident et monotone qu'elles produisent pendant le jour.

263. *Diptères.* — Ces insectes n'ont que deux ailes. Telles sont les *mouches*, dont les larves (*asticots*) se nourrissent de chair et en déterminent la prompte putréfaction.

Les *cousins*, les *moustiques* des pays chauds sont des diptères bien incommodes par les piqûres qu'ils font pour nous sucer le sang.

Les *aptères* sont le *pou* et la *puce*, animaux parasites, dégoûtants.

---

2. — Classe des myriapodes

Les *myriapodes* (dix mille pattes) ont un corps très allongé, divisé en anneaux nombreux qui portent chacun une paire de pattes ; le nombre de ces organes est de vingt-quatre au moins. On pourrait les comparer à un vers pourvu de pattes. Ils ont, comme les insectes, des métamorphoses et respirent par des trachées ; leur tête porte deux yeux et deux antennes, mais ils sont dépourvus d'ailes.

On trouve sous les pierres les *mille-pattes* qui sont carnassiers et les *glomeris* qui se nourrissent de végétaux et se roulent en boule si on les touche.

---

3. — Classe des arachnides

264. Les *araignées* (*fig.* 162) diffèrent des insectes par la
forme du corps. La tête et le corselet sont soudés et ne forment qu'un tronçon. L'abdomen en
est séparé par un étranglement. On
n'y trouve ni ailes ni antennes. On
voit sur la tête quatre à cinq yeux
distincts. Le corselet porte *quatre*
paires de pattes. La respiration s'accomplit dans des sacs pulmonaires.
Ces animaux sont carnassiers et se
nourrissent d'insectes. Sous ce rapport, ce sont des animaux utiles;
leur place est dans les étables.

Fig. 162. — Araignée épeire
femelle (*arachnide*).

Les araignées produisent des fils
qui leur servent à tisser des toiles.
Elles y développent une grande industrie. Ces toiles sont
des filets tendus pour prendre les insectes : l'araignée les tue
à l'aide de crochets venimeux ; elle en suce le sang.

Les *faucheurs* aux longues pattes, les *scorpions* venimeux
du Midi, les *acarus* sont des arachnides.

L'*acarus* de la gale se loge entre chair et peau et vit aux
dépens du malade, qui souffre de démangeaisons insupportables.

----

4. — Classe des crustacés

265. La plupart des *crustacés* (*fig.* 163) ont une carapace
pierreuse qui tient lieu de squelette extérieur. Presque tous
vivent dans l'eau et respirent par des branchies. La tête est
soudée au corselet, comme dans les arachnides. Elle porte
de longues antennes et des yeux soutenus par de petites tiges.
L'animal, carnassier, a des mandibules qui lui servent à

couper les aliments. Parfois la première paire de pattes prend un grand développement et devient des pinces puissantes. L'abdomen ou queue est divisé par anneaux.

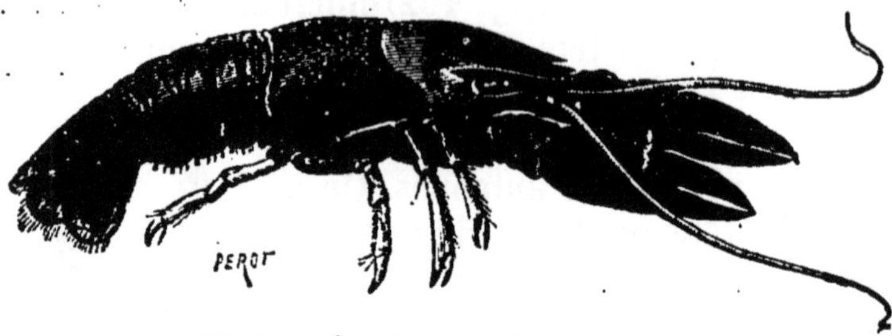

Fig. 163.— Écrevisse des ruisseaux (*crustacé*).

L'*écrevisse* de nos ruisseaux, le *homard*, la *langouste*, le *crabe*, la *crevette*, tous animaux marins, ont cinq paires de pattes. Les *cloportes*, que l'on trouve dans les lieux humides, sont de petits crustacés.

---

8. — SOUS-EMBRANCHEMENT DES VERS

266. *Annélides.* — Les *vers* ont le corps allongé, divisé en anneaux. Ils n'ont pas de membres. Leur sang est souvent rouge.

Le *lombric* ou *ver de terre* est commun dans nos jardins ; beaucoup d'espèces vivent dans le sable de la mer et sont recherchées des pêcheurs, comme appât.

Fig. 164. — Sangsue (*animal articulé*). — Le corps est formé d'anneaux.

La *sangsue* (*fig.* 164) se trouve dans les marais. Elle suce le sang des animaux. On l'utilise en médecine.

267. *Helminthes.* — Les vers intestinaux, dont le corps est généralement lisse, sans anneaux apparents, vivent en parasites dans le corps de l'homme et des animaux. Ce sont des animaux à métamorphoses. Ils sont essentiellement nuisibles.

Le *ténia* ou *ver solitaire* a une larve qui vit, sans se développer, dans le corps de certains animaux : le cerveau du mouton, les porcs ladres. Vient-elle à pénétrer dans l'estomac du chien, de l'homme, elle se métamorphose et passe à l'état adulte. Le ténia prend alors la forme d'un long ruban plat, qui se divise par tronçons. Ceux-ci sont expulsés avec les excréments. Ils renferment les œufs qui donnent naissance à des larves, s'ils sont avalés par quelque animal, tel que le porc.

La *trichine* (*fig.* 165) est un autre parasite du porc, aussi redoutable que le précédent. Il se loge dans les muscles de l'homme qui a mangé la chair crue d'un porc malade, et y cause de grands désordres.

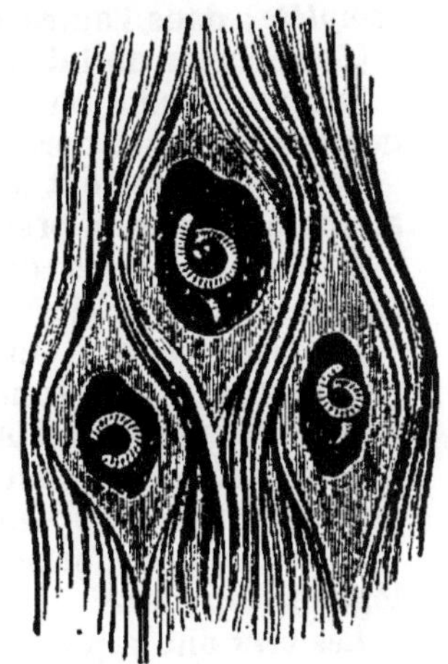

Fig. 165. — Trichines fortement grossies enfermées dans un muscle.

QUESTIONNAIRE

Quels sont les caractères d'une arachnide ? — Comment distinguez-vous une araignée d'une mouche ou d'une fourmi sans ailes ? — Quelle est la cause de la gale (264).

Qu'est-ce qu'un crustacé ? — Ses caractères. — Nommez les espèces utiles (265).

Quels sont les vers que vous connaissez ? — Qu'est-ce qu'un helminthe ? — Nommez-en (266-267) ?

RÉSUMÉ

Les *articulés* se reconnaissent à ce que le corps ou les membres sont divisés en tronçons ou articles qui se ressemblent d'une manière générale.

Les uns, les *articulés proprement dits*, ont des membres; les autres, les *vers*, n'en ont pas. (Se reporter au tableau donnant la classification des articulés.)

15.

La classe des *insectes* est caractérisée par la division du corps en trois parties distinctes, la présence des antennes sur la tête, de trois paires de pattes et d'une ou deux paires d'ailes sur le corselet. La respiration est trachéenne. Ce sont des animaux à métamorphoses. Il sort de l'œuf une *larve* qui se change en *chrysalide* ou *nymphe*, puis en *insecte parfait*. Parfois l'animal naissant ne diffère de l'adulte que par l'absence des ailes. Dans l'un des cas, il y a *métamorphose complète*; dans l'autre, *demi-métamorphose*.

(Se reporter au tableau qui donne la classification des insectes.)

Les *myriapodes* ont une tête distincte et un corps composé d'anneaux nombreux portant chacun une paire de pattes.

Les *arachnides* ont le corps formé de deux parties. La tête soudée au thorax forme la première, l'abdomen constitue la seconde.

La respiration est ordinairement pulmonaire; certaines espèces ont des trachées. Il n'y a ni antennes ni ailes. On compte huit pattes.

Les *crustacés* ont cinq ou sept paires de pattes. Ils respirent par des branchies; ce sont le plus souvent des animaux aquatiques. Leur corps couvert d'une carapace calcaire est facile à reconnaître avec sa tête soudée au thorax, munie d'antennes, et son abdomen ou queue divisée en anneaux.

Cette carapace forme une espèce de squelette extérieur qui protège les organes.

Les *vers* ont la peau molle, divisée en anneaux dans les *annélides*, lisse dans les *helminthes*. Ces derniers subissent parfois des métamorphoses; par exemple, la larve qui rend les porcs *ladres* ne se développe que dans les intestins de l'homme, du chien, et devient alors le *ver solitaire*.

---

4. Embranchement des mollusques.

268. Cet embranchement renferme les innombrables coquillages que nourrit la mer. Un caractère général de ces animaux est tiré de la forme de l'intestin, qui se contourne de façon à rapprocher ses deux extrémités, la *bouche* et l'*anus*.

La peau est molle, visqueuse, elle forme souvent des replis qui enveloppent le corps en tout ou en partie ; on leur donne le nom de *manteau*. La peau s'encroûte parfois de matières pierreuses. Ainsi se forme la coquille, organe de protection de l'animal. Sa forme et sa coloration varient à l'infini.

Certains mollusques (le *limaçon*) vivent sur terre et res-

pirent par des poumons ; la plupart ont des branchies et séjournent dans l'eau.

Céphalopodes. — Ces animaux ont les organes de la locomotion placés autour de la bouche.

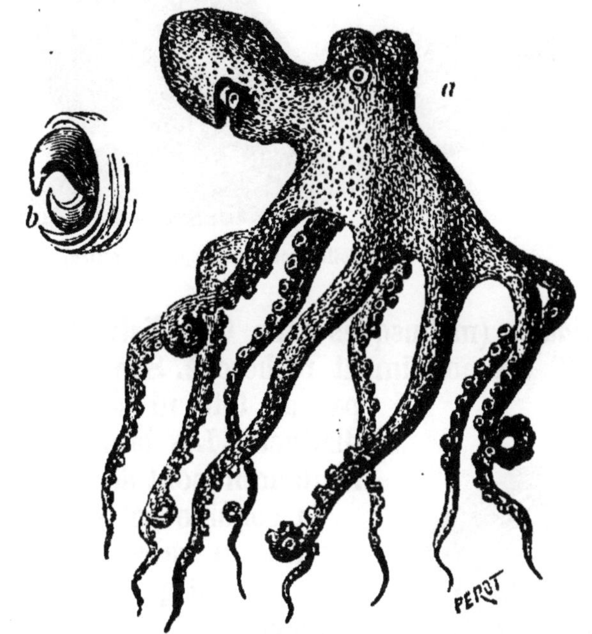

Fig. 166. — Poulpe *(mollusque)* : *a*, l'animal entier ; *b*, le bec corné.

Le *poulpe (fig. 166) (minard, picuvre)* est un gros mollusque de nos côtes, qui détruit beaucoup de poissons et de
langoustes. Il n'a pas de coquille. Sa tête est reconnaissable
à ses deux gros yeux et aux huit bras ou *tentacules* qui entourent son bec corné. Ils lui servent à enlacer sa proie. Le
poulpe appartient à la classe des *céphalopodes*.

Gastéropodes (organes de la locomotion placés sous le
ventre). — La *limace* est un mollusque terrestre, dépourvu
de coquille, qui est l'hôte incommode de nos jardins. Il en
est de même du *colimaçon (fig.* 167), logé dans une coquille
unique et dont la tête est munie de tentacules, servant les
uns à palper, les autres à soutenir les yeux.

Ces animaux rampent sur le ventre. Ils fixent au sol la

partie antérieure du corps, et, par un plissement de la peau, ils attirent la partie postérieure. Celle-ci se fixe à son tour et, par le déplissement de la peau, la tête est portée en avant.

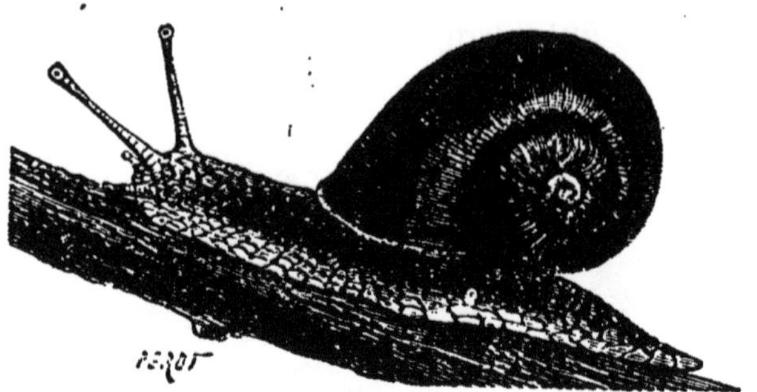

Fig. 167. — Colimaçon (*mollusque terrestre*).

Acéphales (mollusques sans tête distincte). — L'*huître* (*fig.* 168) est un aliment recherché. Son corps ne présente pas de tête ni d'organes des sens distincts. Les lamelles frangées qui l'entourent sont des branchies.

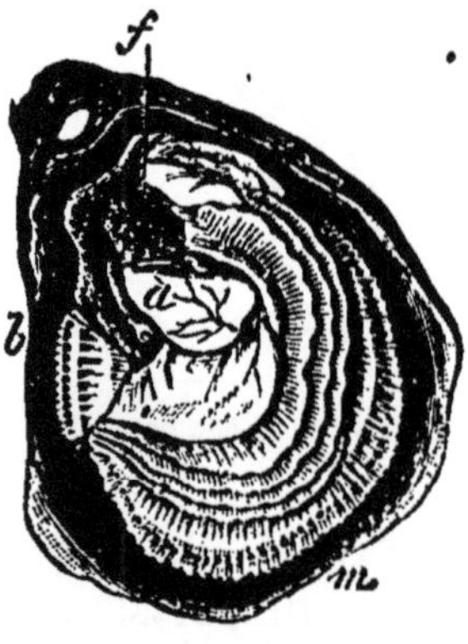

Sa coquille est composée de deux parties ou valves (coquille *bivalve*). Elle ne peut que s'entr'ouvrir ou se fermer.

L'huître vit immobile, attachée à un rocher. Après l'avoir pêchée, on la dépose dans des parcs submergés où elle s'engraisse.

Fig. 168. — Huître (*mollusque*): *b*, coquille; *a*, muscle qui réunit les deux valves; *f*, foie; *m*, branchies.

Les *moules*, les coquilles *Saint-Jacques*, les *manches de couteau*, les *haliotides* ou *ormets* sont des mollusques comestibles. Une grande espèce d'huître, qui vit dans la mer des Indes, nous fournit la nacre et les perles (*huître perlière*).

5. Embranchement des rayonnés.

269. Nous arrivons à des animaux dont l'organisation est bien simplifiée. On y trouve des traces du système nerveux ; les organes des sens, ceux de la circulation, de la respiration disparaissent peu à peu ; et on passe graduellement de l'animal à la plante.

Nous trouvons sur nos côtes l'*étoile de mer* (*fig.* 169) ; les *oursins*, dont la carapace est hérissée de piquants : les *méduses*, qui ressemblent à une gelée translucide. Le *corail* (*fig.* 170) a la forme d'un végétal pierreux ; sa couleur rouge le fait rechercher pour faire des parures.

Fig. 169. — Étoile de mer (*animal rayonné*).

Fig. 170. — Branche de corail (*polypier*). — Agglomération de petits animaux ayant chacun l'aspect d'une fleur.

Ses branches semblent porter des fleurs, des boutons ; les fleurs sont de petits animaux, dont la bouche est entourée de tentacules qui ressemblent aux pétales. Lorsque les tentacules se replient, l'ensemble prend la forme d'un bouton. Ces animaux se reproduisent par bourgeons, comme une plante. Les générations se succèdent, et les restes pierreux de celles qui ne sont plus forment les branches du corail.

Les *polypiers*, les *madrépores* pullulent dans certaines mers, et forment des rochers ou de véritables îles, qui rendent dangereuse la navigation dans ces parages.

Les *éponges* sont des agglomérations d'êtres vivants fixés aux rochers sous-marins. C'est le dernier degré de l'animalité. Les éponges dont nous nous servons sont formées de filaments entre-croisés, recouverts jadis de matière animale; on les en a débarrassés par des lavages.

Les *infusoires* (*fig.* 171) sont des animaux microscopiques répandus à profusion dans toute la nature. Une simple goutte d'eau de nos marais en renferme un nombre immense. On leur donne souvent le nom de *microbes*. Quelques-uns sont des animaux, d'autres des végétaux; la distinction n'est pas toujours facile.

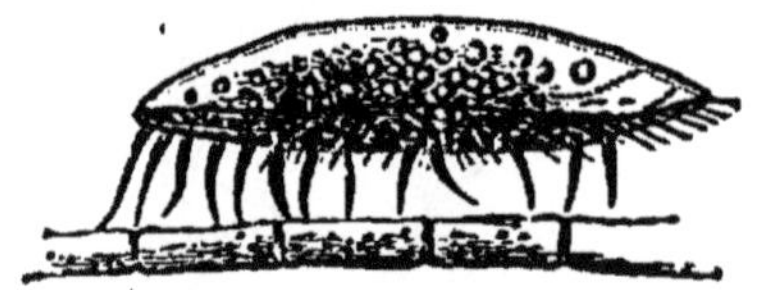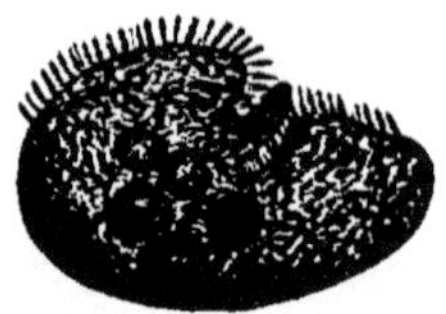

Fig. 171. — Animaux très petits qui vivent dans les eaux des mares et des fossés.

Les beaux travaux de M. Pasteur nous ont appris que certains d'entre eux peuvent, en se développant dans le corps d'un animal, y déterminer les maladies les plus terribles, le *charbon*, la *rage*, etc.

L'illustre savant a trouvé le moyen de combattre les funestes effets de ces infusoires, ses découvertes le placent parmi les bienfaiteurs de l'humanité.

QUESTIONNAIRE

Donnez les caractères des *mollusques*. — Nommez un céphalopode, — un gastéropode, un acéphale. — Citez les espèces utiles et nuisibles (268)? Quels sont les caractères des rayonnés? — Citez ceux que vous connaissez. — Qu'appelle-t-on animaux infusoires (269)?

RÉSUMÉ

Les *mollusques*, animaux à peau molle, dépourvus de membres articulés, ont une respiration pulmonaire ou branchiale, selon qu'ils vivent sur terre ou dans l'eau.

Leur tube intestinal est contourné de façon à rapprocher l'une de l'autre ses deux extrémités. Les organes des sens se simplifient ou disparaissent. La peau est nue dans certaines espèces ; dans le plus grand nombre, elle s'encroûte en partie de matières calcaires, et forme une coquille composée d'une ou de plusieurs parties mobiles à charnières (coquille *univalve* de l'escargot, *bivalve* de l'huître).

Les organes de la locomotion ou de préhension sont les tentacules des *céphalopodes* rangés autour de la bouche, ou le pied des *gastéropodes*. — Les *acéphales* sont souvent immobiles, fixés aux rochers; d'autres se déplacent.

Les *rayonnés* comprennent des animaux dont l'organisation est très incomplète. — La vie est presque purement végétative dans certaines espèces qui ne peuvent mouvoir que des tentacules disposés symétriquement autour de la bouche.

Certains de ces animaux se reproduisent par bourgeonnement, comme les plantes.

Les *infusoires*, animaux microscopiques, sont répandus partout dans la nature, et, quand ils se développent dans notre corps, ils y déterminent des maladies contagieuses telles que le croup, les fièvres, le charbon.

DEVOIRS

Division du règne animal en embranchements.

Caractères généraux des vertébrés, leur division en classes.

Caractères généraux des mammifères, leur division en ordres.

Distinguer les reptiles des batraciens. — Différents types de reptiles.

Caractères généraux des poissons.

Caractères des articulés, leur division en classes.

Caractères généraux des insectes. — En quoi diffèrent-ils des araignées, des cloportes, des mille-pattes.

Caractères généraux des mollusques.

II. — BOTANIQUE

La botanique s'apprend facilement en recueillant des plantes et en analysant leurs parties, bien mieux qu'en lisant un livre et en regardant des dessins. — Ce livre offre un cadre qu'il faut remplir à l'aide d'herborisations fréquentes.

1. Organes de nutrition.

270. Parties d'une plante : Vie végétative. — Une graine de *bouton d'or* (renoncule bulbeuse) (*fig.* 172) tombe sur le sol d'une prairie ; elle s'y trouve enfouie, elle *germe* et produit une petite plante qui va grandir. Prenons-la à l'état adulte. Elle tient au sol par des *racines, r ;* une *tige* verte, *t*, porte les *feuilles, f*, puis les *boutons, c*, et les *fleurs, e.*

Pour se développer, augmenter de poids, il faut qu'elle trouve au dehors des aliments. Les racines puisent l'eau dont le sol est imprégné et qui n'est jamais pure : cette eau entre dans la plante avec les matières qu'elle a dissoutes ; elle forme la *sève* qui se répand dans toutes ses parties. Cette sève est modifiée dans sa composition par l'action de l'air. Ce gaz entre dans la plante par les feuilles et il la nourrit à l'aide de l'acide carbonique qu'il renferme.

Les feuilles, les racines, voilà les organes pourvoyeurs de la plante ; l'eau, l'acide carbonique, des substances minérales : *silice, phosphate de chaux, sels d'ammoniaque,* tels sont ses aliments. Il n'y a rien dans la plante qui ressemble à une digestion ; mais il y a, ce qui n'existe pas dans le règne animal, une intervention nécessaire de la lumière solaire, sans laquelle la plante ne pourrait ni se nourrir ni vivre.

La vie de la plante est caractérisée par cette nutrition qui lui permet de se développer, de se couvrir de feuilles et de bourgeons. Elle l'est aussi par la formation des *fleurs,* des *fruits* qui leur succèdent, des *graines* que ces fruits renferment. La reproduction de la plante est ainsi assurée. Aussi voyons-nous chaque année bon nombre de végétaux

Fig. 172. — Bouton d'or (renoncule bulbeuse) : **r**, racine renflée en bulbe ; **t**, tige couverte de poils ; **f**, feuilles composées (celles qui avoisinent les fleurs sont plus simples); **c**, calice entourant un bouton ; **d**, corolle ; **e**, étamines.

se flétrir et disparaître, mais l'espèce qu'ils représentent ne meurt pas et renaît des graines qui sont enfouies dans le sol.

Nous n'aurons pas à chercher dans la plante des mouvements volontaires, des nerfs, des organes des sens. Il n'y a plus rien de sensible dans son organisation.

271. Racines. — La racine fixe la plante au sol ; elle sert à sa nutrition puisque c'est par là que l'eau entre dans le végétal : on sait combien elle lui est nécessaire et avec quelle facilité les plantes se dessèchent et se flétrissent, si on cesse de les arroser pendant les grandes sécheresses de l'été.

Forme des racines. — On distingue les racines *pivotantes* (*fig.* 173), présentant un corps principal et des

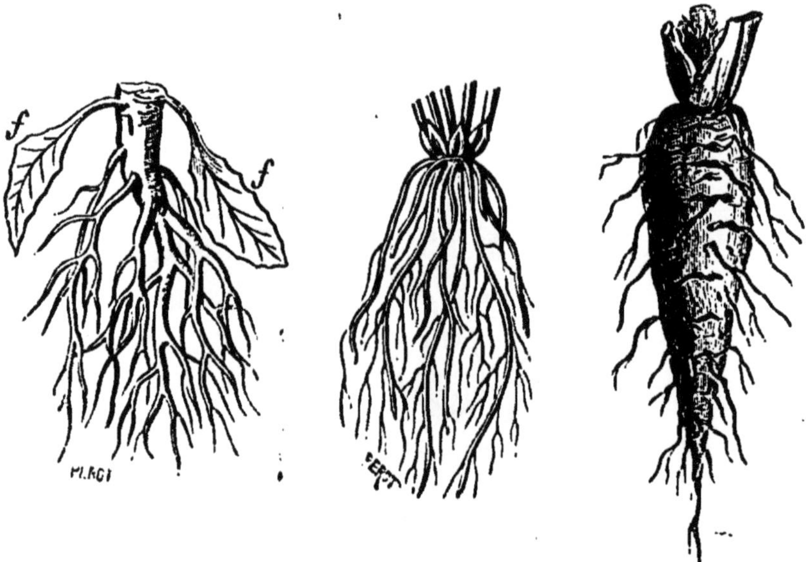

<table>
<tr><td style="text-align:center">Fig. 173.
Racine rameuse pivotante
de la giroflée (crucifère).</td><td style="text-align:center">Fig. 174.
Racine fibreuse ou fasci-
culée de l'herbe.</td><td style="text-align:center">Fig. 175. — Racine char-
nue pivotante de la
carotte (ombellifère).</td></tr>
</table>

rameaux, ramuscules qui se subdivisent comme les branches aériennes d'un arbre. Les dernières ramifications sont très délicates et nommées *fibrilles*. Ce sont les organes actifs de la nutrition, ceux qui puisent l'eau du sol.

Les racines *fasciculées* (*fig.* 174) se voient dans l'herbe ;

elles se composent de plusieurs filets simples ou ramifiés qui ont tous la même importance.

Les racines peuvent être *ligneuses* (*chêne*) ou *charnues* (*fig.* 175). Ces dernières sont formées de *cellules* (petits sacs membraneux gorgés de sucs) et de fibres molles. Elles entrent dans notre alimentation (*carottes, radis, salsifis,* etc.). Certaines, comme la racine du dahlia, présentent des amas de matières nutritives appelées *tubercules.* Les racines *aériennes* naissent d'un point de la tige situé dans l'air. Dans certaines plantes (le *lierre*), cette production de racines est naturelle; dans d'autres, elle est déterminée par le contact de la tige avec un sol humide. C'est ce qui arrive dans des plantes rampantes (*traînasse, renoncule*). Par exemple, un pied de fraisier (*fig.* 176) envoie des filets ou

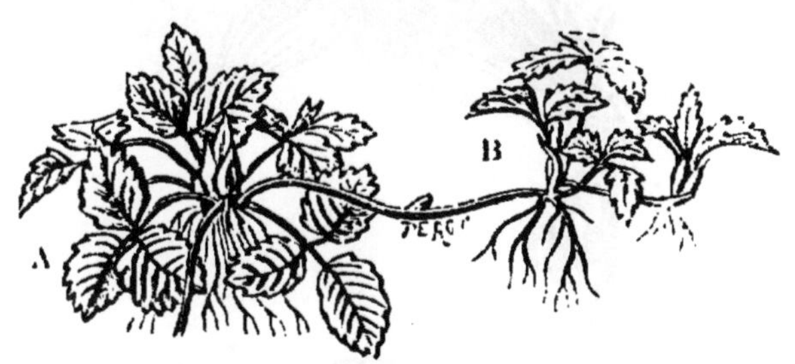

Fig. 176. — Racines aériennes du fraisier (*rosacée*). — A, plante mère; B, bouquet de feuilles reliées au fraisier par un *coulant.*

coulants terminés par un bouquet de feuilles qui repose sur le sol. Des mamelons roses naissent en-dessous, au contact de la terre. Ils s'y enfoncent et forment de véritables racines.

Le coulant peut se flétrir, le petit bouquet de feuilles est devenu un fraisier qui vit sans rien emprunter à la plante mère.

QUESTIONNAIRE

Nommez les différentes parties d'une plante (270).

En quoi consiste la vie d'un végétal? — Qu'a-t-elle de commun avec celle d'un animal? — Par quoi en diffère-t-elle (270)?

A quoi sert la racine? — Quel en est le caractère distinctif? — Quelles sont les formes diverses des racines? — Qu'est-ce qu'une racine *charnue,* — une racine *tuberculeuse?* — Qu'appelez-vous *racines aériennes?* — Dans quelles plantes les trouve-t-on (271)?

272. Tige. — La *tige* soutient les feuilles, les fleurs et les fruits. Elle porte les *bourgeons* d'où naissent les rameaux ou les fleurs ; c'est là son caractère *botanique.*

On né trouve jamais de bourgeons sur les racines, et toute partie de la plante est une tige, si elle est pourvue de bourgeons, fût-elle enfouie sous terre comme les *pommes de terre ;* eût-elle l'aspect d'une feuille, comme dans le *cactus,* le *petit houx.*

Les tiges sont ordinairement aériennes. On en trouve cependant qui se développent sous terre. Elles portent des branches qui sortent du sol ; tels sont : le *sceau de Salomon* (*fig.* 177), l'*iris,* certaines *fougères,* le *chiendent.* Ce sont des tiges souterraines (*Rhizomes*).

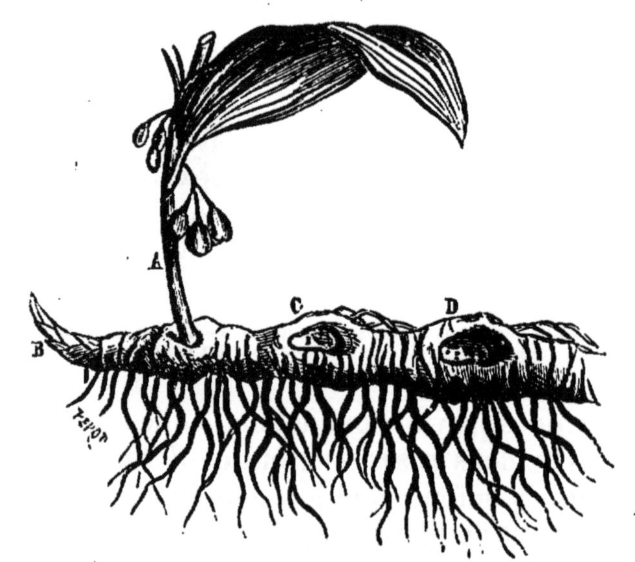

Fig. 177. — Tige souterraine du sceau de Salomon. — B, bourgeon terminal qui prolonge la tige ; A, rameau qui sort de terre ; C, traces laissées par les rameaux des années précédentes.

L'*oignon* ou *bulbe* (*fig.* 178) est une variété de tiges souterraines. Elle est courte, se termine en bas par des racines ; en haut, par un bourgeon qui se développe en une tige aérienne. Des feuilles charnues entourent le bourgeon. Ce sont elles que nous mangeons.

Il est des tiges *couchées* comme celles de la capucine ; *rampantes* comme celles du fraisier ; *volubiles* si elles s'enroulent autour d'un support comme celles du *liseron* ou du *chèvrefeuille* ; *grimpantes* comme le *lierre* qui s'accroche aux murs à l'aide de petites racines ou griffes.

Nous distinguerons une *tige herbacée* comme celle du *dahlia*, d'une *tige ligneuse*, celle du *chêne* ; un *arbre* ayant un tronc unique qui s'élève verticalement avant d'émettre ses rameaux et un *arbrisseau* formé de branches d'égale grosseur, qui partent toutes du sol (le noisetier).

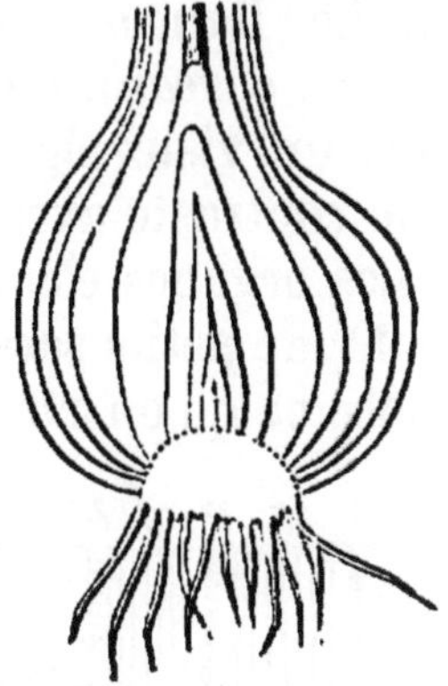

Fig. 178. — Oignon coupé longitudinalement (*liliacée*).

273. Structure du tronc. — Prenons nos exemples dans les arbres de nos pays : le *chêne* (*fig.* 179). L'arbre est vieux, et, si on vient à le scier, on distingue de suite sur la section l'*écorce*, *e*, qui se sépare facilement du *bois*, *b*. Celui-ci présente une partie centrale, brune, d'un tissu serré et dur, le *cœur du bois* ; et une couche extérieure plus blanche, plus gorgée de suc, moins dure que la précédente : c'est l'*aubier*, *a*.

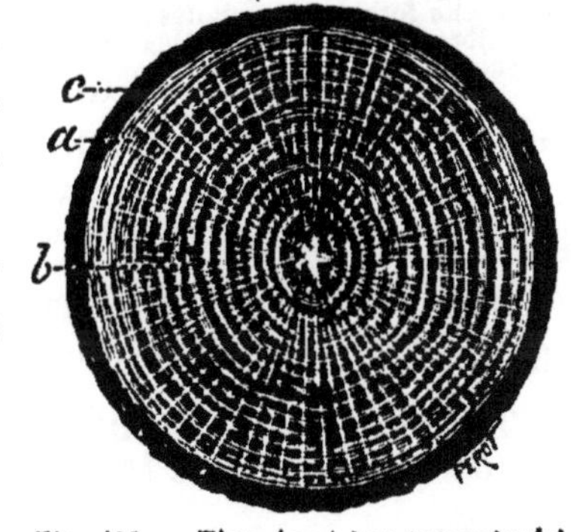

Fig. 179. — Tige de chêne (*amentacée*) coupée transversalement.

Dans l'une comme dans l'autre, on trouve le tronc divisé par couches concentriques distinctes, et, en effet, il se forme chaque année une nouvelle couche, entre le bois et l'écorce. L'âge d'un arbre peut être évalué en comptant le nombre de couches ligneuses qui forment le tronc. Dans les jeunes tiges (*rosier, sureau*), on trouve une partie centrale qui a disparu dans un vieux chêne : c'est la *moelle* dont le tissu lâche et mou contraste avec celui du bois.

Les organes élémentaires qui composent un tronc d'arbre sont : de petits sacs formés d'une membrane plus ou moins mince et qu'on nomme *cellules* (*fig.* 180); des *fibres* allon-gées dont les parois sont plus dures, plus épaisses que celles des cellules; des *vaisseaux*, ce sont de longs tubes de très petit diamètre, d'une grande longueur, qui servent au transport de la sève.

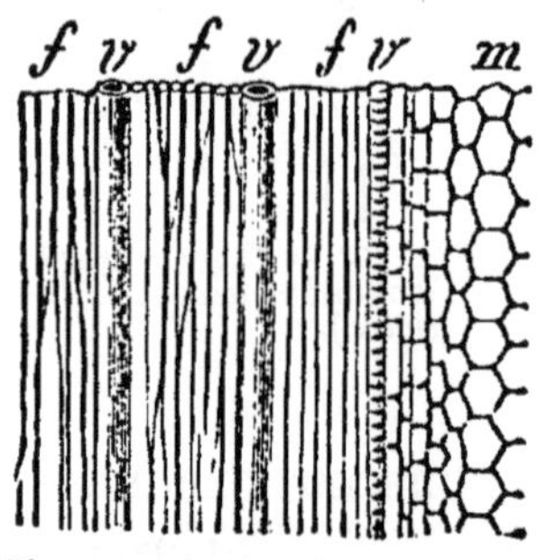

Fig. 180. — Coupe longitudinale d'une tige fortement grossie : *m*, moelle formée de cellules; *f, f*, fibres de bois entremêlées de vaisseaux *v*.

La *moelle* est formée exclusive-ment de cellules. Elle est gorgée de sucs, au printemps, dans les tiges de l'année, dans les plantes herba-cées. Parfois, elle se brise et semble disparaître, lorsque la tige a une croissance rapide; le tronc est alors creux. C'est ce qu'on voit dans le *chaume* des céréales, les tiges des *ombelli-fères*, le *chèvrefeuille*.

Le *bois* est formé de fibres ligneuses, entremêlées de vais-seaux. La moelle y envoie des prolongements cellulaires (*rayons médullaires*), qui rayonnent du centre à la circon-férence et divisent le tronc en secteurs. Ils arrivent ainsi à l'écorce.

L'*écorce* est formée de fibres et de cellules. La couche qui avoisine le bois est fibreuse. Ce sont ces fibres allongées, résistantes, que l'on recherche dans le *lin* et le *chanvre;* fibres *textiles* propres à être filées et dont on fait des toiles par le tissage. Les fibres du tilleul. d'autres encore (le *phormium*, le *jute*), servent à fabriquer des cordages.

On trouve dans l'écorce une couche de cellules vertes, que recouvrent d'autres cellules peu colorées, qui se développent beaucoup dans certaines espèces (l'*orme*, le *chêne-liège*). Elles constituent le liège dont on fait des bouchons. Une couche mince d'*épiderme* recouvre tout le végétal, s'il est aérien ; elle manque dans les végétaux qui vivent dans l'eau.

La structure d'un tronc de *palmier* est bien différente de celle de nos arbres. Grand développement de la moelle, l'écorce n'est plus distincte du bois, le tronc est plus dur à la périphérie qu'au centre.

Les grandes fougères arborescentes ont un tronc formé d'une moelle renforcée par places par des amas irréguliers de fibres ligneuses et de vaisseaux. Les palmiers, les fougères arborescentes sont des arbres dépourvus de rameaux. Le tronc se termine par un bourgeon entouré d'un bouquet de feuilles.

274. Feuilles. — Dans une feuille de *poirier* (*fig.* 181), on distingue le *limbe*, lame mince, de couleur verte, élargie, soutenue par une charpente de *nervures* composées de fibres et de vaisseaux ; la partie verte est cellulaire. La nervure principale se prolonge en dehors du limbe et forme le *pétiole* qui s'attache au rameau. A sa base, on distingue deux petites feuilles nommées *stipules*. Entre la feuille et le rameau se trouve un petit mamelon ; c'est un *bourgeon*. Quand le pétiole manque (*œillet*), la feuille est dite *sessile*.

Disposition des nervures. — Les feuilles allongées (*poirier, châtaignier, lin*) (*fig.* 181) ont une nervure *princi-*

QUESTIONNAIRE

Décrivez la structure d'un tronc de chêne ou de châtaignier. — Nommez-en les diverses parties. — Citez des tiges à moelle. — Pourquoi certaines tiges sont-elles creuses à l'état adulte ? — Le sont-elles dans le jeune âge ? — Qu'est-ce qu'une cellule, — une fibre, — un vaisseau ? — Nommez des parties de la plante formées de cellules. — Qu'appelle-t-on rayons médullaires ? — Pourquoi le bois est-il formé de couches concentriques ? — Où se forment les nouvelles couches ? — Nommez les diverses parties de l'écorce. — A quoi servent les fibres de l'écorce ?

Indiquez les différences que présentent les troncs de chêne, — de palmier, — de fougère (273).

pale qui marque le milieu de la feuille ; les autres nervures *secondaires* s'en détachent des deux côtés et sont disposées comme les barbes d'une plume ; elles se ramifient à leur tour et forment un réseau qui couvre tout le limbe. Ce sont des feuilles *pennées*.

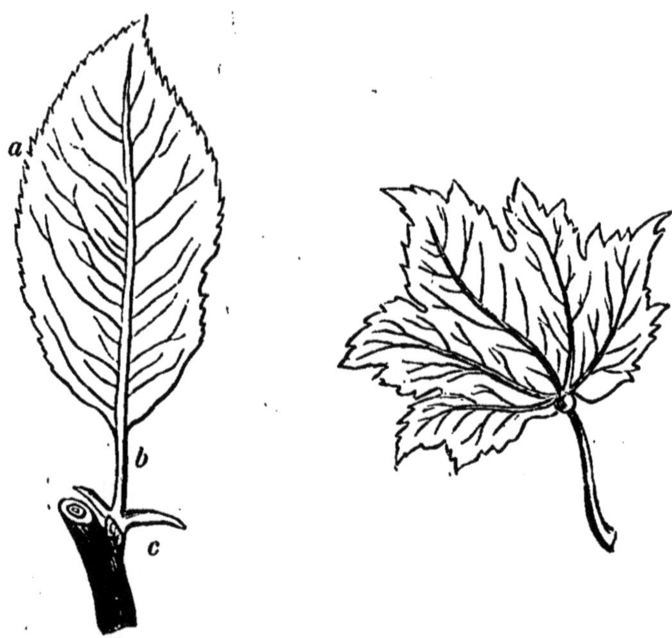

Fig. 181.— Feuilles de poirier : *a*, limbe; *b*, pétiole; *c*, stipules.

Fig. 182. — Feuille d'érable. Nervures s'étalant comme les doigts d'une main; limbe déchiqueté sur ses bords.

Les feuilles arrondies (*vigne, érable, groseillier*) (*fig.* 182) présentent quatre à cinq nervures, à peu près d'égale importance, qui naissent de l'extrémité du pétiole, et s'étalent comme les doigts de la main : feuilles *palmées*. Dans la *capucine*, le plan du limbe est perpendiculaire au pétiole : feuille *peltée*.

Les nervures sont parallèles dans une feuille de *blé*, de *roseau*.

Formes du limbe. — Le limbe peut avoir pour contour une ligne courbe, continue ; la feuille est *entière* (oran-

ger, capucine, nénuphar) (*fig.* 183). Ce contour peut présenter une succession de petites dents (*poirier*) : feuille *dentée*. Les sinuosités du contour peuvent pénétrer jusqu'au milieu du limbe (*chêne*) et former des *lobes*. Les déchiquetures de la feuille peuvent être plus profondes et s'approcher des grosses nervures : feuilles *pinnatifides* (*artichaut, chicorée*).

Fig. 183.— Feuilles entières, alternes du lin.

Fig. 184. — Feuilles composées du rosier.

Enfin chaque déchiqueture se transforme en une petite feuille ou *foliole*, ayant un pétiole ou un limbe ; on a une feuille *composée* (*rosier, fraisier, marronnier d'Inde*) (*fig.* 184). Dans la *ciguë*, le *persil*, la décomposition est poussée plus loin, les folioles sont à leur tour *composées* (*fig.* 217).

275. Disposition des feuilles. — Les feuilles de la primevère naissent de la racine.

QUESTIONNAIRE

Nommez les différentes parties de la feuille. — Qu'est-ce qui détermine la forme de la feuille ? — Quels sont les deux types principaux de feuilles ? — Où trouvez-vous des feuilles parallèles à nervures parallèles, — palmées, — pennées ?

Qu'appelez-vous feuille entière, — dentée, — lobée, — fide ? — Qu'est-ce qu'une feuille composée (274) ?

Les feuilles sont *alternes* si elles naissent isolément de divers points de la tige, comme dans le *lin* (*fig.* 183).

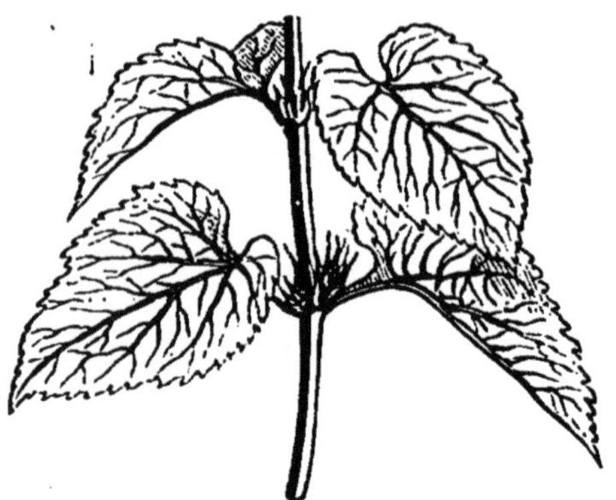

Fig. 185. — Feuilles opposées de la menthe (*labiée*).

Elles sont *opposées* si elles sont disposées deux par deux l'une vis-à-vis de l'autre, sur le rameau (*menthe*) (*fig.* 185).

Si, en un point de la tige, on en trouve trois ou un plus grand nombre formant une sorte de collerette, elles sont *verticillées*.

Bourgeons. — On trouve un bourgeon au-dessus du point d'attache de chaque feuille. Celle-ci tombe à l'automne, le bourgeon persiste et se développe au printemps suivant. Il est composé de feuilles rudimentaires recouvertes par des feuilles écailleuses qui les protègent ; c'est ce qu'on voit dans le *poirier*.

Les écailles tombent ; les petites feuilles s'accroissent et couvrent le rameau qui naît du bourgeon.

276. Fonctions nutritives de la plante. — Les plantes, avons-nous dit, se nourrissent à l'aide de leurs racines et à l'aide des feuilles.

L'eau dont le sol est imprégné est un des aliments les plus essentiels du végétal. Elle y a dissous un certain nombre de substances minérales, du *carbonate* et du *phosphate de chaux*, de la *silice*, du *sel marin*, du *carbonate d'ammoniaque* dans les champs qui ont été *fumés*.

Ce liquide, introduit par les fibrilles de la racine, monte dans le végétal au travers des cellules de la moelle qu'il gonfle, ou, plus rapidement, dans l'intérieur des vaisseaux du bois.

Cette *sève ascendante* est donc chargée de minéraux qui

resteront dans la plante et qui en formeront la cendre, si on vient à la brûler.

277. Rôle des feuilles. — Cette sève se répand dans toutes les parties du végétal, dans les feuilles ; elle y subit l'action de l'air, elle s'y évapore en partie. Le limbe est recouvert d'un *épiderme* qui modère cette évaporation. Cette peau mince, qui se détache facilement d'une feuille d'*iris*, est formée de cellules plates. Elle est percée de petites ouvertures nommées *stomates* (*fig.* 186), qui offrent à l'air un passage facile pour pénétrer dans les tissus de la feuille. Les cellules du limbe sont remplies de granules de couleur verte : les grains de *chlorophylle*, qui jouent le principal rôle dans la nutrition. On les retrouve dans toutes les parties vertes de la plante. Lorsqu'ils reçoivent la lumière solaire, ces grains verts agissent sur l'acide carbonique répandu dans l'air, le décomposent, car la plante rejette de l'oxygène et retient le carbone ; à quel état ? nous ne saurions le dire. C'est une chose certaine que tout le charbon que l'on obtient d'un chêne a été pris à l'atmosphère, pendant sa vie.

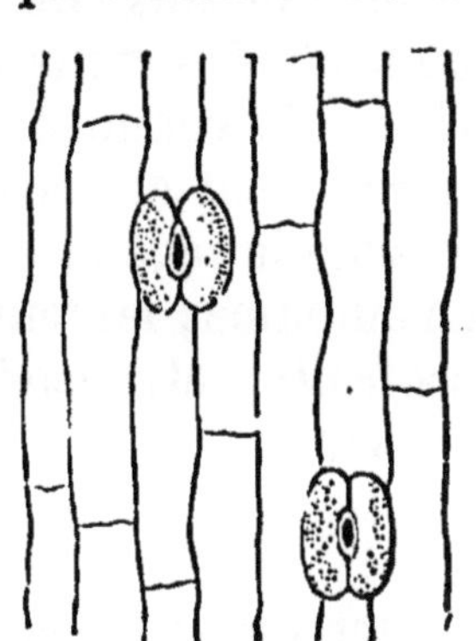

Fig. 186. — Épiderme d'une feuille vu au microscope et fortement grossi. Il est formé de cellules aplaties et percé de trous nombreux.

Cette nutrition de la plante par les feuilles cesse pendant la nuit, puisqu'elle ne peut s'accomplir sans lumière ; il se passe alors quelque chose qui rappelle la respiration de l'animal.

Il sort du végétal une certaine quantité d'acide carbonique, et l'air environnant perd une partie de son oxygène.

Une plante s'étiole, si on la met dans une cave ; ses tissus blanchissent et se ramollissent. Les jardiniers font blanchir leurs salades, en les liant ou en les recouvrant d'un vase de terre, qui les soustrait à l'action de la lumière.

278. Sève descendante. — L'évaporation qui se fait

à la surface des feuilles a concentré la sève ; les phénomènes chimiques, qui s'accomplissent dans les tissus éclairés par le soleil, en ont changé la nature. Le liquide ainsi transformé redescend entre le bois et l'écorce, s'il s'agit d'un arbre de nos pays.

La *sève descendante* va former une nouvelle couche de bois, de nouvelles couches d'écorce : elle peut nourrir les bourgeons et leur fournir les matériaux nécessaires à leur croissance. Ces bourgeons, en effet, donneront naissance à de nouveaux rameaux ; ou bien, ils produiront une fleur et plus tard un fruit. Les mouvements de la sève n'existent pas pendant l'hiver, ils commencent au printemps, lorsque les bourgeons se raniment et poussent ; ils sont bien établis et puissants, lorsque le végétal est couvert de feuilles ; ils se ralentissent en automne ; les feuilles se dessèchent et tombent, ainsi que les fruits ; et, pendant tout l'hiver, la vie sommeille dans la plante.

QUESTIONNAIRE

Qu'appelle-t-on feuilles alternes, — opposées, — verticillées (275)?

Quels sont les principaux organes de nutrition de la plante ?— Quels sont les aliments qui entrent par les racines, — ceux qui pénètrent par les feuilles ? — Qu'est-ce que la sève ascendante ?— Où la trouve-t-on (276).

Qu'est-ce que la chlorophylle ? — Quel est son rôle ? — Pourquoi la lumière est-elle nécessaire aux plantes ?— En quoi consiste la respiration de la plante ?

Qu'arrive-t-il aux plantes placées dans l'obscurité (277)?

Dans quels organes est-elle modifiée ? — Où trouve-t-on la sève descendante ? — A quoi sert-elle ?

RÉSUMÉ

La *plante,* être vivant, dépourvue de sensibilité et ne pouvant exécuter des mouvements volontaires, se nourrit des matières minérales puisées au dehors et se reproduit à l'aide de graines ou de bourgeons.

La *racine,* fixée d'ordinaire au sol, y puise par ses *fibrilles* l'eau qui s'y trouve et qui est chargée de substances minérales dissoutes.

Les racines sont fibreuses comme le bois (*chêne*), charnues (*carottes*), tuberculeuses (*dahlia*); elles présentent, dans ce dernier cas, un amas de matières qui servent plus tard au développement de la plante. Une racine ne porte jamais de bourgeons.

Elles se développent parfois sur les branches aériennes, et alors celles-ci peuvent devenir indépendantes de la plante mère, sans se flétrir.

La *tige* supporte les bourgeons et par suite les rameaux, les fleurs qui naissent de leur développement. Certaines tiges sont souterraines.

Les arbres ont des troncs ramifiés ou non. Ceux de nos pays ont une écorce séparable du bois. Celui-ci est formé de couches annuelles concentriques. Les plus dures forment le *cœur du bois*, les autres constituent l'*aubier*. Les bois blancs (*tilleul, peuplier*) n'ont que l'aubier.

Les herbes ont une moelle cellulaire développée, et le bois n'y est représenté que par des faisceaux peu nombreux de fibres et de vaisseaux. La moelle a disparu dans les tiges creuses.

La sève monte des racines dans les feuilles et les fleurs, en gonflant les cellules de la moelle ou en traversant les vaisseaux du bois.

Les feuilles ont un *limbe* étalé, renforcé par des nervures ligneuses qui partent du *pétiole*. Les *stipules* sont de petites feuilles situées à la base du pétiole. Entre celui-ci et le rameau se trouve un *bourgeon*.

Les nervures sont *parallèles*, ou disposées en barbes de plumes, ou divergeant comme les doigts d'une main.

Les contours du limbe sont *entiers* ou plus ou moins déchiquetés.

Les feuilles composées sont formées de petites feuilles portées par un seul pétiole.

La sève répandue dans les feuilles s'évapore en partie; elle y subit une altération. Les grains verts de chlorophylle ont, sous l'influence de la lumière solaire, la faculté de décomposer l'acide carbonique de l'air; l'oxygène est rejeté en partie, et il se forme des composés carbonés qui sont entraînés par la sève.

Celle-ci redescend entre le bois et l'écorce, nourrit tous les organes de la plante.

Dans la respiration nocturne, la plante absorbe l'oxygène et rejette l'acide carbonique.

---

2. Organes de reproduction.

L'organe de reproduction est la *fleur*. Nous laisserons de côté les *champignons*, les *fougères*, les *mousses*, dans lesquels les fleurs, si on peut leur donner ce nom, ont un degré de simplicité qui les rend peu apparentes.

279. Bractées. — On peut voir (*fig.* 172) que les feuilles du bouton d'or se simplifient beaucoup en s'approchant des fleurs. Reportez-vous à la figure 212 ; les feuilles qui avoisinent les fleurs du bleuet sont de petites écailles bien différentes des feuilles de la plante par la forme, la couleur, la consistance. C'est encore plus marqué dans *l'artichaut*. Ces feuilles modifiées sont nommées *bractées*. Nous mangeons les bractées d'artichaut. La coupe qui enveloppe la base du *gland* est formée de bractées soudées.

280. Inflorescence. — Les botanistes appellent *inflorescence* un ensemble de fleurs qui ne sont pas séparées par des feuilles proprement dites.

Si la fleur naît seule à l'extrémité d'une tige ou d'un rameau, elle est dite *solitaire* (la *tulipe*, le *bouton d'or*, *fig.* 172).

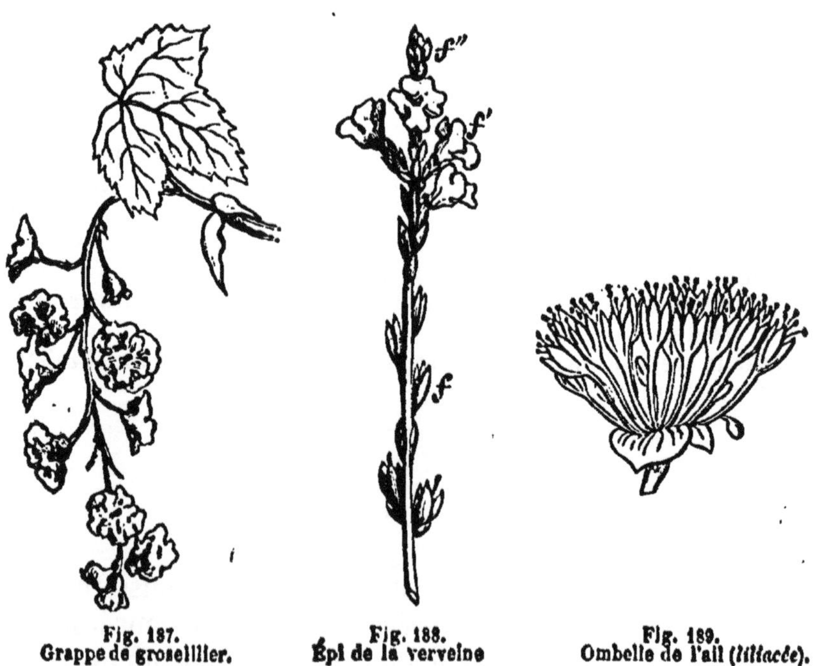

<table>
<tr><td>Fig. 187.
Grappe de groseillier.</td><td>Fig. 188.
Épi de la verveine</td><td>Fig. 189.
Ombelle de l'ail (*liliacée*).</td></tr>
</table>

La *grappe* (*groseillier*, *fig.* 184) se compose de fleurs portées par de petites queues d'égale longueur. Le rameau qui la soutient porte toujours de nouveaux boutons, qui allongent la grappe.

Une grappe dont toutes les fleurs sont *sessiles* (sans queue) porte le nom d'*épi* (*verveine, froment, fig.* 188).

Si toutes les fleurs sont pourvues de queues qui partent de l'extrémité du rameau, et si ces queues ont même longueur, elles sont disposées en *ombelles* (*ail, carotte, ciguë, fig.* 189).

Supprimez les queues des fleurs de l'ombelle, elles sont portées directement par le *réceptacle*, partie élargie qui termine le rameau : on a un *capitule* (*bleuet, pâquerette, artichaut, fig.* 212).

La *figue* est un réceptacle qui s'est replié et fermé au-dessus des fleurs du figuier. Ces fleurs forment plus tard ce qu'on appelle les *grains* de la figue.

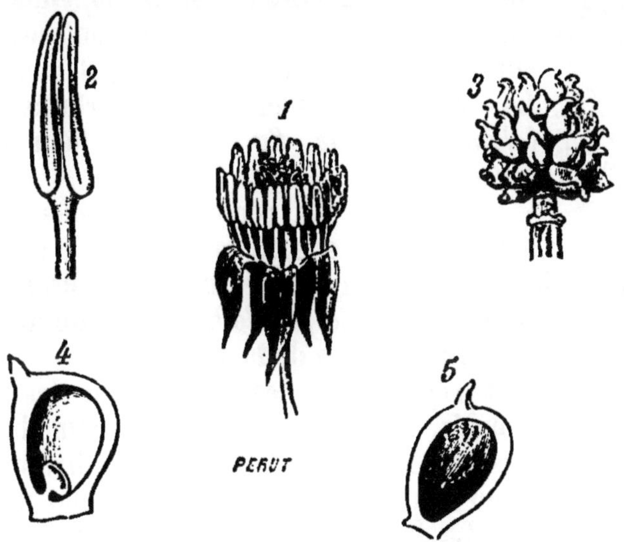

Fig. 190. — Fleur et fruit de la renoncule : 1, fleur dépouillée de sa corolle, on voit le calice, les étamines, le pistil ; 2, étamine grossie ; 3, ensemble des fruits ; 4, ovaire coupé creusé d'une loge dans laquelle est un ovule ; 5, fruit (on a enlevé une moitié de l'enveloppe, pour faire voir la graine).

281. Parties de la fleur. — Reportez-vous à la figure 172. La fleur du bouton d'or a une enveloppe appelée *calice*, formée de cinq petites feuilles vertes nommées *sépales*.

Une autre enveloppe plus intérieure est la *corolle*, composée de cinq *pétales* d'un jaune d'or éclatant.

On voit à l'intérieur de la corolle les *étamines* nombreuses (*fig.* 190), de couleur jaune. Au centre, un amas de petits organes verts compose le *pistil*. Ces grains formeront plus tard les fruits qui renferment les graines.

282. Calice et corolle. — La fleur du bouton d'or a ses cinq pétales libres ; on peut les enlever un à un, comme

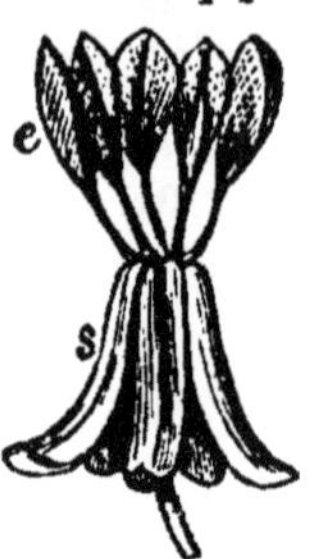

Fig. 191. — Fleur du chanvre. — Elle n'a pas de corolle, mais elle est réduite à un calice et à des étamines.

dans la *rose*. Sa corolle est dite *polypétale*. Le calice est *polysépale ;* ses cinq sépales sont indépendants les uns des autres. Les fleurs de la *bourrache* (*fig.* 192) ont cinq pétales soudés ; on enlève toute la corolle, en tirant sur un pétale. La corolle est *monopétale* (on dit aussi *gamopétale*). Un calice dont les parties sont soudées (*muflier*, *fig.* 193) est *monosépale.* La corolle manque dans certaines fleurs (*chanvre*, *oseille*, *fig.* 191) ; la fleur est dite *apétale.*

Les fleurs des céréales : *froment*, *avoine* (*fig.* 210), n'ont plus ni corolle, ni calice. On n'y trouve que le pistil et les étamines enveloppés dans des bractées.

On donne le nom de *réceptacle* à l'extrémité de la tige qui porte les diverses parties de la fleur.

Une fleur est *régulière* si les pétales ou les sépales sont égaux ; soudés, quand il y a lieu, à la même hauteur ; s'ils sont insérés sur le réceptacle à la même distance et à la même hauteur (la *renoncule*, *fig.* 172), elle est polypétale régulière. La fleur du *pois* (*fig.* 219) est une fleur

QUESTIONNAIRE

A quoi sert la fleur ? — Nommez ses différentes parties et indiquez leur position respective. — Quel nom portent les parties du calice, — celles de la corolle (281) ?

Qu'est-ce qu'une fleur polypétale, — monopétale, — apétale ? — Donnez des exemples.

Citez des fleurs régulières, — irrégulières. — Quels sont les caractères de la régularité ? — Citez des fleurs qui n'ont ni calice ni corolle (282).

polypétale irrégulière. Le *muflier* (*fig.* 193) est une fleur
monopétale irrégulière; la *bourrache* (*fig.* 192), une fleur
monopétale régulière. L'enveloppe colorée du lis, de la tulipe, de l'iris a reçu des botanistes le nom de *périanthe*.

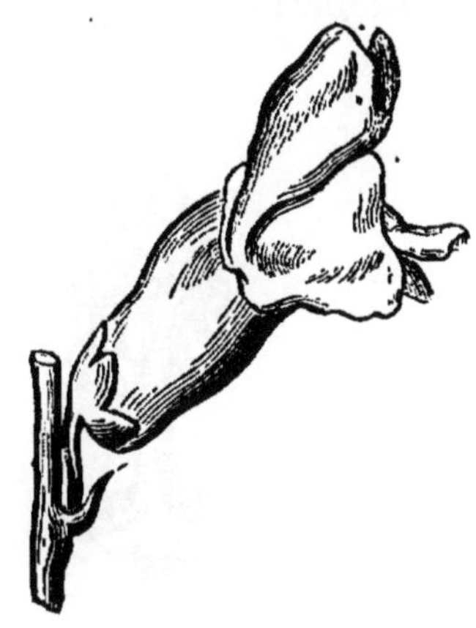

Fig. 192. — Fleur monopétale régulière   Fig. 193. — Fleur monopétale irrégulière
de la bourrache (*borraginée*).   du muflier (*personée*).

Disons encore que le calice n'est pas toujours vert; il est
rouge dans les fleurs du *fuchsia* et du *grenadier*, il est jaune
dans la *capucine*.

Le calice est *caduc* dans le *coquelicot :* on le trouve dans le
bouton, mais il se détache de la fleur épanouie. Il est *per-
sistant* dans le *fraisier*, le *haricot;* on le retrouve à la base
du fruit.

283. Étamines. — Dans l'étamine, l'*anthère*, partie
élargie, est portée par un *filet* (*fig.* 194) qui manque parfois
(*violette*). L'anthère est un sac à deux loges rempli d'une
poussière ordinairement jaune, le *pollen*. Les loges s'ouvrent
presque toujours par une fente longitudinale, pour laisser
échapper le pollen. Le nombre des étamines varie, suivant
la fleur, de *un* à *vingt* et plus.

Sont-elles indépendantes les unes des autres? on dit
qu'elles sont libres (*rose, bouton d'or, fig.* 190). Leurs filets

peuvent se souder en un tube, en laissant les anthères distinctes : *mauve (fig. 195, étamines monadelphes)*.

Les filets soudés forment deux groupes distincts dans le
haricot (fig. 196, E. diadelphes), un plus grand nombre
dans le *millepertuis (E. polyadelphes)*.

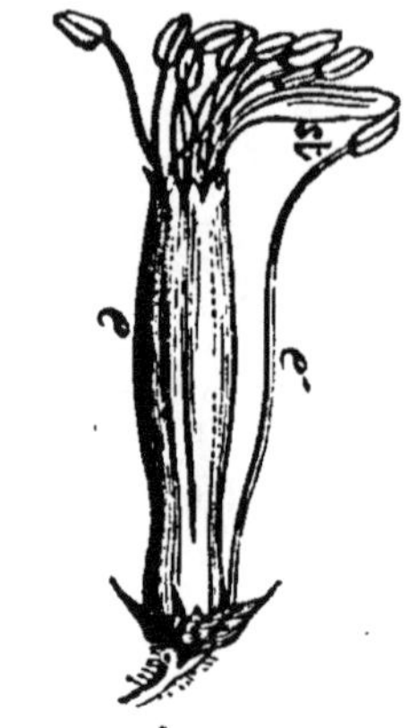

Fig. 194.
Étamine.

Fig. 195. — Étamines de la
mauve *(malvacée)* soudées
par les filets en un groupe.

Fig. 196.— Étamines du haricot *(légumineuse)* formant deux groupes ; les
filets de 9 d'entre elles sont soudés.

Les filets peuvent être indépendants, tandis que les anthères se soudent entre elles *(fleurs synanthérées)* comme
dans le *bleuet (fig. 212)*.

Les étamines ont parfois leurs filets soudés à la corolle
(primevère).

Il arrive parfois que, dans les fleurs cultivées, les étamines
se transforment en pétales. C'est ce qu'on observe dans les
roses doubles de nos jardins.

284. Pistil. — La partie centrale est occupée par le
pistil, dont les parties sont : l'*ovaire*, le *style*, le *stigmate*.

Nous prendrons comme exemple le pistil du *lis (fig. 197)*.

L'*ovaire, a,* est un sac à une ou plusieurs loges qui renferme de petits corps blancs, les *ovules*, destinés à devenir
des graines. Dans le lis, il y a trois loges séparées par des
cloisons.

Le *filet, c,* surmonte l'ovaire, tantôt unique *(cerisier),* tantôt composé de plusieurs fils libres (*avoine, œillet*), ou soudés (*lis*). Une partie élargie le termine, c'est le *stigmate, b*. On retrouve dans celui des lis les trois divisions de l'ovaire.

Le filet manque dans le *pavot* et la *tulipe* (*fig.* 209), le stigmate est *sessile*. Un ovaire à une loge (*haricot, bouton d'or*) est simple. Un assemblage de plusieurs ovaires distincts s'observe dans le *bouton d'or* (*fig.* 190, *ovaires multiples*).

Si les parties d'un ovaire multiple se soudent entre elles, elles forment un ovaire à plusieurs loges : *lis* (*fig.* 197); c'est un ovaire *composé*.

Les ovules sont groupés autour de l'axe de l'ovaire du lis, les loges y sont distinctes ; c'est la *disposition* (*placentation*) *axile*.

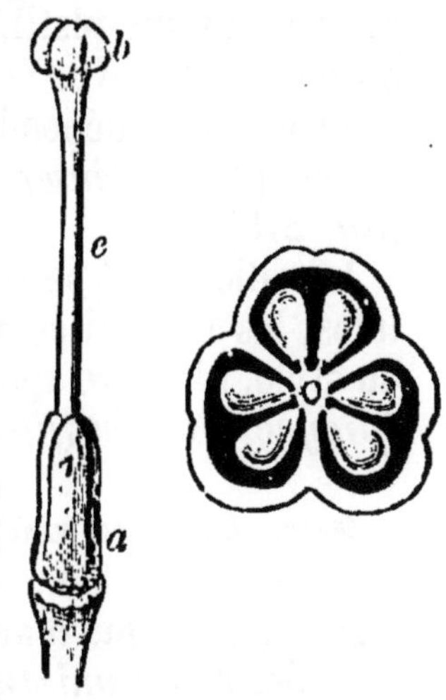

Fig. 197. — Pistil du lis.

L'ovaire composé n'a pas de cloison qui le sépare en loges distinctes dans la *violette*, le *réséda* (*fig.* 198). Les ovules forment plusieurs rangées sur les parois intérieures de l'ovaire; c'est la *disposition pariétale*.

L'ovaire composé de la *primevère* n'a plus de cloison; les ovules sont cependant groupés autour de l'axe; *disposition centrale*.

Fig. 198. — Ovaire du réséda (*réséda-cée*) coupé transversalement ; ovules attachés aux parois.

285. Fleurs hermaphrodites. — Les étamines et le pistil se trouvent souvent réunis dans la même fleur, qui est dite *hermaphrodite* (*bouton d'or*).

Les filets des étamines peuvent s'insérer sur le réceptacle, au-dessous du pistil, au-dessus du calice (*insertion hypo-gyne*) : *bouton d'or* (*fig.* 190).

Le calice, indépendant du pistil, peut porter les étamines et les pétales (*insertion périgyne*) : *haricot* (*fig.* 196), *rose* (*fig.* 218).

Le calice peut se souder à l'ovaire ; les étamines, les pé-tales, les extrémités des pétales semblent s'insérer à la base du style. L'ovaire apparaît au-dessous de la corolle (*insertion épigyne*) : *bleuet* (*fig.* 213), *iris.*

286. Fleurs unisexuées. — Dans certaines plantes, on trouve des fleurs qui renferment les étamines sans le pistil, tandis que d'autres ont un pistil sans étamines. Ce sont des fleurs *unisexuées :*

Les premières se nomment les fleurs *mâles ;* les autres, les fleurs *femelles.*

Les deux ordres de fleurs peuvent se trouver sur le même pied : *melon, noisetier* (*fig.* 199). La plante est dite *mo-noïque.*

Elles peuvent se trouver sur deux pieds différents, l'une ne portant que les étamines, l'autre que les pistils. La plante est *dioïque : chanvre* (*fig.* 200), *palmier.*

On trouve sur certains pieds des fleurs unisexuées à côté de plantes hermaphrodites (plantes *polygames*) : *frêne.*

287 Fécondation. — Les étamines et le pistil sont les organes essentiels de la fleur ; la corolle et le calice sont les organes de protection.

Le fruit ne se développe, les ovules ne se changent en

graine que si le pollen échappé des anthères tombe sur le stigmate et y est retenu. Le liquide qui remplit le pollen arrive au travers du style jusqu'aux ovules et les féconde. Si la pluie tombe au moment de la fécondation, elle lave les stigmates, emporte les grains du pollen ou les fait éclater, le fruit *coule :* les vendanges, les moissons sont compromises.

Fig. 199. — Fleur du noisetier (*amen-tacée*) : *m, chaton* formé de fleurs à étamines; *f,* fleur à pistil.

Fig. 200. — Chanvre mâle et femelle (*urticée*) : 1, pied de chanvre ne portant que des fleurs à pistil; 2, pied portant les fleurs à étamines.

Le vent et les insectes aident à la fécondation des fleurs unisexuées en transportant le pollen des fleurs à étamines sur les fleurs à pistil.

288. Fruit. — Lorsque les étamines ont laissé échapper le pollen, elles se flétrissent ainsi que la corolle ; le style, le stigmate tombent. De toute la fleur, il ne reste plus que l'ovaire.

Une partie des ovaires d'une plante ne se développe pas ; les autres grossissent et donnent les fruits qui renferment les graines.

Les fruits sont *charnus* ou *secs*.

Les fruits *charnus* ont un tissu délicat, gorgé de sucs souvent sucrés. Prenez une *cerise* (*fig.* 201), vous y trouverez la peau qui recouvre la chair *p* et, au centre, un *noyau* ligneux *n* dans lequel se trouve l'*amande* ou la graine *a*. — En botanique, la cerise est un fruit simple, provenant d'un ovaire simple, et porte le nom de *drupe.*

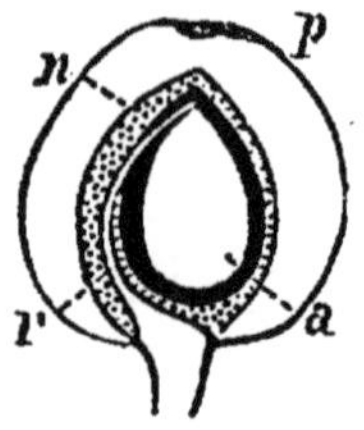

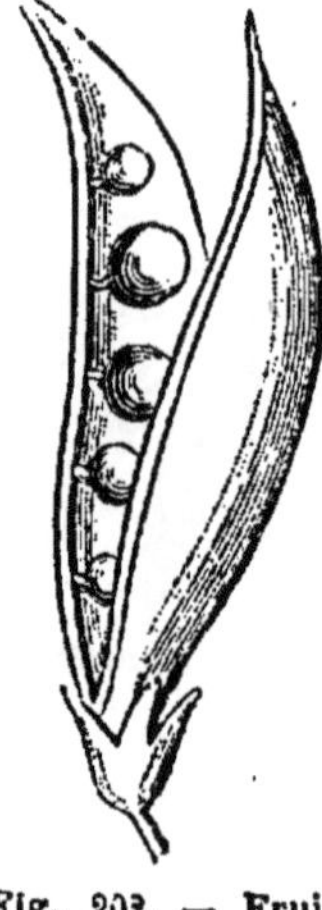

Fig. 201. — Fruit charnu du cerisier(*rosacée*); fruit à noyau ou drupe.

La *pomme*, la *poire*, le *melon* sont des fruits à pépins. L'enveloppe de la graine est résistante, mais n'a pas, comme le noyau, la consistance du bois.

Le *raisin*, la *groseille* sont des fruits charnus provenant d'un ovaire composé et sont nommés des *baies*.

Les fruits charnus se détachent de la plante, ils pourrissent et laissent sur le sol leurs noyaux ou leurs pépins.

L'enveloppe d'un fruit sec est mince et sèche. Quelquefois le fruit ne renferme qu'une graine ; alors l'enveloppe ne s'ouvre pas, mais pourrit dans la terre et laisse la graine à nu : *bouton d'or* (*fig.* 190). D'autres fois, l'enveloppe renferme plusieurs graines, elle s'ouvre à l'époque de la maturité et laisse tomber les graines. Exemple : *haricot* (*fig.* 202).

Fig. 202. — Fruit sec ou *légume* du haricot (*légumineuse*).

289. Graine. — Prenons une amande verte et dégageons la graine qui est dans l'enveloppe ligneuse.

Nous y trouverons une peau d'une blancheur jaunâtre, que l'on enlève facilement, et la masse charnue que l'on mange. Elle se sépare en deux parties, nommées *cotylédons* (*fig.* 203), entre lesquelles se trouve une petite plante en miniature. Un petit mamelon, qui deviendra la racine (*radi-cule*), au-dessus, est la partie qui deviendra la tige (*tigelle*); le tout se termine par un bourgeon rudimentaire (*gemmule*); cet ensemble constitue le *germe* ou *embryon* de la plante.

Dans le *sarrasin* (*fig.* 204), l'embryon ne remplit pas, comme dans l'amande, toute l'enveloppe de la graine. Il est entouré de cellules remplies de fécule. Celle-ci est destinée à nourrir la jeune plante. On retrouve de pareils amas de matières nutritives dans les cotylédons du haricot, de l'amande.

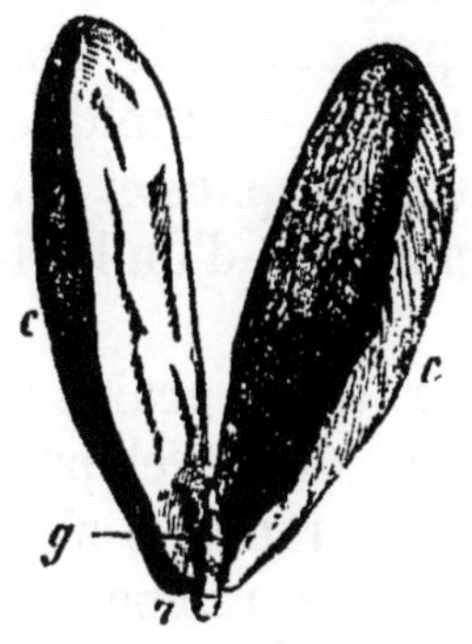 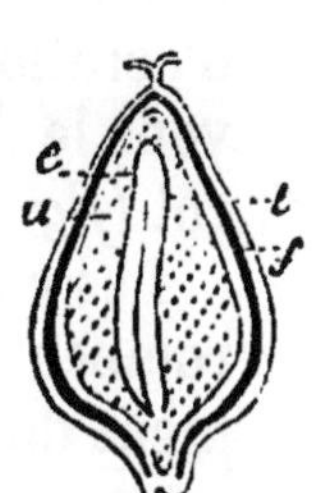 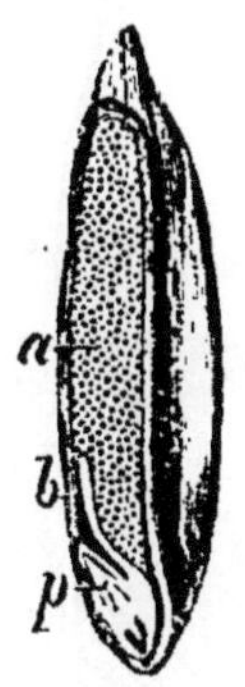

Fig. 203. — Embryon de l'amande : *c*, cotylédons; *g*, gemmule, tigelle, radicule.

Fig. 204. — Fruit et graine du sarrasin (*polygonée*) : *f*, enveloppe du fruit: *e*, embryon situé au milieu d'un amas de matières nutritives *a*.

Fig. 205. — Fruit et graine du blé (*graminée*). — Embryon à un seul cotylédon *b*; entouré de matière nutritive *a*.

Le grain de blé (*fig.* 205) renferme sous son enveloppe un germe entouré de matière nutritive, mais il diffère du précédent en ce que le germe n'a qu'*un* cotylédon et non pas deux.

Les mousses, les fougères n'ont pas de cotylédons.

QUESTIONNAIRE

Quelle est la partie de la fleur qui persiste en dernier (287)?

Qu'est-ce que le fruit? — D'où provient-il, — d'où proviennent les graines? — Qu'est-ce qu'un fruit charnu, — un fruit sec? — Nommez des fruits secs, — des fruits charnus à noyau, — à pépins. — Qu'est-ce qu'une drupe, — une baie?

Quels sont les fruits secs qui s'ouvrent, — ceux qui ne s'ouvrent pas? Qu'est-ce qu'un fruit simple, — un fruit composé (288)?

290. Germination. — Une graine conservée à l'abri de l'humidité ne germe pas, et se conserve parfois pendant des siècles.

Une graine enfouie profondément dans une terre humide ne germe pas davantage, parce que l'air ne parvient pas jusqu'à elle.

Une graine semée dans une terre ameublie, et pénétrée par l'air humide, ne germe pas pendant l'hiver. Il lui faut une certaine température, variable d'une espèce à l'autre.

Supposons que ces trois conditions, de chaleur, d'humidité, d'aération, soient remplies et suivons le développement d'un haricot (*fig.* 206).

Les enveloppes de la graine se rompent par suite du développement du germe, la radicule s'accroît et forme une racine qui s'enfonce dans le sol. La tigelle s'allonge en emportant les cotylédons et la gemmule qui sortent de terre. Les cotylédons verdissent à la lumière ; ce sont les deux premières feuilles de la plante.

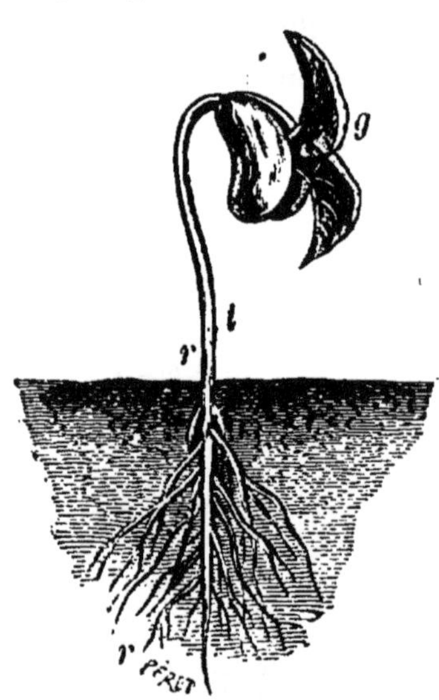

Fig. 206. — Germination du haricot. La racine *r*, ainsi que la tige *t* sont déjà formées ; les cotylédons *c* sortent de terre et verdissent : les feuilles de la gemmule *g* se développent.

Ils se vident peu à peu en nourrissant la plante et se flétrissent ; mais la gemmule a poussé de petites feuilles vertes, et le jeune végétal se nourrit : aux dépens de l'air, à l'aide de ses feuilles ; aux dépens du sol, par ses racines.

Dans certaines plantes, telles que le blé, la graine reste enfouie sous terre dans ses enveloppes, et il n'y a que la gemmule et la tigelle qui sortent du sol.

QUESTIONNAIRE

Indiquez les trois parties d'une graine complète. — Décrivez les parties de l'embryon et indiquez ce que deviendra chacune d'elles. — Qu'appelle-t-on cotylédon? — Citez des germes qui n'ont pas de cotylédon, — qui en ont un, — qui en ont deux (289).

Indiquez les conditions nécessaires à la germination. — Décrivez la germination d'un haricot (290).

RÉSUMÉ

La *fleur* renferme les organes de reproduction : les *étamines* et le *pistil*, et des organes de protection : *calice, corolle*.

Les *bractées* sont des feuilles modifiées qui avoisinent la fleur.

Les *sépales* du calice peuvent être indépendants ou soudés entre eux. Il en est de même des *pétales* de la corolle.

Le calice, comme la corolle, peut être régulier ou irrégulier.

Il y a des fleurs qui n'ont pas de corolle, d'autres qui n'ont ni calice ni corolle. Dans les fleurs doubles, nécessairement stériles, les étamines sont transformées en pétales.

Les *fleurs hermaphrodites* renferment étamines et pistils.

Les *fleurs unisexuées* n'ont que des étamines ou un pistil.

La partie importante de l'étamine est le *pollen* renfermé dans l'anthère.

La partie importante du pistil est l'*ovule* renfermé en plus ou moins grand nombre dans un *ovaire*, surmonté du *style* et du *stigmate*.

L'ovaire est simple ou composé.

La fécondation s'accomplit lorsque les grains de pollen tombent sur le stigmate, y adhèrent et pénètrent en partie dans l'ovaire jusqu'aux ovules.

L'ovaire se développe alors, tandis que les autres parties de la fleur se flétrissent ; sauf le calice, dans certains cas. L'ovaire devient le *fruit ;* les ovules forment les *graines*.

Les fruits sont simples ou composés, secs ou charnus.

La graine renferme sous une enveloppe l'*embryon* seul ou entouré d'un amas de matières nutritives.

L'embryon a une *radicule*, une *tigelle*, une *gemmule* et un ou deux *cotylédons*.

La graine germe dans un sol humide, perméable à l'air et suffisamment chaud.

La radicule forme la racine de la jeune plante, la tigelle se développe en tige, la gemmule est le premier bourgeon, qui donne naissance aux feuilles.

3. Classification des végétaux.

291. — Linné, grand botaniste suédois, avait donné des végétaux une classification intéressante, surtout au point de vue des herborisations ; la place nous manque pour en parler.

On doit à Laurent de Jussieu la classification dont se servent les botanistes.

Nous n'avons, d'après le programme, qu'à nous occuper de la division du règne végétal en embranchements.

292. Plantes acotylédonées. — En allant du simple au composé, nous trouvons les *fougères*, les *mousses*, les *algues*, les *champignons*. Ils ont pour graines de très petits corps appelés *spores*, qui ont quelque analogie de forme avec le grain de pollen. On ne voit là ni embryon, ni cotylédon. Ces plantes sont dites *acotylédonées* (sans cotylédons). Linné les appelait *cryptogames*. Beaucoup de ces végétaux : les *moisissures*, les *champignons*, les *algues*, ne sont que des amas de cellules.

Les *mousses*, les *fougères* ressemblent davantage aux autres végétaux. On y trouve une tige, des racines, des feuilles (*fig.* 207).

Les tiges des fougères sont renforcées par des amas de fibres et de vaisseaux ; elles atteignent, dans les régions tropicales, la taille d'un arbre (10 à 20 mètres). Le tronc s'élève sans se ramifier ; les feuilles, presque toujours composées, sont d'abord roulées en crosse. Elles portent les organes reproducteurs, qui y font parfois des taches brunes.

Nous citerons parmi les cryptogames qui peuvent nous être utiles : les *goémons* de nos côtes ; on les recueille pour les brûler et amender les terres ; — les *lichens* de la Laponie, nourriture du renne ; certains *champignons* comestibles, la *levure de bière*.

A côté de ceux-là, nous avons : les champignons *vénéneux*, qui font chaque année des victimes ; les champignons *moi-*

sissures ou microscopiques ; l'*ergot* du seigle. La *rouille* et le *charbon* du blé, l'*oïdium* de la vigne nuisent beaucoup à nos récoltes.

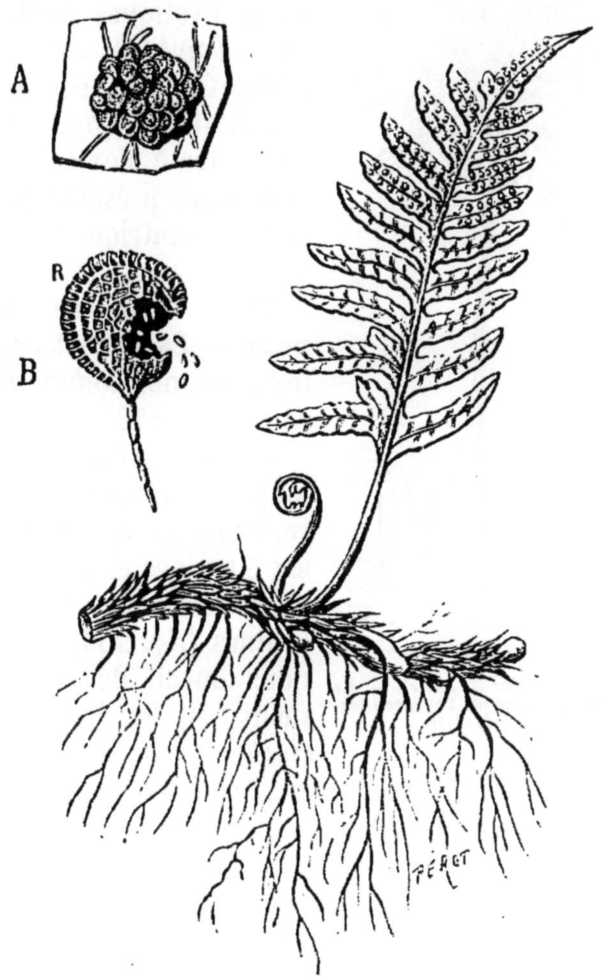

Fig. 207. — Fougère des murs. — Tige souterraine ; feuilles en crosse d'abord, étalées ensuite ; elles sont profondément découpées et portent les organes de fructification. A, amas d'organes reproducteurs ; B, l'un d'eux fortement grossi.

293. Plantes monocotylédonées. — Ces végétaux : le *maïs*, le *lis*, le *palmier*, etc., naissent d'une graine dont l'embryon n'a qu'un cotylédon. Ce sont, dans nos contrées, des végétaux herbacés. Les parties de la fleur vont assez souvent par trois ou six (trois pétales, trois ou six étamines, trois loges de l'ovaire, etc.). Les feuilles ont leurs nervures sensiblement parallèles. Les espèces exotiques (*palmier, cocotier, bambou*) sont de grande taille. Ce sont des arbres sans ramifications (*fig.* 208), et le tronc dur à l'extérieur, mou au centre, ne présente pas de couches concentriques annuelles.

Fig. 208. — Cocotier (*palmier*). — Le tronc ne porte qu'un bourgeon terminal entouré de feuilles.

294. Famille des liliacées.— La plupart de ces plantes ont un oignon comme tige souterraine (*fig.* 178).

La fleur est formée d'une enveloppe composée de six parties ressemblant aux pétales. Il y a six étamines et un ovaire à trois loges renfermant beaucoup de graines (*fig.* 209). Cette famille nous fournit des plantes d'ornement : les *lis*, les *tulipes*, les *jacinthes*, les *crocus*.

L'*oignon*, l'*ail*, la *ciboule*, l'*échalotte*, le *poireau* sont alimentaires.

L'*asperge*, dont nous mangeons les bourgeons, n'a pas d'oignon, mais une racine appelée *griffe*.

Les *iris* qui naissent au bord de l'eau forment une famille voisine des liliacées.

295. Famille des graminées.— Les graminées nourrissent le genre humain et un grand nombre d'animaux herbivores. Prenons pour exemple l'*avoine* (*fig.* 210). Sa tige nommée *chaume* est creuse et cloisonnée de distance en distance, à l'endroit des *nœuds*. Les feuilles partent des nœuds, enveloppant la tige avant de s'étaler en une lame mince, étroite. Une grappe de petits épis termine sa tige. L'un de ces

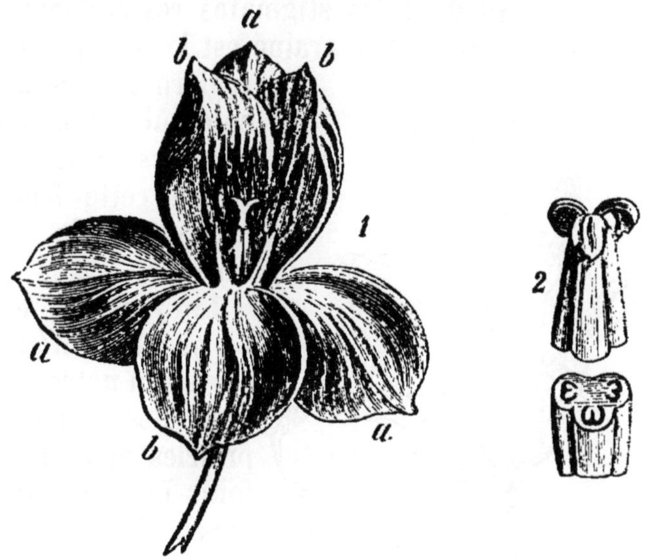

Fig. 209. — Tulipe (*liliacée*). — 1, fleur : *a*, trois folioles extérieurs ; *b*, trois folioles intérieurs, six étamines, un pistil. 2, ovaire surmonté d'un stigmate : trois loges distinctes,
un grand nombre de graines.

épillets (*i*) est renfermé dans deux bractées vertes. L'une

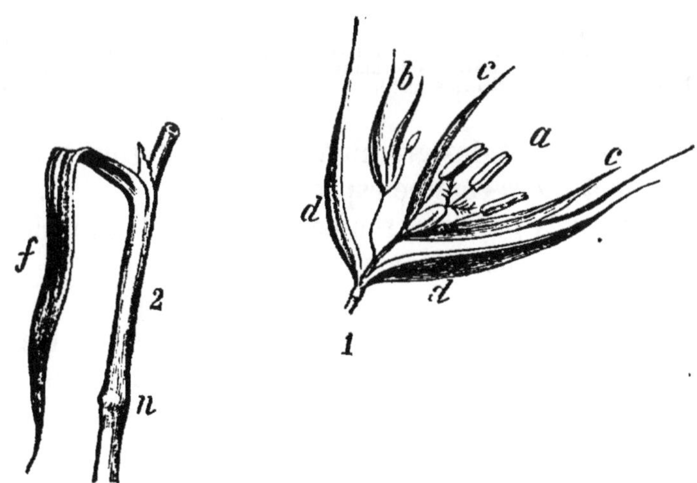

Fig. 210. — Avoine (*graminée*). — 1. Un épillet d'avoine : *d*, grandes feuilles écailleuses ;
b, fleur stérile ; *a*, fleur fertile ; *c*, bractées écailleuses ; trois étamines, un pistil,
stigmate plumeux. — 2. Chaume : *n*, nœud ; *f*, feuille.

des fleurs (*b*) est stérile ; l'autre (*a*), fertile, se compose de
17.

deux nouvelles bractées écailleuses (*c*) protégeant *trois* étamines et un pistil dont les stigmates ressemblent à deux
plumes. L'ovaire soudé à la graine est le *grain d'avoine*. Il
renferme un amas de fé-
cule qui sert à la nourriture des chevaux. On re-
trouve cette fécule dans
les graines de toutes les
céréales.

Le *froment*, le *seigle*,
l'*orge*, le *millet*, le *riz*
servent à notre alimenta-
tion. Les herbes de nos
prairies nous donnent le
foin. Le *maïs* (*fig. 211*),
appelé blé de Turquie,
bien que originaire d'A-
mérique, est une plante
monoïque. Elle fournit de
gros épis de grains fari-
neux, dont on fait des
galettes et de la bouillie
dans le midi de la France
et l'Italie.

Fig. 211. — Maïs (*graminée*). — Feuilles larges,
tige creuse : *a*, fleurs d'étamines formant un
panache d'épis ; *b*, épi de fleurs à pistil.

Les roseaux sont des graminées : nous citerons le *bambou*
et la *canne à sucre* comme espèces utiles.

La famille des *palmiers* renferme des végétaux utiles, tels
que le *dattier*, le *cocotier*, etc.

296. Plantes dicotylédonées. — Les plantes dicotylédonées ont un embryon à deux cotylédons. Les arbres
de nos pays appartiennent à ce groupe. Leur tronc est ra-
mifié : la présence d'une écorce distincte et de couches
ligneuses annuelles le fait facilement reconnaître.

Les ramifications des nervures des feuilles s'entre-croisent ;
les parties de la fleur complète présentent souvent la symétrie par *cinq* (cinq pétales, cinq ou dix étamines, etc.).

Les nombreuses familles de ce groupe ne peuvent être bien connues que par des herborisations.

Les grandes divisions de ce groupe sont fondées sur la forme de la corolle, qui peut être *monopétale*, *polypétale*, ou *nulle*. On forme un groupe des arbres ou arbrisseaux qui ont des fleurs unisexuées (plantes monoïques ou dioïques). Nous n'avons pas à étudier les subdivisions de ces groupes.

Nous choisirons, comme exemples, quelques-unes des familles les plus importantes.

___

1. — PLANTES A COROLLE MONOPÉTALE

297. Famille des composées. — Cette grande famille est remarquable par l'arrangement des fleurs qui se groupent en *capitules* à l'extrémité des rameaux.

Fig. 212. — Bleuet (*composée*). — 1, Capitule du bleuet; 2, fleurs du centre, fertiles; une corolle monopétale régulière à cinq divisions, surmonte l'ovaire; elle est, à sa base, entourée de poils; 3, corolle fendue pour montrer le tube formé par les anthères soudées et le style; 4, fruit ne s'ouvrant pas, il renferme une graine; 5, fleur stérile du pourtour.

Ces fleurs sessiles, portées sur un *réceptacle*, sont entourées de bractées nombreuses, vertes ou écailleuses, qui ressemblent à un calice, de même que l'on croirait voir des pétales nombreux dans les fleurs du capitule.

On trouve dans cette famille trois types de fleurs.

Le *bleuet* (*fig.* 212) a des fleurs régulières monopétales : les unes stériles, celles du pourtour, servent d'ornement ; les autres, complètes et donnant des graines, sont au centre ; elles sont moins développées que les premières.

Dans la *pâquerette* (*fig.* 213), les fleurs du centre sont régulières et fertiles ; celles du pourtour ont la forme de lames blanches et sont stériles. Nous ne trouvons dans le *pissenlit*, le *laiteron* (*fig.* 214) que des fleurs irrégulières en forme de lames, toutes fertiles.

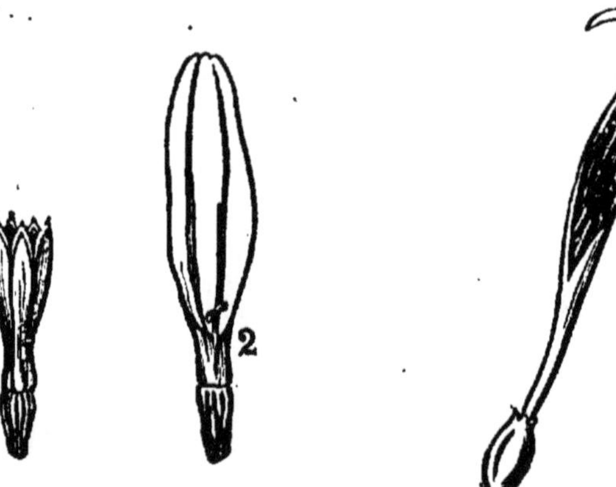

Fig. 213. — Pâquerette blanche. — 2, fleur irrégulière; 3, fleur régulière, jaune du centre.

Fig. 214.
Fleur irrégulière du laiteron.

Toutes les plantes de cette famille ont cinq étamines portées par la corolle, et soudées par les anthères.

L'ovaire se voit au-dessous de la corolle, il est surmonté d'un style qui traverse les anthères et qui est terminé par un stigmate bifurqué. Des poils qui surmontent l'ovaire représentent le calice.

Cette famille nous fournit un grand nombre de plantes d'ornement : *dahlias, marguerites, cinéraires, soleils, œillets d'Inde*, etc., et des plantes alimentaires : *salsifis, laitue, romaine, chicorée.*

La famille des *rubiacées*, voisine de la précédente, renferme la *garance*, dont la racine fournit une belle couleur rouge, le *café*, le *quinquina*.

Le groupe des *labiées*, fleurs irrégulières, renferme beaucoup de plantes aromatiques : *menthe*, *lavande*, *romarin*, *thym*.

Les *borraginées* sont représentées par la *bourrache* et le *myosotis* ; les *primevères* (*primulacées*), les *liserons* (*convolvulacées*), les *bruyères* (*éricinées*) nous donnent des plantes d'ornement. Dans une famille voisine (*oléacées*), on trouve l'*olivier*, dont les fruits nous fournissent l'excellente huile d'olive.

208. Famille des solanées. — La fleur est composée d'un calice monosépale régulier (*fig.* 215), d'une corolle mo-

Fig. 215. — Douce-amère (*solanée*). — 1, rameau avec ses feuilles simples, entières, ses fleurs en grappes et ses baies; 2, calice et pistil; 3, corolle monopétale, portant les étamines soudées par les anthères; 4, coupe de l'ovaire à deux loges; 5, coupe de la graine, embryon en spirale.

nopétale régulière, formés l'un et l'autre de cinq parties. Cinq étamines, ordinairement libres, entourent un ovaire à deux loges. Le fruit est charnu (*baie*) et renferme un grand nombre de graines complètes. Ce sont des plantes herbacées. Dans la douce-amère, la tige est ligneuse et grimpante.

Les plantes utiles de cette famille sont : la *pomme de terre*, dont la tige souterraine, charnue, est pleine de fécule et sert à l'alimentation ; la *tomate*, les *aubergines*, le *piment* sont alimentaires.

Les plantes nuisibles sont nombreuses : la *douce-amère*, dont les baies rouges sont du poison.

La *belladone*, le *stramoine*, le *tabac* renferment de violents poisons. A ne considérer que l'énorme consommation que l'on fait du tabac, on serait tenté de placer cette plante parmi les espèces utiles. Elle n'en est pas moins dangereuse par l'abus qu'on en fait.

---

2. — PLANTES A COROLLE POLYPÉTALE

299. Famille des crucifères. — Les *crucifères* (*fig*. 216) se reconnaissent à la forme de leur corolle régu-

Fig. 216. — Giroflée des murs (*crucifère*). — 1. Fleur à quatre pétales disposés en croix ; 2, pétale se terminant par une lame longue et étroite ; 3, calice à quatre sépales distincts ; 4, six étamines dont quatre grandes et deux plus petites.

lière. Les quatre pétales sont disposés en croix. Le calice a également quatre sépales libres. Les étamines sont au nombre de six : *quatre grandes* et *deux petites*. Le fruit s'ouvre, à la maturité, en deux valves se séparant de la cloison qui porte les graines (c'est une *silique*).

Les *giroflées*, le *thlaspi*, les *juliennes*, le *gazon de Mahon* sont des plantes d'ornement.

Les *choux*, *navets*, *radis*, *cresson*, entrent dans l'alimentation de l'homme et du bétail; la graine de *moutarde* est employée en médecine; le *colza*, la *navette*, ont des graines qui nous fournissent de l'huile d'éclairage.

La famille des *mauves* nous donne quelques plantes d'ornement : *mauves*, *althæa*, *roses trémières*. Le *cotonnier* est une plante industrielle qui nous fournit le coton.

Dans les familles voisines, on trouve le *cacaoyer* qui fournit le cacao, le *thé*, la *vigne*.

La famille des *papavéracées*, représentée dans nos champs par le *coquelicot*, fournit à l'industrie l'huile d'œillette, et à la médecine le suc du pavot blanc, l'*opium*, qui renferme un violent poison, la *morphine*.

300. Famille des renonculacées. — On peut voir (*fig.* 172, 190) les caractères de cette famille étudiés dans le bouton d'or. On n'y trouve que des plantes d'ornement : *anémones*, *renoncules*, *pieds d'alouette*, *pivoines*, *clématites*. Quelques-unes sont vénéneuses : *ancolies*, *aconits*.

Les *œillets*, les *stellaires*, les *silènes*, la *nielle des blés* sont des *caryophyllées*.

301. — La famille des *ombellifères* (*fig.* 217) renferme des plantes alimentaires : *carotte*, *panais*, *céleri*, *angélique*, *persil*, *cerfeuil*, et de nombreux poisons : les *ciguës*, l'*acanthe;* on les reconnaît à la disposition des fleurs, qui forment une ombelle simple ou composée. Les feuilles sont finement découpées. La tige adulte est souvent creuse.

Le calice, souvent à peine visible, est soudé à l'ovaire, qui porte cinq pétales et cinq étamines, et qui est surmonté de deux styles courts. L'ovaire est à deux loges, et le fruit sec ne s'ouvre pas pour laisser échapper les deux graines qu'il renferme.

302. Famille des rosacées. — La fleur d'un *églantier* (*fig*. 218) se compose d'un calice à cinq sépales, d'une corolle régulière à cinq pétales. Les étamines nombreuses sont portées par le calice.

Fig. 217. — Grande ciguë (*ombellifère*). — Fleurs en ombelles, feuilles composées.

Les ovaires nombreux, disséminés sur la surface du calice creusé en urne, envoient leurs styles et leurs stigmates au centre de la fleur. Vous retrouverez ces caractères généraux dans la fleur du *fraisier*, du *poirier*, du *cerisier*, etc., avec quelques modifications secondaires. Le réceptacle n'est plus en urne dans le fraisier, il forme la fraise que nous mangeons. Le calice se soude à l'ovaire, dans la pomme et la poire, etc.

L'*amandier*, l'*abricotier*, le *prunier*, le *pêcher* nous donnent des fruits à noyau ; le *poirier*, le *pommier*, le *cognassier*, le *cormier*; des fruits à pépins.

Les *spirées*, les *roses* sont des fleurs d'ornement.

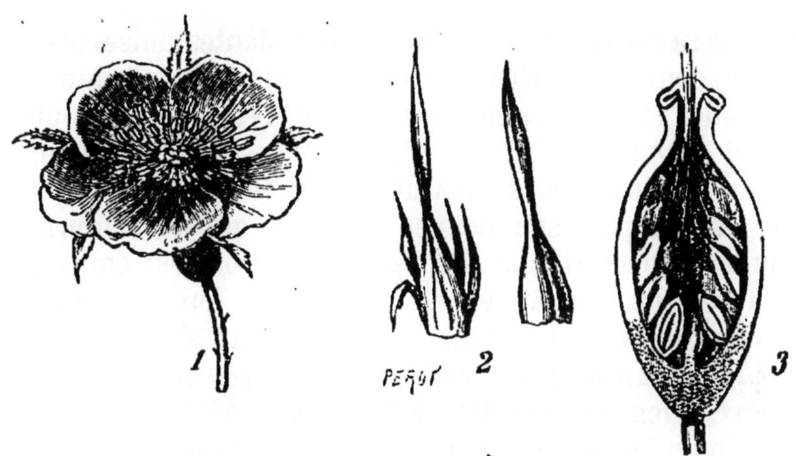

Fig. 218. — Églantier (*rosacée*). — 1, fleur; 2, sépales du calice; 3, fruit composé d'un réceptacle rouge renfermant un grand nombre de fruits secs qui ne s'ouvrent pas.

303. Famille des légumineuses. — La fleur est irrégulière et d'une forme reconnaissable (*fig.* 219). Le calice est monosépale, irrégulier. Les étamines (*fig.* 196) forment deux groupes. Le fruit est un légume (*fig.* 202).

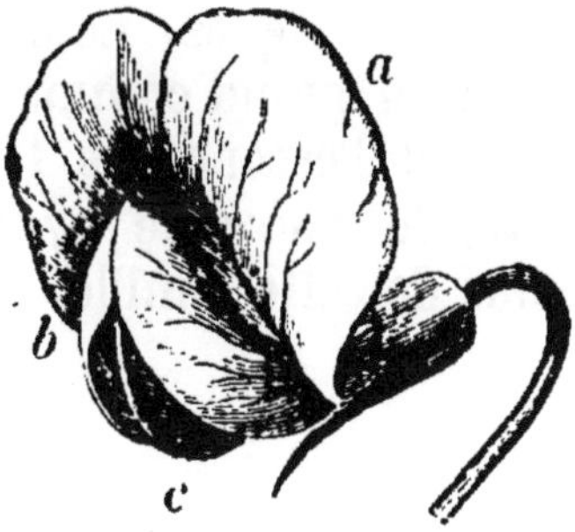

On trouve dans nos prairies artificielles le *trèfle*, la *luzerne*, le *sainfoin*, et sur les terrains abandonnés l'*ajonc* et le *genêt*.

Les maraîchers cultivent les *pois*, les *haricots*, les *fèves*, les *lentilles*. Le *faux ébénier*, le *faux acacia*, les *gesses*, sont des plantes d'ornement.

Fig. 219. — Fleur du pois (*légumineuse*) : *a*, étendard; *b*, ailes; *c*, carène.

Dans des familles voisines, on trouve l'*acajou*, le *palissandre*, les bois de teinture, les *acacias* qui fournissent la gomme arabique.

Les dicotylédonées *apétales* nous donnent comme espèces

utiles le *chanvre*, le *mûrier*, le *houblon*, qui sert à la fabrication de la bière (*urticées*) ; le *sarrasin* ou blé noir, l'*oseille*,
la *rhubarbe* (*polygonées*).

304. Amentacées. — Ce sont des plantes unisexuées.
Les fleurs sont composées de bractées portant des étamines ;
l'épi qu'elles forment se nomme *chaton*. D'autres fleurs ont
un pistil entouré de bractées (*fig.* 199). On trouve dans
cette famille tous les arbres de nos forêts ; le *noisetier*, le
noyer, estimé pour son bois et son fruit qui nous fournit
une huile alimentaire ; le *châtaignier :* le tronc est employé
comme bois de charpente, ses jeunes tiges fournissent des
cercles au tonnelier, son fruit entre dans notre alimentation.

Le *chêne* a un bois très estimé, son écorce sert à tanner
les peaux. Viennent ensuite, le *platane*, le *hêtre*, l'*orme*, le
cha.me, puis les *peupliers*, les *saules*, dont le bois blanc est
peu estimé.

305. Famille des conifères. — Les *conifères*,
nommés ainsi d'après la forme des fruits, ont des feuilles
étroites, petites, qui persistent tout l'hiver ; ce sont des
plantes monoïques. Leur bois résineux se conserve bien ; on
en fait un grand commerce. Les *pins* nous fournissent la
résine et l'essence de térébenthine. Le *pin*, le *sapin*, le
mélèze, le *cèdre*, le *cyprès*, l'*if*, sont les arbres les plus
connus de cette famille.

RÉSUMÉ

Le règne végétal a été divisé en trois embranchements, basés sur la
forme de l'embryon. Ce sont les acotylédonées, les monocotylédonées, les dicotylédonées.

Les *acotylédonées* ont pour germe des cellules ; il n'y a pas à y chercher un cotylédon. La plante est souvent, comme la moelle de nos
arbres, formée exclusivement de cellules (*lichens, champignons,
mousse*). Les fougères sont seules arborescentes. Le tronc est composé d'une sorte de moelle renforcée par des amas de fibres et des
vaisseaux de formes irrégulières. Les feuilles sont composées et portent les organes de reproduction.

Les *monocotylédonées* ont un embryon pourvu d'un cotylédon. Les arbres ne se ramifient pas, ils ont un tronc formé d'une moelle traversée par de nombreux filets ligneux. L'écorce n'est pas distincte du bois; la plus grande dureté est à la périphérie. Les feuilles, souvent entières, ont leurs nervures parallèles. La symétrie des parties de la fleur est *ternaire*.

Les *dicotylédonées* ont un embryon à deux cotylédons. Les arbres sont ramifiés. Le tronc a une écorce distincte, et le bois est formé de couches concentriques. Les feuilles ont les nervures entre-croisées. La symétrie de la fleur se rapporte le plus souvent au type cinq.

---

4. Applications de la botanique à l'horticulture.

306. Pour traiter de l'horticulture, il faudrait un gros livre et beaucoup de pratique.

Nous ne pouvons donner que quelques notions, resserrées en un petit nombre de pages.

On trouvera à la fin du volume la composition de la terre végétale. La terre des jardins doit être ameublie, bien plus encore que celle des champs. Si elle est trop compacte, on la mêle avec du sable, on enfouit les débris du jardin, les feuilles et aussi du fumier. Pour certaines plantes : les arbustes, tels que le camélia, les rhododendron, on a recours à la terre de bruyère.

En général, on prépare la terre dans le mois de février ou mars, en la retournant à l'aide de la bêche. C'est à ce moment qu'on enfouit le fumier. Les plants, les semis se font à des époques diverses, suivant les espèces; ils sont souvent préparés dans des couches de terre qui recouvrent un amas de fumier frais. La fermentation du fumier échauffe la terre, des châssis vitrés que l'on ferme la nuit préservent les jeunes plantes des gelées nocturnes. Puis, au moment convenable, on transplante ces jeunes végétaux dans le jardin.

On active la végétation et on préserve la terre d'une dessiccation trop rapide pendant l'été en la recouvrant d'une couche de fumier. Du reste, les arrosages sont le plus souvent nécessaires pour combattre l'évaporation qui se fait à la surface des feuilles.

Le froid nocturne, les gelées blanches de la fin d'avril ou du commencement de mai sont désastreuses pour les plantes de nos jardins, pour nos arbustes et nos arbres à fruit. On préserve ceux-ci, principalement les pêchers en espalier, en tendant au-dessus une toile de $0^m,50$ à 1 mètre de large; ce léger abri suffit pour combattre la gelée.

Le soleil est indispensable aux jardins, et les plantes qui sont constamment dans l'ombre des arbres ne prospèrent pas.

307. Multiplication des fleurs. — La multiplication par *graines* est la plus naturelle; nous venons de dire qu'elle se fait par des semis.

A côté d'elle vient se placer la multiplication par bourgeons. Les bourgeons qui sont à l'aisselle des feuilles se détachent dans certaines espèces de *lis* et d'*ail;* ils tombent à terre, prennent racine et forment de jeunes plantes.

Nous avons déjà signalé ce qui se passe dans le fraisier, et comment le bourgeon qui termine un coulant prend racine tout en recevant la sève de la plante mère et ne se détache d'elle que plus tard.

308. Marcottes. — On imite la nature lorsqu'on courbe une branche d'œillet ou de vigne, qu'on l'enfouit en partie sous terre, en y faisant une incision. Il naît des racines à l'endroit de la blessure et on peut séparer ensuite la branche de la plante mère; c'est un végétal complet qui n'a plus besoin d'elle.

309. Boutures. — Pour certaines plantes, il suffit de couper une branche, de la planter en terre, pour que des racines naissent à l'endroit de la section et fassent vivre la branche qui peut alors se développer. C'est un procédé de reproduction très fréquemment employé par les horticulteurs. C'est ainsi que l'on multiplie les *saules*, les *rosiers*, les *fuchsias*, les *géraniums*, les *héliotropes*.

310. Ecussonnage. — On emploie un autre moyen pour multiplier les variétés de roses. Le jardinier détache un bourgeon du rosier qu'il veut reproduire, en laissant autour de lui une languette d'écorce (*fig.* 220). Il pratique sur une branche d'é-glantier deux incisions, l'une verticale, l'autre horizontale, écarte délicatement les lèvres de cette dernière, y introduit la languette d'écorce de son écusson et referme le mieux possible la fente en enroulant un brin de laine un grand nombre de fois autour de la branche.

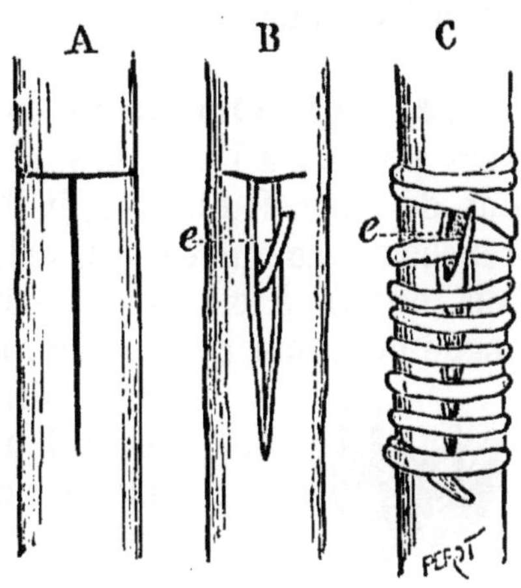

Fig. 220.

L'écusson se trouve entouré par la sève descendante de l'églantier, il se soude à lui, se nourrit à ses dépens, et se développe comme une branche naturelle.

311. Greffe. — Nos arbres à fruit, poiriers, pommiers, etc., ne se reproduiraient pas, si on se bornait à semer les pépins ou les noyaux des beaux fruits qu'ils nous donnent; on obtiendrait de ces semis les espèces sauvages.

Il faut recourir à la greffe faite sur un sauvageon : on coupe celui-ci en biseau (*fig.* 221), et on y pratique une fente longitudinale dans laquelle on in-troduit le rameau que l'on veut greffer. Ce rameau ou *scion* est coupé en sifflet et on s'arrange de telle sorte que les écorces du sujet et du scion se cor-respondent, ainsi que leurs portions ligneuses. On pré-serve la greffe du contact de l'air en l'entourant de cire molle ou de terre glaise mêlée à du crottin de cheval et

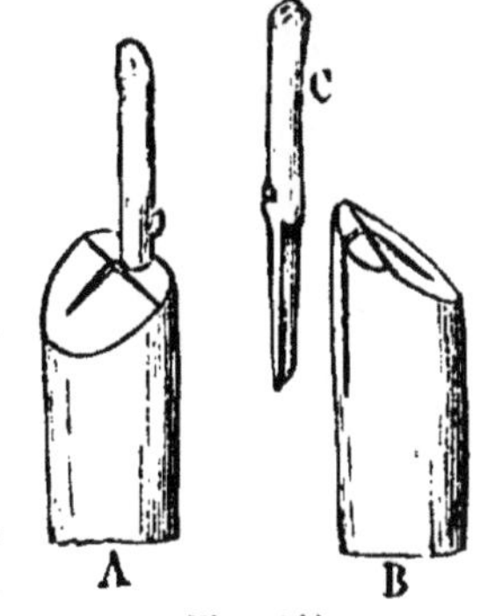

Fig. 221.

assujettie par une ligature. Comme dans le cas précédent, le scion se soude au bois du sauvageon, il se développe et donne les mêmes fruits que l'arbre qui l'a fourni. Il prolongera la tige du sujet et enverra des branches qui se ramifieront à leur tour.

312. Arboriculture. — Il ne faut pas laisser le jeune arbre pousser à l'aventure, si on veut qu'il produise beaucoup de bons fruits. S'agit-il d'un poirier? On dirige ses branches avec un certain art, pour qu'elles soient toutes dans quatre à cinq plans déterminés. L'arbre prend à la longue la forme pyramidale, mais l'air et la lumière pénètrent entre les plans des branches. Il ne faut pas laisser les rameaux se développer naturellement; ils prendraient trop de vigueur, leurs bourgeons ne produiraient que du bois, c'est-à-dire de petits rameaux et non des bouquets de fleurs.

Les bourgeons à bois se reconnaissent sur une branche (*fig.* 222), à ce qu'ils sont allongés et petits, tandis que les bourgeons à fruit sont ovoïdes et plus gros.

On cherche autant que possible à faire produire des bourgeons à fruit; il faut pour cela que le rameau n'ait pas une trop grande puissance végétative, qu'il soit affaibli; on le taille au printemps, de manière à n'y laisser qu'un bourgeon, et, lorsque celui-ci s'est développé

Fig. 222. — Branche de poirier (rosacée): *a*, bourgeon à fleurs; *b*, bourgeon à rameaux.

à son tour en un rameau couvert de feuilles et qu'il atteint la longueur de 10 à 12 centimètres, on abat le bourgeon terminal, ce qui arrête son développement en longueur; c'est ce qu'on appelle le *pincement*.

On ne fait d'exception que pour le rameau chargé de prolonger la branche de charpente de l'arbre, on le laisse pousser.

D'autres fois, on supprime des bourgeons, s'il y en a trop; des fruits, s'ils sont trop abondants; leur développement épuiserait l'arbre, qui n'aurait plus assez de sève pour les nourrir tous.

Chaque espèce d'arbre a sa culture particulière; nous ne pouvons que donner ici quelques notions très générales qui permettent de comprendre l'importance de l'arboriculture.

RÉSUMÉ

Une terre végétale, ameublie, convenablement fumée, convient aux jardins.

Les plantes se multiplient : 1° par des semis de graines faits en pleine terre ou sur des couches; 2° par des bourgeons.

Pour que ceux-ci donnent une fleur nouvelle, séparée de la plante mère, il faut qu'il s'y développe des racines.

Ce développement est naturel dans certains lis dont les bourgeons se détachent de la plante et tombent sur le sol. Il en est de même pour les bourgeons qui terminent les coulants de fraisiers.

Les racines se développent sur une branche enfouie sous terre, sans être séparée de la plante mère (*marcottage*); sur une branche séparée et piquée en terre (*bouture*).

On multiplie les variétés par l'*écussonnage* ou la *greffe*.

Dans le premier cas, un lambeau d'écorce portant un bourgeon est introduit entre l'écorce et le bois d'une branche de rosier. Dans le second, un rameau portant un bourgeon est placé dans une tige fendue de poirier ou de pommier. Dans l'un et l'autre cas, le bourgeon se nourrit et se développe aux dépens du sujet qui a reçu l'écusson ou la greffe.

La conduite d'un arbre fruitier a pour résultat l'égalisation de la sève entre les grosses branches de l'arbre et la transformation des bourgeons à bois en bourgeons à fruit. On a recours pour cela à la taille et au pincement.

DEVOIRS

Indiquer, sans entrer dans les détails, les organes de nutrition d'une plante, et le rôle de chacun d'eux dans la nutrition.

Décrire la structure d'un tronc de châtaignier.

Quelles sont les diverses parties de la feuille? — Qu'est-ce qui détermine sa forme? — Qu'appelle-t-on feuille composée?

Indiquer les diverses parties de la fleur complète en distinguant les parties essentielles et les parties accessoires.

Quelles sont les diverses parties de l'étamine et du pistil et quelles sont les relations de position de ces deux organes.

Du fruit, — son origine, — dans quelles circonstances se développe-t-il ?

Diverses espèces de fruits.

De la graine, — ses diverses parties, conditions et phases de la germination.

Division du règne végétal en embranchements, — caractères généraux de chaque groupe.

III. — GÉOLOGIE

1. Chaleur centrale.

313. La terre a la forme générale d'une sphère composée de matières solides, qui forment le fond des eaux et les continents. La mer recouvre les trois quarts de sa surface et l'atmosphère l'enveloppe complètement. Cette sphère n'est pas parfaite, tous ses rayons ne sont pas égaux, ils vont en croissant du pôle à l'équateur.

Le rayon moyen de la terre est d'environ 1531 lieues métriques. Si on décrivait une sphère en prenant pour rayon la distance du pôle au centre de la terre, sa surface se trouverait à cinq lieues au-dessous de la surface réelle de la terre à l'équateur. Ce qui fait dire que la terre est renflée à l'équateur ou aplatie aux pôles.

La surface de la terre est pour nous celle des grandes mers supposées prolongées au-dessous des continents, de façon à se rejoindre.

Ce qui est au-dessus de cette surface idéale, les montagnes, leurs vallées, est négligeable ; leur hauteur est insignifiante, si on la compare au rayon terrestre (deux lieues au plus sur quinze cents).

La rondeur de la terre est démontrée par les voyages de

circumnavigation, son isolement dans l'espace est prouvé par les phénomènes astronomiques.

314. Chaleur centrale. — Si l'on perce la terre en creusant un puits de mine, on traverse des roches plus ou moins dures, des amas de sable; on rencontre des eaux souterraines; puis, on est forcé de s'arrêter par la difficulté du travail. C'est à grand'peine que l'on atteint une profondeur d'*un kilomètre*, la six-millième partie du rayon.

La température du puits augmente, à mesure qu'on descend, d'environ un degré par 30 mètres; dans un puits de 900 mètres, la température du fond serait de 30 degrés, lorsque l'orifice du puits est à 0 degré.

Si cet accroissement de température continue indéfiniment dans la portion que l'homme ne peut atteindre, il doit y avoir dans les profondeurs de la terre des roches brûlantes, portées au rouge; et, plus bas encore, tout doit être à l'état de fusion.

En un mot, l'idée qu'on doit se faire du globe terrestre, est celle d'une boule liquide, une goutte immense, formée de pierres et de métaux fondus et qui est enveloppée par une croûte solide, très mince.

Imaginez une sphère d'un mètre de rayon recouverte d'une feuille de papier: la sphère représentera la partie liquide; le papier, la partie solide du globe.

Nous allons passer en revue les phénomènes qui confirment cette manière de voir.

315. Tremblements de terre. — Dans certaines contrées et à certaines époques, le sol se meut soit dans le sens vertical, soit dans le sens horizontal; ce qui produit un *tremblement de terre.* Quelquefois, l'oscillation est faible et de peu de durée; mais, d'autres fois, les secousses sont assez grandes pour renverser des édifices, déterminer l'envahissement des côtes par la mer, ouvrir dans le sol de larges crevasses qui restent béantes ou qui se referment en engloutissant les hommes et les habitations.

Des bruits souterrains, analogues à de formidables roulements de tonnerre, annoncent ou accompagnent les tremblements de terre et augmentent la terreur des populations. On ne sait où fuir, car le danger est partout; et les effets sont terribles.

Le tremblement de terre de 1693 fit périr, en Sicile, soixante mille personnes dans l'espace de quelques minutes.

316. Tremblement de terre de Lisbonne. — Celui qui détruisit Lisbonne, le 1ᵉʳ novembre 1755, fut un des plus violents et des plus remarquables par son étendue; on le ressentit dans les Alpes, en Suède, jusqu'aux Antilles et au Canada. Il fit cesser une éruption du Vésuve et détourna des rivières de leur lit. La mer s'éleva de 20 mètres à Cadix et de 7 mètres aux Antilles.

A Lisbonne même, les premières secousses se firent sentir à neuf heures. Toutes les églises, qui étaient remplies de monde, s'écroulèrent ainsi que les grands édifices de la ville.

La mer monta de 12 mètres, envahit une partie de Lisbonne et se retira chargée de cadavres. Les incendies achevèrent le reste, et trente mille personnes périrent dans cette matinée.

Nous citerons, en finissant, le soulèvement de la côte du Chili, qui se fit en 1835, à la suite d'un tremblement de terre, sur une longueur de 500 lieues, et qui augmenta de 260000 kilomètres carrés la superficie de la contrée.

Les tremblements de terre démontrent surabondamment que la croûte solide de la terre ne saurait avoir une grande épaisseur. Ils seraient impossibles dans un globe solide de la surface au centre.

On les observe, le plus souvent, dans les contrées volcaniques (Naples, Sicile, le Mexique).

La règle n'est pas absolue. Le Portugal, l'Espagne n'ont pas de volcans, et ont éprouvé de grands tremblements de terre. Ceux-ci précèdent ordinairement les éruptions dès volcans : ils les annoncent.

317. Volcans. — On donne ordinairement le nom de *volcans* à des montagnes plus ou moins élevées, percées d'un canal souterrain qui descend dans les profondeurs de la terre, jusqu'aux couches de roches fondues dont nous avons soupçonné plus haut l'existence. C'est donc une cheminée, dans laquelle ces matières en fusion montent, sous la pression des gaz que la terre doit renfermer. On leur donne le nom de *laves*.

Fig. 223. — Éruption du Vésuve (Italie).

318. *Vésuve* (*fig.* 223). — Prenons pour exemple le Vésuve, situé dans la baie de Naples. Vu de cette ville, il présente deux montagnes superposées : l'une, la Somma, est la montagne primitive qui existait du temps des Romains, il y a dix-huit cents ans, et qui était un volcan éteint, comme ceux qui couvrent l'Auvergne ; elle était couverte de vignes et de villas. Le volcan se réveille en l'an 79. Il lance des nuages de cendres qui vont ensevelir les villes de Pompéi et d'Herculanum. Tous les habitants périssent du coup. Plus tard, il vomit des laves. Depuis cette époque, les éruptions du Vésuve se sont reproduites à des intervalles indéterminés.

La hauteur de la Somma est de 700 mètres. Au-dessus du vaste cirque que forme son sommet, s'élève une nouvelle montagne de 600 mètres, aux pentes rapides. Elle était, quand je l'ai visitée, couverte d'un sable volcanique très fin (les cendres). Ce cône est surmonté d'un cône plus petit, plus abrupt, de 50 mètres de haut, également couvert de cendres et qui aboutit au cratère. De celui-ci s'échappent des vapeurs d'eau mêlées d'acide sulfureux, qui forment un nuage sans cesse renouvelé. Elles se dégagent par toutes les crevasses du cône. Les pierres sont couvertes de soufre. On entend dans les profondeurs du cratère des détonations, et on voit des laves projetées à 15 ou 20 mètres en l'air. Elles retombent dans le cratère ou sur ses flancs. Elles sont très chaudes et ont la consistance de la résine fondue. Ces détonations se renouvelaient toutes les cinq minutes lorsque j'étais sur le Vésuve (29 septembre 1885).

Pour expliquer ces explosions, il faut remarquer que le fond du cratère est rempli de lave très chaude, pâteuse, traversée par des gaz qui se dégagent dans l'air. La lave se bombe comme une bulle de savon ; elle crève, et la masse gazeuse qui se dégage dans l'air emporte avec elle une portion de la lave qui formait la paroi de la bulle.

Les véritables éruptions sont plus terribles, et on ne monte plus sur le cratère lorsqu'elles se produisent. La lave fondue s'élève jusqu'aux bords du cratère et se déverse sur les flancs de la montagne. Elles recouvrent les anciens filons de lave que l'on y voit, ou détruisent les taillis qui recouvrent le Vésuve. Parfois, elles descendent dans la plaine et menacent les petites villes qui environnent le volcan.

Cette lave, incandescente comme la fonte en fusion, ressemble, la nuit, à un fleuve de feu. Elle se solidifie à la surface et forme un tuyau que la lave fondue traverse pour descendre plus bas.

Cette croûte est boursouflée par le dégagement des gaz qui sortent de la lave et ressemble au mâchefer de la forge du maréchal ; ce sont des *scories*. Il y a des laves compactes, d'autres légères. La pierre ponce, qui sert à polir le bois, est une lave poreuse.

Il y a des volcans qui ne lancent que des boues chaudes. Elles sont aussi dangereuses que des laves, car elles détruisent tout ce qu'elles recouvrent.

Les volcans éteints laissent encore dégager de l'acide carbonique ; c'est le dernier vestige de leur activité primitive.

319. Sources thermales. — Les sources d'eau chaude (*eaux thermales*) peuvent se rattacher aux phénomènes volcaniques.

En Islande, on observe les *geysers*, qui sont de véritables volcans lançant, non des laves, mais de l'eau bouillante. Nous avons, en France, les eaux thermales de Plombières ; celles de Dax, dans les Landes.

Tous ces phénomènes sont des manifestations de la chaleur centrale du globe.

Les eaux pluviales pénètrent dans un sol sablonneux, et, quand elles rencontrent des roches compactes qui les arrêtent, elles forment des nappes souterraines qui alimentent nos puits et nos sources. Leur température est peu différente de celle du sol.

Pénètrent-elles profondément en terre, leur température s'élève. C'est ainsi que les eaux du puits artésien de Grenelle ont une température de 28°. Elles viennent d'une profondeur de 500 mètres au moins.

Faites-les venir d'un kilomètre, elles auront une température de 80° à 100° ; vous aurez des sources thermales.

Les laves des volcans ont leur point de départ plus éloigné du sol ; elles sont en fusion dans l'intérieur de la terre ; elles arrivent fondues au cratère.

Concluons donc que l'intérieur de la terre est rempli de

corps incandescents, portés à une haute température, et amenés par là à l'état de fusion.

320. Soulèvement des montagnes. — Les phénomènes volcaniques montrent que les matières fondues à l'intérieur du globe cherchent à s'échapper au dehors ; elles exercent de fortes pressions sur la croûte solide qui les enveloppe, et qui constitue notre sol.

De là, des secousses qui se traduisent par des tremblements de terre. On a vu, parfois, une plaine se bomber, se soulever et former un petit mont. Le *Monte Nuovo* des environs de Naples n'a pas d'autre origine.

Un géologue éminent, M. Elie de Beaumont, explique la formation des chaînes de montagnes par cette sorte de réaction des parties centrales de la terre sur les parties superficielles. Les Alpes, les Pyrénées ne se sont pas soulevées tout à fait comme le Monte Nuovo, mais l'écorce terrestre a été crevassée, bouleversée à certaines époques ; certaines portions ont été surélevées et ont formé les montagnes, tandis que d'autres s'affaissaient et disparaissaient dans la mer.

Ce n'est pas au début des études géologiques élémentaires que l'on peut développer cette idée et en montrer la fécondité.

Ne retenons qu'un fait : les montagnes qui recouvrent la terre n'ont pas le même âge, elles se sont formées à des époques séparées par des siècles ; et, pour ne citer qu'un exemple, les Pyrénées sont plus anciennes que les Alpes. C'est progressivement et dans la nuit des temps que la configuration actuelle des mers et des continents a pu s'établir.

321. Roches ignées. — Les laves vomies par un volcan forment, après leur refroidissement, des *roches* de nature diverse. On en retrouve d'analogues autour des volcans éteints, en Auvergne, par exemple. Je citerai le *basalte*. La roche, en se refroidissant, a éprouvé un retrait qui l'a fendue en diverses directions. Les blocs de basalte ressemblent à un assemblage de prismes. On dirait, de loin, une rangée de colonnes ou de tuyaux d'orgues. La célèbre chaussée des Géants, en Irlande, est formée par le basalte.

D'autres roches semblent, comme les roches volcaniques, façonnées par le feu. Elles sont composées d'éléments cristallisés, et les chimistes n'obtiennent de tels cristaux qu'en recourant à des températures très élevées. Ces roches ne renferment aucun débris d'êtres vivants. On leur donne le nom de *roches ignées*.

322. Granit. — Trois éléments forment le granit : l'un, d'un blanc grisâtre ayant un peu l'aspect du verre, est la *silice* appelée aussi *quartz ;* l'autre, en cristaux opaques, blancs ou roses, est le *feldspath :* c'est un composé de silice, d'alumine et de potasse ou de soude (*silicate double de potasse et d'alumine*, par exemple) ; le troisième a la forme de paillettes minces, brillantes, et porte le nom de *mica*. Les granits présentent beaucoup de variétés caractérisées par la grosseur des cristaux qui sont soudés ensemble, par la prédominance d'un des éléments sur les deux autres.

On trouve des roches granitiques en Bretagne, dans les Vosges, en Auvergne, dans le Limousin, etc., pour ne parler que de la France. Cette roche s'altère à l'air, malgré sa dureté, et forme des sables en se désagrégeant. Le feldspath produit de l'argile en se décomposant ; une de ces argiles est très recherchée, c'est la *terre à porcelaine* (Saint-Yrieix, Bayeux).

Dans certaines variétés, la couche se divise par feuillets plus ou moins minces : on a les *gneiss*, exploités au Simplon et ailleurs pour faire des dalles, des poteaux de télégraphe.

Il faudrait avoir sous les yeux des échantillons, pour reconnaître un granit d'une *syénite*, un gneiss d'un *micaschiste* (roche feuilletée, pailletée de mica), pour savoir ce que c'est qu'une *diorite* et un *porphyre*.

323. Porphyre. — Pour ce dernier, un dessin (*fig.* 224) peut donner une idée de la roche. Elle est formée d'une pâte compacte (du feldspath), dans laquelle sont disséminés des cristaux nombreux d'une autre substance. Certains porphyres présentent une pâte rouge ou verte, tandis que les cristaux sont blancs. Taillés et polis, ce qui est un long travail, car

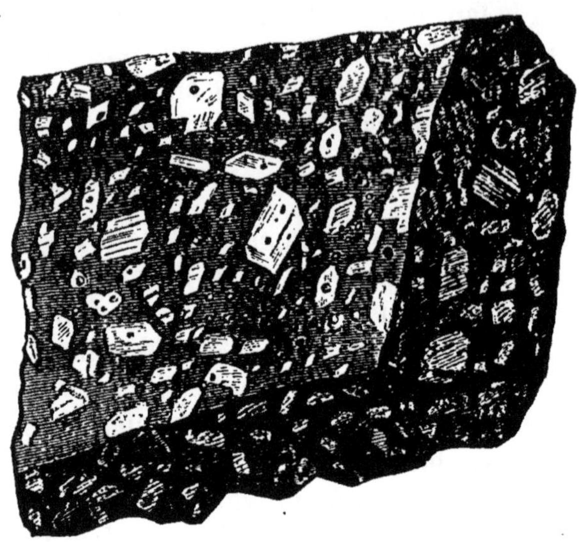

Fig. 224. — Porphyre.

la pierre est dure, ils forment des colonnes, des vases d'un grand prix. Les Romains nous en ont laissé de magnifiques spécimens, que l'on trouve dans les musées et les églises d'Italie.

RÉSUMÉ

La terre est une sorte de boule renflée à l'équateur et aplatie aux pôles. Son rayon moyen est d'environ 1531 lieues; l'épaisseur du renflement équatorial est d'environ 5 lieues.

La température de la terre s'accroît, dans les puits de mine, d'un degré centigrade quand on descend de 30 mètres.

On considère le globe terrestre comme étant composé de corps fondus qui en occupent la partie centrale. La partie superficielle, relativement très mince, est seule solidifiée.

La poussée des parties intérieures sur l'enveloppe solide explique les tremblements de terre. L'existence des volcans qui vomissent des laves incandescentes et fondues prouve l'existence de pareilles matières dans l'intérieur de la terre. — Des gaz, des vapeurs sulfureuses, de l'acide carbonique accompagnent ces éruptions de laves et persistent ensuite.

Les sources d'eaux thermales nous montrent que l'eau qui a séjourné dans les profondeurs de la terre peut être amenée à des températures voisines de 100°.

Les roches *ignées* sont celles qui, comme les laves, ont été portées à une température très élevée. Telles sont les *basalles*, roches volcaniques anciennes; le *granit* avec ses trois éléments : quartz, mica, feldspath ; les *gneiss*, roches feuilletées ; les *porphyres*, etc.

Ces roches ne renferment pas de débris d'êtres animés et ne sont pas stratifiées.

---

2. Roches stratifiées.

324. — Notre sol n'est pas exclusivement formé de roches ignées. Dans beaucoup de contrées, celles-ci sont recouvertes par des roches toutes différentes.

Elles se superposent fréquemment, et les surfaces de séparation des roches voisines sont parallèles entre elles (voy. *fig.* 229). Chaque couche forme une *strate*, les roches sont dites stratifiées, et leur arrangement est une *stratification*.

Fig. 225. — Empreinte de feuille de fougère trouvée dans les mines de charbon de terre.

325. Fossiles. — Dans les roches de cette espèce, on rencontre fréquemment des *bois pétrifiés*. C'est de la pierre dans laquelle on reconnaît si bien la structure du bois qu'on peut décider si c'était un chêne, un palmier, une fougère. Les empreintes de feuilles sont parfois fréquentes. Telles sont celles de feuilles de fougère dans les mines de houille (*fig.* 225). A côté de ces débris de végétaux se montrent des coquillages (*fig.* 226) ou simplement des empreintes de poissons (*fig.* 227); des squelettes de reptiles, d'oiseaux, de mammifères.

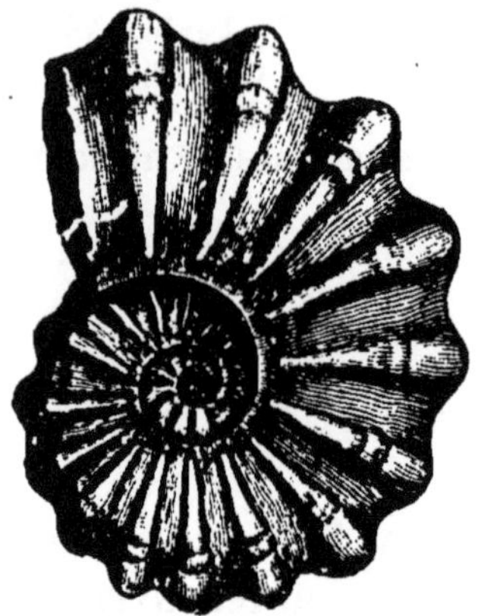

Fig. 226. — Ammonite, coquille que l'on trouve dans la craie de Rouen (espèce disparue).

Ces débris d'êtres vivants portent le nom de *fossiles*. Ce sont les restes de générations de végétaux et d'animaux qui ont peuplé la terre bien longtemps avant l'apparition de l'homme.

Le géologue cherche à refaire l'histoire de la terre à ces époques où aucun homme n'existait. Les documents qu'il met en œuvre et que la terre lui a conservés sont : d'une part, la disposition relative des roches stratifiées; de l'autre, la nature des fossiles qu'elles renferment.

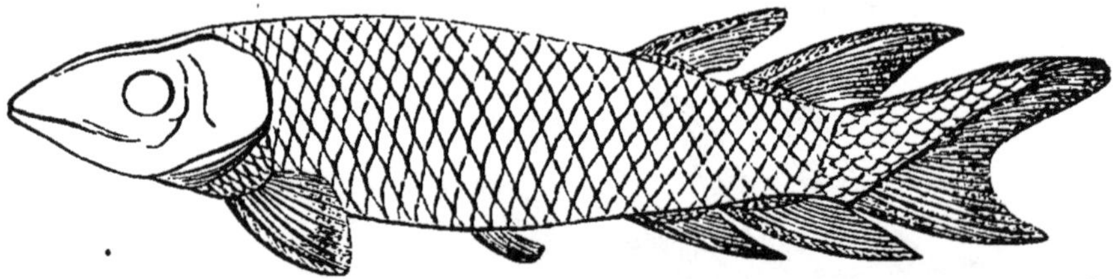

Fig. 227. — Empreinte de poisson vivant à la première époque (espèce disparue).

Pour se faire une idée de ce travail, il faut observer ce qui se passe autour de nous et se dire que les causes qui modifient à l'époque actuelle la configuration des continents et des mers ont dû toujours agir depuis que le monde existe.

326. Glaciers. — Examinons ce qui se passe dans les pays de montagnes. Leur sommet est couvert de neiges qui s'amoncellent pendant l'hiver, qui fondent en partie dans la saison chaude.

Elles se transforment par places, tout en haut des vallées,

en une glace compacte. Les *glaciers* (*fig.* 228), c'est ainsi qu'on nomme ces amas, ont une surface crevassée recouverte de blocs immenses de glace. Leur couleur bleue, les rides de la surface les font ressembler à une mer solidifiée. On les appelle des *mers de glace*. Ils sont recouverts de blocs de roches détachés, par l'effet des gelées, des aiguilles qui les entourent.

Fig. 228. — Glacier donnant naissance à un torrent. La surface est couverte de débris de rochers tombés des montagnes voisines.

Ils descendent jusqu'au point où, pendant l'été, la température est supérieure à *zéro* ; la glace fond ; il naît du glacier un torrent qui se précipite sur les pentes de la montagne, roulant des pierres et des quartiers de rochers, les réduisant à l'état de galets arrondis.

327. Fleuves. — Ces torrents se réunissent pour former

un fleuve, qui s'appellera le Danube, le Rhin, le Rhône, le Pô, etc.

Les eaux courantes des fleuves entraînent le sable, débris des galets du torrent, et de la *vase*, apportée par tous les affluents qui ravinent le sol et emportent la terre végétale. Ils déposent ce sable et cette vase dans tous les endroits où leur cours se ralentit. Ces bancs de sable forment plus tard des îlots, si nombreux dans la *Loire*. Enfin, le fleuve parvient à son embouchure et se jette dans la mer. Sa largeur est alors très grande, ses eaux coulent lentement; les îles se forment, divisent le fleuve en plusieurs branches, qui divergent comme les doigts écartés d'une main. On a les *deltas* du Rhône, du Nil, du Gange.

Le fleuve poursuit son cours dans la mer et achève d'y déposer le sable et la vase qui troublent ses eaux. De là, la formation de barrages importants qui gênent la navigation, accroissent le continent, comblent les ports, et éloignent les villes de la mer : voyez Aigues-Mortes.

328. Dépôts de sédiment. — Versez dans un baquet de l'eau trouble tenant en suspension du sable et du limon. Par le repos, l'eau s'éclaircit. Le sable se dépose le premier et forme une couche limitée par un plan horizontal. La vase se dépose ensuite et sa surface est encore horizontale : vous avez là deux couches *stratifiées*, deux couches de *sédiment*. Pareil phénomène se passe au fond de la mer. Les matières charriées par le fleuve ou par les courants marins s'y déposent en couches horizontales, nettement séparées. Les débris des coquillages que la mer nourrit, le bois, les os qu'elle charrie se déposent sur ces couches; ils sont recouverts par les dépôts subséquents. Voilà des couches à fossiles que les générations futures pourront étudier. Le parallélisme des couches, la présence des débris d'êtres vivants leur apprendront que ces couches se sont formées dans l'eau.

329. Dépôts anciens. — Généralisant ces notions, nous pouvons affirmer que les pierres exploitées dans nos carrières, dans nos puits de mines, qui forment des couches parallèles et qui renferment des fossiles, se sont déposées à l'état de sable ou de vase dans des lacs ou dans des mers ; dans des lacs, si les coquillages qu'on y trouve appartiennent aux mollusques d'eau douce ; dans des mers, s'ils sont tous marins.

Fig. 229. — Superposition de deux terrains d'âges différents (coupe de deux collines séparées par une vallée). — Les couches inclinées D ont entre elles une disposition concordante. Elles sont en discordance avec les couches horizontales B, plus modernes.

La disposition relative des couches peut indiquer leur âge. Je représente (*fig*. 229) une tranchée de chemin de fer. Vous y voyez des couches de pierre parallèles D ; elles renferment des fossiles. Elles sont inclinées sur l'horizon. D'autres couches, B, C, également parallèles, mais horizontales, les recouvrent. La nature des pierres et des fossiles est la même dans les deux groupes B, C. Ils sont séparés par une vallée V.

Les couches inférieures n'ont pas pu se former dans la position inclinée où nous les trouvons. Ce serait contraire à tout ce que nous voyons, car ce sont des pierres qui se sont déposées dans l'eau; la présence des fossiles en fait foi.

Lors de leur formation, elles étaient horizontales. Elles ont été soulevées et inclinées par un mouvement du sol, pareil à celui des tremblements de terre, ou à celui, beaucoup plus lent, qui soulève depuis un siècle la côte orientale de la Suède. Ce soulèvement, qu'il soit brusque ou lent, a été accompagné d'un bouleversement ou, comme on dit, d'une *révolution* du globe. Ce qui était continent a été englouti dans la mer ; et le fond des mers est devenu continent. Tout un ensemble d'espèces animales a disparu sans retour, d'autres espèces les ont remplacées. Les couches inclinées D ont été submergées de nouveau, et une nouvelle mer a donné lieu aux dépôts B,C qui les recouvrent. Elles diffèrent souvent des premières par la nature de la pierre, elles en diffèrent toujours par la nature des fossiles qu'elles renferment. Pour les géologues, les couches B, C sont d'un autre âge, d'une autre *époque géologique* que les couches D : 1° parce qu'elles cessent de leur être parallèles ; 2° fussent-elles parallèles, parce qu'elles ne renferment plus les animaux qui vivaient lors de la formation des couches D et qu'elles en contiennent de nouveaux.

Nous ne pouvons pas nous étendre davantage sur ce sujet, qui n'appartient pas à notre programme.

330. Roches déposées dans les eaux. — Les roches que l'on trouve dans les couches stratifiées, les *roches de sédiment*, sont très diverses. On peut les ranger en trois groupes :

Roches siliceuses.— Les roches siliceuses, comme leur nom l'indique, sont formées presque exclusivement de *silice* (oxyde de silicium). Ce corps existe à l'état de pureté dans le *cristal de roche*. On la rencontre en grandes masses compactes dans la terre ; ces roches nommées *quartzites* sont des roches ignées.

Nous trouvons, en outre, des couches d'un sable qui ressemble au sable de nos rivières, et dont les grains peuvent être fins comme le sablon des grèves de l'Océan, ou plus gros et composé de cailloux ou de galets. On les exploite quand elles affleurent le sol. Elles nous marquent le lit de très anciens fleuves disparus depuis longtemps, et dont la largeur est faite pour nous étonner. Il existe, en outre, des couches de sable enfouies sous terre à une grande profondeur.

Parfois les cailloux ont été soudés ensemble par un ciment, comme le sable de nos mortiers, quand on l'a mélangé avec de la chaux. Ces pierres, employées dans nos constructions, s'appellent des *poudingues*. D'autres pierres sont formées de sable très fin, dont les grains sont encore soudés par un ciment : ce sont les *grès*.

On s'en sert pour aiguiser les outils tranchants, pour user les métaux. Leur dureté les fait employer comme pierres de construction, ou pour le pavage des rues. Leur grain est parfois si fin que la roche semble homogène ; elles ont alors une grande dureté.

331. Argile. Roches argileuses. — *L'argile* est un *silicate d'alumine* (silice et alumine), que l'on trouve en couches voisines du sol ou dans les profondeurs de la terre. Elle est blanche (terre à porcelaine), grise, ou colorée en rouge par des composés de fer.

Elle forme, avec l'eau, une pâte liante que l'on peut façonner à la main ou par le moulage, et qui acquiert une certaine dureté en se desséchant. Sa dureté est bien plus grande, si on expose l'argile à une température élevée ; si, comme on dit vulgairement, on la fait *cuire*.

De là est venue l'une des plus anciennes industries, celle du potier.

En Orient, on bâtit des villages avec des briques séchées au soleil. En Europe, les briques cuites entrent pour une large part dans la construction de nos maisons. La porcelaine, les faïences, les poteries les plus grossières sont fabriquées avec de l'argile plus ou moins pure.

L'argile s'est déposée sous l'eau, à l'état de vase, puis elle a été soumise à des températures élevées, à de fortes pressions dans l'intérieur du globe. Le voisinage des roches ignées incandescentes, par exemple, a changé son aspect et lui a fait acquérir la dureté de la pierre.

332. Schistes. — Certaines de ces pierres argileuses se divisent en feuillets plus ou moins épais, qui ne sont pas parallèles aux plans de stratification ; on les a nommés des *schistes*. Ils sont communs dans les pays de montagnes, en

Bretagne, etc. Ils servent, quand ils sont suffisamment durs, comme pierres de construction.

Le plus intéressant est le schiste *ardoisier* que l'on exploite à Angers, à Fumay dans les Ardennes et dans le midi de la France. Il se reconnaît à sa couleur bleu foncé, et à ce qu'il se divise en feuillets très minces qui servent à couvrir les toitures.

La présence de fossiles (des *crustacés*) démontre que l'ardoise s'est déposée sous l'eau.

333. Roches calcaires. — Les roches calcaires sont formées de *carbonate de chaux*. Elles sont de beaucoup les plus abondantes. On en trouve qui ont la consistance de la vase desséchée. Telle est la *craie*, le *blanc d'Espagne*.

D'autres pierres sont plus dures et servent à nos constructions, bien qu'elles n'aient pas une grande résistance, ce sont : le *tufeau* de l'Anjou, les calcaires du Poitou, plus estimés, le calcaire grossier (*molasse*), amas de coquillages, exploité à Paris. Enfin, nous arrivons à des pierres véritablement dures : les pierres à chaux de la Mayenne, de la Sarthe, qui fournissent de véritables *marbres*.

334. Marbres. — La craie et le marbre ont la même origine : une vase calcaire. Mais ce dernier a subi une demi-fusion qui en a fait une pierre compacte, assez dure pour pouvoir être polie. Le marbre des statuaires (marbre de Carrare) est cristallin et blanc, d'autres sont jaunes, violets, rouges, gris, noirs. On trouve dans quelques-uns des fossiles ; presque tous présentent des veines blanches ou colorées, qui en augmentent la richesse. Ils servent à l'ornementation intérieure de nos édifices.

Nous citerons encore, parmi les grands amas souterrains et que nous exploitons, les *pierres à plâtre* (sulfate de chaux), le *sel gemme* (chlorure de sodium), et enfin les *charbons de terre*.

335. Charbons minéraux. — Les charbons minéraux sont : la *tourbe*, qui se forme de nos jours dans les marécages. Ce sont des débris de végétaux (des mousses) qui pourrissent sous l'eau. On l'utilise comme combustible, dans certains départements (la Somme).

Les *lignites* sont des amas de végétaux plus profondément modifiés que la tourbe ; on y reconnaît encore la structure du bois.

La *houille*, l'*anthracite* sont encore d'origine végétale ; ce qui le prouve, ce sont les empreintes de feuilles de fougère si abondantes dans les schistes qui limitent les couches de houille. Mais le charbon, que tout le monde connaît, est compact et ne présente plus aucune trace de sa structure végétale. Il provient sans doute d'anciennes tourbières, bien antérieures à l'homme, qui ont été enfouies sous terre à de grandes profondeurs (parfois 500 à 600 mètres) et qui ont été profondément altérées par la chaleur et la pression. La houille brûle le plus souvent avec flamme.

L'*anthracite*, qui s'est formé à une époque plus ancienne que la houille, brûle sans flamme. On en trouve, en France, dans la Mayenne, la Sarthe.

La houille est exploitée, en France, à Anzin, dans le département du Nord, au Creuzot, à Saint-Étienne, à Alais, etc. Les bords du Rhin, la Belgique, l'Angleterre renferment les mines de houille les plus riches.

---

3. Notions d'agriculture.

336. Terre végétale. — La terre végétale provient de la désagrégation des roches superficielles. L'action de l'air, des gelées, des eaux courantes intervient pour réduire les pierres en petits fragments. Dans presque toutes les carrières de pierres on aperçoit, dans les couches qui avoisinent le sol, des traces profondes de cette altération. Les carriers rejettent ces couches qui ne donneraient pas de bonnes pierres à bâtir.

Il doit, d'après cela, y avoir une certaine relation entre la nature de la terre végétale et celle de la roche qui est au-dessous.

Les roches granitiques donneront du sable composé de grains de silice de feldspath, mêlés de lamelles de mica.

Les schistes se transforment en une terre argileuse, ce qu'on appelle une *terre forte.*

La terre qui vient de l'altération des roches calcaires sera elle-même très riche en carbonate de chaux.

337. Composition de la terre végétale. — Il ne faut pas porter les choses à l'extrême; on ne rencontre que dans des cas très particuliers des terres composées exclusivement de sable, d'argile ou de calcaire.

En général, ces trois éléments sont mélangés, et ils doivent l'être pour que la terre soit fertile.

Il est, d'ailleurs, un élément nécessaire à la culture des plantes et dont nous n'avons pas encore parlé. Il y est apporté par la culture même ou par les engrais. Ce sont les débris de végétaux que la terre a nourris, le fumier de ferme que le cultivateur y enfouit. Nous appellerons cet élément le *terreau.*

Une bonne terre doit donc renfermer en proportion convenable du sable, de l'argile, du calcaire, du terreau.

Prenez la terre d'un champ. Laissez-la sécher au soleil, et concassez-la à l'aide d'une cuiller de bois, puis jetez-la sur un tamis de toile métallique; il restera sur celui-ci la partie *pierreuse* de la terre.

Délayez, dans une terrine pleine d'eau, la poussière fine qui a traversé le tamis, en l'agitant avec la cuiller, l'eau devient trouble, bourbeuse. Versez-la au bout de quelques instants dans une seconde terrine. Remettez de l'eau dans la première, et continuez d'opérer ainsi jusqu'à ce que le liquide

Que doit renfermer une bonne terre végétale (333)?
Comment sépare-t-on les graviers de la terre?
Comment sépare-t-on le sable? — Comment isole-t-on la partie argileuse?

devienne clair. Il restera dans le premier vase une couche de sable mêlé de gravier.

Le liquide trouble de la seconde terrine redevient clair et limpide, avec le temps. Il se dépose au fond une couche de matières solides, formée par l'argile, le calcaire et le terreau.

Veut-on savoir s'il y a ou non beaucoup de calcaire ? On enlève avec précaution l'eau qui remplit la terrine, et on verse sur le dépôt solide un acide, tel que du fort vinaigre ou de l'acide chlorhydrique. Il se dégage de l'acide carbonique, ce qui reste après cette opération est de l'argile mêlée d'un peu de terreau.

338. Terre argileuse. — Une terre composée exclusivement d'argile n'est pas propre à la culture. Cette argile forme, avec l'eau, une pâte que ce liquide ne traverse plus et qui se dessèche difficilement. Les chemins tracés dans un sol très argileux restent inondés toute l'année. Quand ce sol se dessèche, il se crevasse, il devient dur, et les racines comprimées par l'argile qui se resserre ne peuvent plus nourrir la plante.

339. Terre sableuse. — Le sol est-il formé exclusivement de sable ? il n'en est pas plus fertile. Les eaux pluviales y pénètrent facilement, mais elles n'y restent pas ; elles ne font que traverser la couche de sable ; elles lavent les racines et la terre qui les entoure et enlèvent les parties solubles des engrais destinés à nourrir la plante. Les plaines sablonneuses sont stériles, à moins qu'on n'y plante des sapins.

340. Rôles du sable et de l'argile. — Le sable corrige les défauts d'un sol argileux, et réciproquement. Le sol était trop compact, les racines y pourrissaient : le sable rend la terre plus légère, il y fait circuler l'air et l'eau. La présence de l'argile empêche, d'un autre côté, la terre de se dessécher. Elle joue encore un autre rôle.

Mettez de la terre glaise dans un entonnoir, versez dessus du purin d'étable coloré en brun et ayant une odeur bien

19..

connue : le liquide qui s'écoule n'a ni odeur ni couleur, la terre glaise a retenu les substances colorantes et odorantes du purin, comme le ferait le charbon de bois. Versez ensuite sur cette argile de l'eau pure, elle reprend en partie les matières que l'argile avait prises au purin.

Dans une terre où l'on enfouit de l'engrais, l'argile s'empare des matières fertilisantes du fumier ; elle les empêche de se perdre, et elle les cède peu à peu aux racines. Le sable ne ferait rien de pareil.

Le calcaire ameublit une terre argileuse, comme le fait le sable, et mieux encore ; il sert, en outre, à l'alimentation de certaines plantes. De là, l'emploi de la chaux pour amender les terres fortes.

Nous savons que le terreau est, comme l'engrais, la nourriture de la plante.

341. Principes généraux d'agriculture. — Les plantes que l'on cultive dans les champs, dans les plaines, se nourrissent à la fois par leurs feuilles et par leurs racines. Par ces dernières pénètrent dans le végétal l'eau, les principes fertilisants des engrais, les matières minérales solubles.

Ces matières minérales varient avec l'espèce cultivée : le froment a besoin de silice qui donne de la rigidité au chaume et de phosphate de chaux que l'on retrouve dans le pain et qui entre dans la composition de nos os. Les betteraves, le tabac doivent trouver dans le sol des sels de potasse. Cultivez toujours dans le même champ, la même plante, le froment, les récoltes iront en s'amoindrissant et deviendront nulles. La terre, appauvrie par cette culture obstinée, ne renferme plus les substances minérales dans cet état particulier où elles sont solubles dans l'eau. « Il faut laisser reposer la terre, » disaient les vieux agriculteurs ; ils mettaient pendant quelques années leurs champs en friche.

342. Assolements. — De nos jours, on utilise toute la terre d'une ferme, mais on alterne les cultures dans le même champ.

Après une récolte de froment, plante épuisante, on sème dans le champ du trèfle, qui se nourrit surtout par les feuilles et emprunte peu au sol. La troisième année, on plante des choux, des betteraves, dont les pieds sont assez éloignés pour qu'on puisse sarcler le champ et détruire les mauvaises herbes. On peut alors recommencer à semer quelque céréale.

343. Amélioration de la terre. — Les terres argileuses, les terres fortes, avons-nous dit, sont peu fertiles et ont besoin d'être *ameublies*. Pour cela on répand, chaque année à leur surface, de la chaux éteinte, ou bien des *marnes*, mélange d'argile et de calcaire, ou de sables marins mêlés de coquillages calcaires. C'est ce qu'on nomme des *amendements*.

Les plantes ont besoin d'eau : on rend fertiles les terres sèches par des *irrigations*, qui font circuler de petits ruisseaux dans les prairies et les champs.

Les terrains humides ne produisent que des joncs. On les améliore par le *drainage*, qui a pour objet de donner un écoulement aux eaux souterraines.

344. Engrais. — Les amendements ne nourrissent pas la plante, et il est nécessaire d'introduire dans la terre des *engrais* qui apportent dans le champ l'équivalent des substances de même espèce emportées par la récolte. Par exemple, une récolte de froment contient 28 kilogrammes d'azote par hectare. Cet azote est fourni par les sels d'ammoniaque contenus dans le fumier. Il faut enfouir assez de fumier, pour rendre à la terre le poids d'azote qu'elle a perdu.

L'engrais ordinaire est le fumier de ferme, mélange de paille et des déjections du bétail. Il ne vaut que par les sels ammoniacaux, et ceux-ci sont solubles dans l'eau. Les eaux pluviales trop abondantes, en lavant le fumier, l'appauvriraient. Il faut recueillir le *purin* qui s'en écoule, les eaux d'étable ; elles sont très fertilisantes, et, répandues sur les prairies, elles produisent un excellent effet.

345. Instruments agricoles. — Les labours se font à la *charrue*. La terre est soulevée par le *soc*, coupée par le *coutre*, en une bande qui est retournée par le *versoir*; les différentes bandes découpées successivement dans le champ se renversent les unes sur les autres, et la terre du fond est ainsi ramenée à la surface, tandis que les herbes et le fumier sont enfouis. La terre est ensuite égalisée à l'aide du *rouleau* et de la *herse*. On sème les graines sur la terre bien préparée, en se servant de *semoirs mécaniques*.

Quelquefois les récoltes sont sarclées à la main ou à l'aide du *sarcloir*.

Lorsque les herbes des prairies sont venues à maturité, on les coupe avec une *faux*. Les *faucheuses mécaniques* ont remplacé, dans beaucoup d'endroits, le fauchage à la main. Le foin, séché et empilé en meules, sert de nourriture au bétail et aux chevaux, comme chacun le sait.

Les céréales sont coupées avec des *faucilles*, puis mises en gerbes.

Là, encore, les *moissonneuses mécaniques* font un travail rapide. Elles coupent le blé et font la gerbe.

Il ne reste plus qu'à retirer le grain des épis. L'antique battage au fléau a été remplacé par des *batteuses mécaniques*, qui permettent de rentrer rapidement les récoltes dans les greniers.

Les grains ont été préalablement nettoyés au *tarare*. Il y a même des *nettoyeuses*, qui séparent du froment les graines étrangères. Cette opération est indispensable, si on veut obtenir des *semences*; sans quoi, on introduirait dans les champs de mauvaises herbes qu'on a tout intérêt à en chasser.

RÉSUMÉ

Les glaciers qui se trouvent sur les montagnes à la hauteur des neiges perpétuelles donnent naissance, par leur fonte, à des fleuves qui charrient du sable ou du limon. Ces matières se déposent dans le lit du fleuve, à son embouchure où elles forment des deltas, et aussi dans la mer. Ce sont des dépôts de sédiment.

La surface de ces dépôts est horizontale, et on trouve souvent dans les couches de vase ou de sable des débris de coquilles, de végétaux charriés par les eaux.

Les pierres ou roches qui forment la partie solide de la terre sont souvent séparées par des plans parallèles, et renferment des débris d'êtres vivants, des *fossiles*. On en conclut qu'elles se sont déposées dans les mers ou les lacs à l'état de vase et de sable et qu'elles ont plus tard acquis la dureté qu'on leur trouve.

Ces roches dites de sédiment sont : 1º de nature siliceuse : *sables*, *poudingues*, *grès;* 2º de nature argileuse : *schistes, ardoise;* 3º de nature calcaire : *calcaire grossier, marbre, pierre à chaux;* 4º de nature charbonneuse : *tourbe, lignite, houille, anthracite.*

Agriculture. — La terre végétale est formée des débris des roches qu'elle recouvre maintenant. — Les granits, les grès ont donné des sables en se désagrégeant. — Les schistes ont donné des terres argileuses, — les calcaires ont fourni une terre crayeuse. La craie, l'argile pure, le sable pris isolément donnent une mauvaise terre pour la culture.

Une bonne terre renferme ces trois éléments : si l'un d'eux prédomine, l'argile par exemple, on améliore la terre par des *amendements :* la *chaux*, la *marne*, les *sables coquilliers.*

La terre ne doit être ni trop sèche, ni trop humide; on l'améliore par des irrigations ou des drainages.

La terre doit recevoir des engrais pour rapporter de bonnes récoltes; le *guano*, le *fumier* de ferme sont employés dans ce but.

Les labours ameublissent la terre en ramenant à la surface les couches profondes qui sont moins épuisées par la culture et qui subissent l'action de l'air, des pluies, de la gelée.

DEVOIRS

Quelles raisons a-t-on de croire que les parties centrales du globe sont occupées par des métaux ou des pierres portées à une haute température et à l'état de fusion?

Qu'est-ce qu'un volcan, — une éruption, — une lave?

Expliquer l'existence des sources d'eau chaude.

Comment peut-on distinguer les roches ignées des roches de sédiment?

Qu'est-ce que le granit, — le porphyre, — le grès, — l'ardoise, — le marbre? — Que savez-vous sur le mode de formation de ces roches?

Qu'appelle-t-on fossiles? — Dans quelles roches les trouve-t-on? Quelle est l'origine de la houille?

Quelle est la composition de la terre végétale? — Indiquer le rôle des amendements et des engrais.

TABLE DES MATIÈRES

Notions de physique.

TABLE DES MATIÈRES.

www.ingramcontent.com/pod-product-compliance
Ingram Content Group UK Ltd.
Pitfield, Milton Keynes, MK11 3LW, UK
UKHW020123130726
13696UKWH00001B/183